U0616917

"双高计划"建设院校课改系列教材

国家示范性高等职业院校课改系列教材

# 嵌入式 C 语言编程规范

## —— MISRA C 标准的奥秘与应用

肖敦鹤　皮永辉　翟龙飞　编著

西安电子科技大学出版社

# 内 容 简 介

这是一本全面介绍 MISRA C:2004 编程规范的书。本书从 C 语言的缺陷和不安全性出发，引出 MISRA C:2004 的宗旨和指导思想，然后分门别类地介绍该标准的具体内容，对主要规则进行详细解读，并通过实例分析帮助读者加深对规则的理解。

本书站在应用的角度对 MISRA C:2004 中的规则进行逻辑分类，形成了细节决定成败、你表达清楚了吗、千万不要失控、安全正确的指向、打造安全的编译环境等主要章节，然后介绍了新一代 MISRA C:2012 (即 MISRA C3)标准带来的改变,最后介绍了著名的支持 MISRA 标准的静态测试软件 Helix QA Framework (简称 QAF)的操作和使用方法。

本书可作为高职院校嵌入式应用技术、汽车智能技术、物联网应用技术、软件工程、软件测试及信息技术类专业的教材，也可作为从事以上相关工作的工程师、制定企业软件开发标准的技术人员的参考书。

**图书在版编目(CIP)数据**

嵌入式 C 语言编程规范：MISRA C 标准的奥秘与应用 / 肖敦鹤，皮永辉，翟龙飞编著.
—西安：西安电子科技大学出版社，2022.8
ISBN 978-7-5606-6521-4

Ⅰ. ①嵌… Ⅱ. ①肖… ②皮… ③翟… Ⅲ. ①C 语言—程序设计 Ⅳ. ①TP312.8

中国版本图书馆 CIP 数据核字(2022)第 104813 号

策　　划　明政珠
责任编辑　高　樱
出版发行　西安电子科技大学出版社(西安市太白南路 2 号)
电　　话　(029) 88202421　88201467　　　邮　　编　710071
网　　址　www.xduph.com　　　　　　　　　电子邮箱　xdupfxb001@163.com
经　　销　新华书店
印刷单位　陕西日报社
版　　次　2022 年 8 月第 1 版　2022 年 8 月第 1 次印刷
开　　本　787 毫米×1092 毫米　1/16　印张 18
字　　数　426 千字
印　　数　1~2000 册
定　　价　45.00 元
ISBN　978-7-5606-6521-4 / TP
**XDUP 6823001-1**
**\*\*\*如有印装问题可调换**

# 前　言

C 语言在嵌入式领域得到了广泛的应用，但 C 语言并不是专门为嵌入式开发而量身定做的，其自身也存在着先天不足，因此带来了一个问题：开发者应该如何使用 C 语言，才能使嵌入式系统特别是与安全相关的嵌入式系统更安全、更可靠？

比如汽车电子，可以说是与我们日常生活密切相关，又涉及重大人身安全的典型的嵌入式安全相关系统。显然，为这样的系统设计软件时，如果仅仅满足于遵循 C 语言的 ISO 标准(C90/C99)，甚至依赖于所用的编译器，即只要编译通过，代码便视为合格，那将是十分危险的。

本书作者在多年的教学与科研活动中，一直从事嵌入式开发和软件测试相关的工作。我们深有体会的是，在高职院校的教学计划中，C 语言课程的教学基本上是以语句语法、编程技巧乃至集成开发环境(IDE)的使用为主，软件测试课程的教学则是以测试理论和测试工具的使用为重点。教学中最大的不足在于缺乏代码质量和编程规范等方面的知识和训练，使得学生只是机械地记忆课本上的知识点，重复有关方法，而对其中隐含的风险浑然不知。

我们认为，有必要弥补上述不足，增加有关代码质量和编程规范的教学，培养学生的软件安全意识。一个软件是否安全可靠，应该有一个衡量标准。我们认为主要有两点：一是程序功能要正确，二是代码质量要过硬。前者是软件的设计目标，后者是实现目标的保障，二者缺一不可。程序员在开发软件的过程中应遵循必要的编程规范，养成良好的编程习惯，这样才能保证代码质量，确保软件安全。

汽车工业软件可靠性协会(MISRA)致力于帮助汽车厂商开发安全可靠的软件。为实现这一目标，MISRA 采取防患于未然的策略，通过制定编程语言使用的限制性子集来规范程序员的编程行为，这就是现在广为流行的 MISRA C 和 MISRA C++ 标准。

第一代 MISRA C：1998 自发布以来，反响热烈，得到了汽车电子乃至航空航天、医药、船舶、电信等行业的追崇和应用。经过多年的发展，MISRA C 已经从汽车行业标准发展成为跨行业的、公认为最优秀的嵌入式 C 语言编程规范。MISRA C 的最新版本是第三代 MISRA C：2012，但应用最广泛、使用生态最好的依然是第二代 MISRA C：2004，这也是本书主要介绍的内容。

本书是一本详细介绍 MISRA C 标准的教材。本书最早于 2013 年成文，先作为参考书在深圳信息职业技术学院相关专业使用，修订后于 2015 年起作为校本教材在嵌入式应用技术、电子信息工程等专业使用。2020 年起，我们根据教学效果和学生接受程度，对相关内容作了二次修改，使之更适合高职院校使用。

本书从结构安排来看，没有遵循 MISRA C 本身的规则排序，而是突出其逻辑性，将相关或相近的规则组合成章，这样有利于读者对 MISRA C 规则的理解和掌握。比如，第 5 章"你表达清楚了吗"涵盖了声明与定义、初始化、函数、表达式等有关语言表达的规则和案例。

本书的编写得到了北京旋极信息技术股份有限公司、深圳市鹤洲富通科技有限公司有关部门的大力协助，在此表示感谢。

因作者水平所限，书中不足之处在所难免，恳请读者批评指正并提出宝贵意见。

作者电子邮箱：jkxdh@163.com。

作 者

2022 年 5 月

# 目　　录

# 引言　沉重的代价

　　1996 年 6 月 4 日，法属圭亚那库鲁航天发射中心，欧洲太空局(简称欧空局)最新研发的阿丽亚娜 5 型大推力火箭(简称阿丽亚娜 5)静静地矗立在发射塔上。

　　阿丽亚娜 5 高 51.4m，通体银白，闪闪发光，在多云的天空下更显得庄严肃穆。这是阿丽亚娜 5 的第一次发射，火箭上还搭载了 4 颗太阳风观察卫星，欧空局上下充满了期待。可惜天公并不作美，云层越来越厚，为此发射推迟了一个小时。

　　终于，浓云渐渐散去，发射的时刻到了。倒计时，点火！一声令下，伴随着底部巨大的火焰和浓烟，火箭腾空而起，旋即越来越快，越飞越高，直冲九霄云外……

　　点火过程看来是完美的，起飞也正常，就在大家以为一切顺利时，火箭的姿态似乎出了问题，还不容人们多想，半空中突然传来爆炸声，紧接着是一团橘黄色的巨大火球，无数碎片夹带着火星像天女散花般落下，撒落在直径约 2km 的地面上(见图 0.1)。此时火箭离开发射台还不到 40s，距离地面约 3700m……

图 0.1　阿丽亚娜 501 事故

　　这就是欧洲航天史上著名的"阿丽亚娜 501 事故"，也是自 1986 年美国"挑战者"号航天飞机爆炸以来，世界航天史上的又一大悲剧。事故造成直接经济损失高达 5 亿美元，令欧洲的航天事业严重受挫，所幸的是没有人员伤亡。

　　事故发生后，欧空局立即成立了专门的调查委员会进行调查。经过几周的艰苦努力，调查委员会于 1996 年 7 月 23 日披露了发射失败的调查结果：主发动机点火顺序开始 37s 后，制导和姿态信息完全丢失，导致火箭失控解体并启动箭上自毁系统。而信息的丢失是由于惯性基准系统的软件出现了错误。

阿丽亚娜 5 是在阿丽亚娜 4 的基础上开发的，部分软件甚至直接沿用了阿丽亚娜 4 的设计。"阿丽亚娜 501 事故"的过程可以解析如下：

阿丽亚娜 4 的惯性基准系统设有初始对准软件。阿丽亚娜 4 本来要求该软件起飞后停止工作，为应付推迟发射，阿丽亚娜 4 允许该软件在起飞后运行约 40 s。

阿丽亚娜 5 复用了阿丽亚娜 4 的初始对准软件，但阿丽亚娜 5 起飞后不允许该软件运行。

阿丽亚娜 5 的水平速度大大超过阿丽亚娜 4，致使代表水平偏差的 64 位浮点数向 16 位有符号整型数转换时，前者超出了后者所表示的范围，造成数据丢失。该软件没有对后者进行保护，从而引发异常。其相关代码如下：

```
double d_bh;                    /* 双精度浮点型 */
short s_bh;                     /* 有符号整型 */
...
sense_horizontal_velocity(&d_bh);
s_bh = d_bh;                    /* 转换造成数据丢失 */
```

由于数据丢失，负责飞行姿态控制的主机发出的指令使火箭大幅度偏摆，以调整实际上并不存在的姿态偏差。错误的调整使火箭的飞行姿态急剧变化，导致火箭在空气动力作用下解体。最终火箭上的自毁系统启动，引爆了火箭。

调查委员会还分析总结了"阿丽亚娜 501 事故"的主要原因：

(1) 软件需求分析和系统设计中，没有对惯性基准系统中复用软件的合理性、可行性进行充分分析和认证。阿丽亚娜 5 复用阿丽亚娜 4 的初始对准软件，而阿丽亚娜 5 的功率和飞行速度大大超过了阿丽亚娜 4。

(2) 关键变量无保护措施。对非常重要的操作数转换错误，本应在设计时加以防护。设计人员发现了七个变量可能引起操作数差错，但由于计算机的工作负载已达到 80%，故只对其中四个变量设计了异常处理程序，其他三个未作处理，而导致火箭解体的超限参数恰好是未作处理的三个变量之一。

其他原因还包括软件出现故障后处理不当、软件容错方法失误、软件测试不充分等。

由于软件存在问题而导致重大损失，这在日益现代化的今天并不鲜见。

1985 年纽约银行由于软件故障，清除了储户的所有密码，损失达 236 亿美元。

1993 年空客 A320 在华沙降落时，因为软件错误，算错高度，导致飞机失事，机毁人亡。

2014 年，丰田汽车表示要对某段时间内生产的约 16 万辆混合动力汽车普锐斯进行无偿修理。其主要原因是发动机的 ECU(电子控制单元)程序出了问题，行驶中会导致发动机突然停止。

福特汽车于 2012 年 11 月 30 日宣布召回翼虎和 Fusion 两款车共 8.9 万辆，原因是监控汽车冷却系统的软件发生了故障，会导致发动机过热。

2012 年 10 月，宝马公司北美分公司宣布在北美地区召回 4.5 万辆宝马 7 系轿车，原因是软件缺陷可能会导致已经停住的汽车出现移动。当驾驶员按下启/停按钮时，汽车被置于从运动到停车的模式当中。但在某些情况下，如果驾驶员连续触动了两至三次启/停按钮，这些汽车的系统就会从运动模式转换到空挡模式，而非停车模式。

　　惨痛的教训令人深思。阿丽亚娜5发射失败由软件错误引起，且错误居然是不起眼的数据类型转换，小小错误引发了灾难性的后果。众所周知，在高级语言中，数据类型转换可谓比比皆是，也为语言本身所允许，不应成为安全问题。

　　事实上，程序出错有可能是编程人员的原因，比如书写错误、理解偏差，也有可能是语言本身的问题，比如定义不完善或未定义，甚至可能是编译环境带来的。上述实例中的类型转换错误仅仅是软件错误中的一种，在软件设计和编码过程中出现的错误可谓多种多样，五花八门。这就给我们提出了一个问题：程序员怎样才能在编程的时候避免错误，或者少犯错误呢？

　　我们也许会想到软件测试，认为多做几遍测试就好了。测试确实是一种解决方法，但不是最好、最有效的方法。我们知道，问题发现得越早，付出的代价就越小。但是软件测试往往要在代码基本"成型"之后才能实施，属于事后补救的性质。即便通过测试发现了错误，但要纠正这些错误需要付出较大的代价，会给我们带来时间、金钱、资源、管理等一系列问题。

　　美国著名的软件工程专家Watts S. Humphrey指出，有经验的软件工程师平均每写1000行代码会出现100个左右的错误，其中80%的错误可归咎于对编程语言的错误使用，而且这些错误往往不易被常规的软件测试所发现。由此可见，要避免或减少编程错误，最直接有效的方法就是防止发生对编程语言的不正确使用。这是从事物发展的源头上进行控制的，可谓事半功倍。具体来说，我们可以制定编程语言的使用规范或使用标准，用来指导程序员正确地编写代码，从而减少出错的概率。

　　本书主要针对C语言的编程问题来介绍C语言的编程规范。C语言入门不难，但掌握却不易，其灵活的编程方式和语法规则对一个新手来说很可能成为"步步惊心"的陷阱。同时，C语言还有其自身的问题，即便是国际标准化组织(ISO)制定的标准，也存在着许多未完善定义的地方。要求所有的程序员都成为C语言专家，避开所有可能带来危险的编程方式，是不现实的。因此，制定一个有针对性的C语言编程规范，告诉程序员该如何做，有着重大的现实意义。

　　优质的代码不仅要功能正确，而且要满足编程风格、可读性、可移植性等方面的要求(这也是软件质量的重要内容)。功能正确但不便阅读、难以维护的代码不能称为好代码。编程规范在这方面同样发挥着重要的甚至是不可替代的作用。

　　一个好的编程规范，应该既能预防人为错误的产生，又能规避语言本身的缺陷和环境不利的影响，还能提高代码的可读性和可维护性。著名的MISRA标准就是这样一个编程规范。

　　MISRA是汽车工业软件可靠性联合会的简称，该协会致力于帮助汽车厂商开发安全可靠的软件，其主要成果就是MISRA标准。现在，MISRA的影响早已超出汽车行业，在航空航天、医疗、船舶、电信、工业控制等行业也得到了广泛的应用。MISRA标准包括MISRA C和MISRA C++两个标准，分别针对C语言和C++语言的嵌入式应用，是业界公认并广为流行的嵌入式编程规范。

　　本书将在后面的章节中对MISRA C的规则进行详细解读(MISRA C++标准将另行介绍)，并通过各种实例介绍规则的应用。

# 第 1 章　C 语言——让人欢喜让人忧

 **内容提要**

本章介绍 C 语言的优势和弱点，并以后者为主要内容，为后面学习并理解 MISRA C 规则打下基础。C 的弱点包括未限定行为、未定义行为和实现定义行为等先天缺陷，以及在嵌入式应用中因人为或环境因素而表现出来的不安全性。

毫无疑问，目前使用最广泛的程序设计语言是 C 语言，在嵌入式系统中更是如此。

本书是关于"嵌入式 C"的，即嵌入式系统中使用的 C 语言。为便于理解，我们对嵌入式系统做个简单介绍。所谓嵌入式系统，大家比较认可的说法是：以应用为中心，以计算机技术为基础，软硬件可裁减，对功能、可靠性、成本、体积、功耗等有特别要求的专用计算机系统。

首先，嵌入式系统是计算机系统，因此包含硬件和软件。

其次，嵌入式系统是专用系统，计算机是"镶嵌"在这个系统上的，因此区别于通用计算机系统(如 PC、工作站)。

所以，嵌入式系统的基本特征是：计算机系统、嵌入性和专用。嵌入式系统在当今世界可以说无所不在，大至火箭飞机，小至儿童玩具，都有嵌入式系统的身影，几乎人手一部的手机就是典型的嵌入式系统。

嵌入式系统的硬件以嵌入式微处理器为中心。由于微处理器种类繁多，互不相同，因此嵌入式系统的硬件呈现出广泛的多样性，没有统一的平台。这不仅给硬件设计带来了不便，也给软件设计带来了麻烦——我们不得不面对各种各样的嵌入式开发环境。好在人们发明了高级语言并且使之适用于嵌入式系统，使得嵌入式软件可以用统一的语言来开发，而不必关心其硬件平台。

在各种高级语言中，C 语言在嵌入式系统中是应用最多、最广的。作为一种相对"低级"的高级语言，C 语言能够像汇编语言那样自由地控制底层硬件，同时又带来了高级语言的便利。当然，C 语言也有其不足的一面，在表现其强大优势的同时，其缺点也暴露无遗。由于嵌入式系统在环境、可靠性、成本等方面的特殊性，使得其软件设计不同于通用计算机软件，往往有着更高的要求。C 的一些特性可能不适合嵌入式环境，一些行为原本不具危害性，但在嵌入式系统中可能带来危害，一些缺陷会放大，甚至让人无法容忍，带来严重的后果。

下面我们就来看看 C 语言在嵌入式运用中有哪些优势和不足，以利于我们全面理解和掌握为其制定的编程规范。

## 1.1　C 语言的优势

C 语言发展至今，已经非常成熟，在实践中也经过了良好分析和使用。国际标准化组织(ISO)为 C 语言制定了相应的国际标准，其中使用最广泛的是 ISO/IEC 9899:1990 "programming languages—C"，即 C90(以下简称 ISO C 或标准 C)，国际标准化组织随后在 1999 年又发布了 ISO/IEC 9899:1999，简称 C99。本书将以 C90 为主要讨论对象，C99 在第 9 章中略有涉及。

在各种嵌入式应用中，C 语言的使用越来越体现出广泛性和重要性。这在相当程度上取决于该语言固有的灵活性、可支持的范围及其潜在的访问广泛硬件环境的可移植性。这些特性表现出了 C 语言在嵌入式领域中的应用优势。

首先，C 语言可用于硬件操作，能很好地支持嵌入式特性。对多数微处理器来说，C 语言往往是最佳的甚至是唯一的选择。C 语言为高速、底层、输入/输出操作等提供了很好的支持，这些特性正是嵌入式系统的基本特性。

其次，C 语言灵活高效，可移植性强。C 也许是高级语言中编程方式和语法规则最灵活宽松的，它给程序员提供了很大的发挥空间。相比于其他高级语言，C 能够产生较少的代码，占用更少的资源，这非常适合资源相对紧缺的嵌入式系统。C 代码可以很方便地移植到新的平台或者更低成本的处理器上。这一点对于嵌入式产品的升级换代和降低成本具有重要意义。

此外，随着嵌入式系统越来越复杂，人们对自动生成 C 代码的需求以及对系统和主机环境开放性的兴趣也在不断增长，C 语言也表现出了这些方面的优势。实际上，多数的代码自动生成和系统开发环境都支持 C 语言。

总之，C 语言的优点很多，此处不再赘述。本书更关心的是 C 的弱点以及 C 语言所表现出来的不安全性，这直接关系到我们需要怎样的编程规范。

## 1.2　C 语言的缺陷

没有任何一种编程语言能够确保它的最终执行过程和程序员的预期完全吻合。即使是最新的 C99 国际标准，也存在着很多未经完全定义的地方，这成为 C 语言的先天性不足或缺陷。说不足是先天性的，意味着即使我们的代码严格遵循了 ISO 标准，也不能保证代码执行过程完全符合我们的预期。C 语言的这些先天性缺陷就像埋设在代码中的定时炸弹或陷阱，如果不触发，则一切正常，一旦触发，就有可能造成严重后果，让人防不胜防。

在 ISO/IEC 9899:1990 标准中有一个附件 Annex G，上面详细列举了 C 语言中存在的种种缺陷。这些缺陷可归为三类：未限定行为(见 Annex G.1)、未定义行为(见 Annex G.2)和实现定义行为(见 Annex G.3)。

### 1.2.1　未限定行为

未限定行为(unspecified behaviour)指 ISO 标准中规定了多种可能的 C 语言操作，在多种可能的操作中，每一种都是符合标准的，也是可行的，但具体执行哪一种则没有限定。未限定行为即标准对正确的程序结构或数据没有施加要求的行为。

通俗地讲，未限定行为就是存在多种可行的方案，但实施的是哪一种，没有限定。

例如，C 对函数实参的计算顺序就没有规定，可以从左到右，也可以从右到左。再如，将两种编译器运用到同一个项目中，对代码兼容性而言，也是未限定的。

在标准 C 中，未限定行为有 22 个。

既然行为没有限定，那最终的操作由谁来决定呢？答案是编译器。多种可能的 C 语言操作是必须成功编译的语言结构，但关于结构的行为，编译器的编写者有某些自由，可以选择标准中允许的任意一种。

要使用程序语言，就意味着必须使用编译器。一般来说，我们应该信任编译器。但无条件地完全相信编译器也是不明智的，编译器的行为不会在所有可能的结构中都是一致的。

对编程人员来说，使用未限定行为本身并不是问题，但它可能导致最终的操作与编程人员的预期不一致，从而产生错误。

MISRA C 标准中有多条规则是针对未限定行为的，可使我们化"不确定"为"确定"，化"被动"为"主动"，从而降低代码的安全风险。

### 1.2.2　未定义行为

未定义行为(undefined behaviour)是指 ISO 标准中没有具体定义的 C 语言操作，在使用不可移植或错误的程序结构、错误数据时出现的行为。

理论上，程序语言的标准应该为语言的各种可能的行为制定规范，就像让阳光照射到地球的每一个角落一样，但这是很不现实的。实际上，ISO C 就是一个比较粗放的标准，还存在许多"阳光照射不到的地方"。

未定义行为就属于这样的地方，它是编程语言的"空白地带"，不设行为方式，也没有预期结果。一旦进入，软件将面临极大的风险，因为我们不知道会发生什么。这一点与未限定行为不同，未限定行为虽然行为不确定，但给出了多个选项，最终的结果一定是其中之一。

例如，将无效参数传递给函数，或者函数的参数与定义时的参数不匹配，就属于未定义行为。再如，数据类型转换中发生溢出、对指针使用关系运算符等也会导致未定义行为。

在标准 C 中，未定义行为是最多的，MISRA C 标准涉及的就有上百个。

未定义行为给软件带来的风险是三种缺陷中最大的，一旦发作，由于没有预期的结果，程序员就无法对症下药，排除错误。

因为未定义行为本质上是编程错误，所以"空白地带"并不是任由程序员驰骋的广阔天地。将未定义行为划归为"禁区"倒是比较合适的，千万不要认为我们能够掌控这片区域，明智的做法是"绕着走"，尽可能避免涉足其中。

也许我们又想到了编译器，编译器会如何对待未定义行为呢？既然 C 标准都没有具体定义，编译器也就"无法可依"，自然没有义务对未定义行为负责，甚至不一定为此给出错误信息。因此，我们不应该把希望寄托在编译器上。如果程序员对自己的代码心中"没谱"，那么编译器给出的结果也一定"不靠谱"。

### 1.2.3　实现定义行为

实现定义行为(implementation-defined behaviour)是指 ISO 标准中没有规定，而由具体的实现来决定的行为，或者说，此时的 C 操作由实现时的具体特性来定义，而没有标准的设计行为。通常完成具体实现的是编译器，编译器的设计者有义务实现这些行为，并提供实现方法的详细文献说明。

站在用户的角度，实现定义行为就是，一些行为确实实现了，但具体是怎么做的，不清楚，需要去查看编译器的说明。

实现定义行为有些类似于未限定行为，都具有不确定性。其主要区别在于：对于未限定行为，编译器只要在 C 标准提供的几个选项中选择一个，并加以实现即可；而对于实现定义行为，由于没有标准选项，编译器需要自己找到合适的、一致的方法来实现，并记录成文档。换句话说，不同的编译器之间功能可能会不同，使得代码不具有可移植性，但在任一编译器内，实现定义行为应当是得到良好定义的。

例如，一个正整数和一个负整数做整除运算(/)和求模运算(%)是实现定义的，不同编译器对有符号整数做右移操作时，其高位符号扩展也是实现定义的。这样的问题在 ISO C 中也比较多，共有 76 个。

从安全性角度看，如果编译器完整地记录了它的方法并做到了它的实现，那么实现定义行为是可接受的。使用实现定义本身也不是错误，但它有可能定义出与程序员所预想的不一样的行为，这可能会导致差错。因此，我们需要弄清楚编译器是如何实现行为的，或者通过编程规范使其明确化。

# 1.3　C 语言的不安全性

1.2 节我们了解了 C 语言的先天性不足或缺陷，这说明 C 远非完美的程序设计语言。事实上，没有任何一种语言是完美的，在使用中都会产生大量的问题。C 语言的缺陷可视为导致不安全的内在原因，还有一些因素则构成了不安全的外在原因。下面我们就来看看 C 语言在实际运用中呈现出来的不安全性。

### 1.3.1　程序员的失误

代码都是由程序员编写的，无论多么优秀的程序员，都难免会犯错误。有些错误可以被编译器及时地发现，但也有很多会逃过编译器的检查。C 语言有一个特点，那就是对许多错误是相当"宽容"的。

简单的失误可以是变量名字的书写错误，或者更为复杂的错误，如对算法的误解。C

语言通常可以容忍这样的错误。

C 的语法特性足以使得书写错误也能产生完全有效的代码。C 语言会试图从一个有效结构向另一个有效结构进行转换，而这种转换或另一个有效结构却不是程序员想要的。例如，在"＝＝"(等值比较)的地方写成"＝"(赋值)是很常见的，而且最终结果也几乎总是有效的(但它是错误的)；而 if 语句的结尾出现的";"(多余分号)能完全改变代码逻辑，但它也是合法的。

对于算法错误，语言的风格和表达虽然能帮助和提示程序员清晰地考虑其算法，但通常无法指出算法本身的错误。使用 C 可以编写出良好布局的、结构化的和表达性强的代码，也可以编写出不适当的和特别难以理解的代码。很明显，后者对于大多数应用特别是安全相关系统来说是不可接受的。

C 的基本思想是假设程序员知道他们在做什么，这意味着即使出现错误也不会被语言注意到而会被放行通过。举例来说，应该使用整型数来指代逻辑值(true/false)，如果程序员使用了浮点数来指代逻辑值，C 也不会拒绝。大多数这样的数据类型不匹配，可以简单地通过数据类型强制转换的方法使其合适。如果语言构造不得其所，C 也不会挑剔而会适应它们。

### 1.3.2　对语言缺乏了解

大多数程序员都不是语言专家，对语言了解不深纯属正常，对于初学者来说更是如此。常见的现象是程序员可能会误解语言构造的作用，对此，C 语言是非常"开放包容"的。

C 语言非常灵活，它给了程序员很大的自由。但凡事有好的一面就有不好的一面，自由越大，犯错误的机会也就越多。C 语言中有相当多的地方会使程序员轻易产生误解，如运算符优先级的规则。这些规则是良好定义的，但也非常复杂，很容易对某些特定表达式中的运算符优先级做出错误的假设。

例如，对于表达式"x || y == 0"，有人可能会解读为"(x || y) == 0"，但实际上"=="的优先级高于"||"，上述表达式等效为"x || ( y == 0)"，二者的意图完全不同。

除了误解之外，还有就是对语言缺乏了解。前面介绍的 C 的缺陷，会给我们很好地理解语言构造带来困扰。为了减少此类错误，可以利用编程规范进行预防和规避，但更好的方法是加强学习和训练，以使我们对 C 语言了解更深一些。

### 1.3.3　对编译器的误解

对编译器的误解指的是编译器的行为与程序员想象的不一样。如果语言具有未经完善定义的特性，或者表现出某种模糊性，那么在程序员认为某个构造应该如此这般时，编译器的解释却可能完全不同。

C 语言中许多地方是未经完善定义的，因此其行为可能会随着编译器的改变而改变。某些情况下，其行为甚至在同一个编译器内也会根据上下文的变化而发生变化。例如，整型变量的长度，不同编译器的规定就不同。这就要求程序员不仅要清楚 C 语言本身的特性，还要对所用的编译器有较深的了解。显然，这不易做到。

有关编译器，我们可以提出相当多的问题，特别是编译器之间的移植性问题。Annex G 中所有的 C 标准列出了 201 个这种问题。未限定行为和实现定义行为就是典型的依赖编译器的问题。

　　为了防范编译器带来的困扰，我们可以采取类似于最大公约数的方法，仅使用编译器必须实现的、通用的、有统一要求的特性，而摒弃那些私有特性。MISRA C 标准的规则中就体现了这一思想。

### 1.3.4　编译器包含错误

　　语言的编译器(包括预处理、链接、定位等工具)本身是一种软件工具，其不可能完美无缺。编译器不一定会始终正确地帮我们编译代码。例如，在特定环境下，编译器可能同语言标准相违背，或者其本身可能就包含"bug"。

　　C 语言存在许多难以理解的地方，即使是编译器的编写者也难免误入陷阱，会错误地解释和实现标准，而且编译器的编写者有时会根据自己的理解，有意改变标准，或者为了突出某些特性而夹带一些他认为合适的"私活"。这些新添的内容往往不在有关标准的范围内，会给使用者带来困惑甚至错误。

　　编译器错误是编译器本身造成的，这些错误往往不易被发现。除非有办法将编译器也纳入测试范围，否则这些错误可能会一直存留在最后的程序中。

### 1.3.5　操作平台差异

　　相同的代码，如果运行在不同的硬件平台上，其表现可能完全不同，甚至导致原本正常的代码发生错误，这在嵌入式系统中并不少见。这就是操作平台(包括硬件平台和编译环境)差异带来的结果。

　　鉴于嵌入式系统硬件的多样性，以及产品更新换代、低成本化的压力，开发者将不得不面对不同的操作平台。代码的可移植性、可重用性和可维护性是非常现实的要求，因为我们不可能每次都从头来过。

　　C 的一大优势就是可以为不同的嵌入式平台提供统一的语言，这给我们带来了很大的方便。但嵌入式 C 与标准 C 之间，或不同的嵌入式 C 之间都会有一定的差异，这种差异与嵌入式环境(微处理器体系结构和编译器)密切相关，也与可能的差错密切相关。

　　通过执行嵌入式 C 编程规范，例如，要求程序员把所有和特定嵌入式环境相关的 C 语言行为记录下来，我们可以将上述差异带来的风险降到最低。

### 1.3.6　运行时错误

　　运行时错误(runtime errors)是指那些在软件运行时出现的错误，如除数为零、指针地址无效等。这些错误出自正确编译的代码，代码本身也许没有问题，但某些特殊数据会在运行时产生错误，进而使得软件出现运行时故障，导致系统失败。

　　语言能够对可执行代码的内部做运行时检查，以便检测出这样的错误并执行适当的动作。C 语言可以产生非常紧凑、高效的代码，其中一个原因就是 C 语言提供的运行时错误检查能力比较弱，这也是 C 代码短小有效的原因之一。虽然运行效率得以提高，但也降低了系统的安全性。C 编译器通常不为某些常见问题提供运行时检查，如数据异常、溢出、指针地址的有效性，或数组越界错误等。

运行时错误在语法检查时一般无法发现，一旦错误发生，很可能导致系统崩溃。在编码时严格执行编程规范可以有效地减少运行时错误。

许多嵌入式系统对可靠性和安全性有着很高的要求，如飞行器、医疗设备、汽车和工业控制等。只要这些系统工作稍有差池，就有可能造成重大损失或者人员伤亡。我们将此类系统称为安全相关系统(safety-related systems)。显然，一个安全相关的嵌入式系统，除了要有高质量的硬件，还要有很健壮或者说安全的软件。

从本章的内容可以得知，C 语言并不是那么安全。因此，制定一个针对安全性的 C 语言编程规范，告诉程序员该如何做，就显得极其重要。

# 本 章 小 结

(1) C 语言是未经完善定义的，它有如下先天性缺陷：

① 未限定行为：不确定是哪种情况。每种情况都合法，具体选择与编译器有关。

② 未定义行为：不知道会发生什么。不设行为方式，没有预期结果，编译器也不管它。

③ 实现定义行为：不清楚是如何做的。标准没有明确规定，具体实现依赖于编译器。

(2) C 的不安全性除了自身缺陷外，还有如下外在因素：

① 人为错误：包括程序员书写错误、对 C 语言的理解偏差、对编译器的误解。

② 环境影响：包括编译器的缺陷、操作平台的差异。

③ 运行时错误：软件运行时才出现的错误。

# 练 习 题

1. C 语言自身的缺陷有哪些？会带来什么风险？

2. 如何理解 C 的未定义行为？

3. C 语言的不安全性表现在哪些方面？

4. "只要编译通过了，代码就没有问题"，这种说法对吗？为什么？

5. 高质量的代码不仅要功能正确，而且要有可读性、可移植性和可维护性的要求。你赞成这一说法吗？为什么？

# 第 2 章   一切为了安全

 **内容提要**

　　本章首先介绍有关编程规范的基本知识、作用和意义，然后重点介绍 MISRA 协会和 MISRA 标准的发展，从整体上了解 MISRA C2 标准的特点及其主要内容。最后介绍使用 MISRA C 标准应该注意的事项。

　　编程规范不是凭空而来的，和编程语言一样，有一个不断发展不断完善的过程，甚至是通过惨痛的教训得来的。编程规范基本的发展轨迹是：先有编程语言，经过实践和完善，总结成国际标准。再根据行业应用的需要以及语言本身的特点，提炼成有针对性的编程规范。因此，编程规范源于它所属的标准，而又高于标准。

　　下面我们先了解一下有关编程规范的基础知识，以及围绕编程规范的一些流行的说法，再把目光聚焦到 MISRA 上。

## 2.1   编 程 规 范

### 2.1.1   编程规范的定义

　　编程规范就是指导程序员正确使用编程语言的标准和操作指南，其目的就是使程序员写出符合特定要求的高质量的代码。对安全相关系统来说，这个特定要求就是安全可靠。

　　编程规范来源于相关的语言标准，是对语言标准的一种限制性使用。编程规范是在充分考虑行业应用的特殊性、相关的经验教训、开发环境的现状以及语言本身的特点的基础上总结出来的，是青出于蓝而胜于蓝。

　　根据适用范围的不同，编程规范可分为国际标准、国家标准、行业标准和企业标准。例如，MISRA C 就是汽车制造业嵌入式 C 编程的行业标准。又如，《GJB 5369：航天型号 C 语言安全子集》是我国的国家标准。有些软件开发组织也会根据需要制定编程标准，这就是企业标准。

　　著名的 C/C++国际标准有：

- ISO C 和 ISO C++：课堂上学习比较多，应用比较广的 C/C++语言编程标准。
- MISRA C 和 MISRA C++：汽车制造及安全相关嵌入式系统的 C 和 C++编程标准。

- HICPP：高可靠性的 C++编程标准。
- JSF C++：联合攻击战斗机的 C++编程标准。

此外，还有一些标准虽不是专门为编程语言制定的，但也包含了这方面的内容。例如，《IEC 61508：电气/电子/可编程电子安全相关系统的功能安全》是一项用于工业领域的国际标准，由国际电工委员会发布，其目的是要建立一个可应用于各种工业领域的基本功能安全标准，这些领域包括：汽车电子、铁路、制造业、核能工业、机械等。

本书使用了"标准"和"规范"两个术语，它们的含义基本相同，只是习惯用法略有差异，用"标准"可突出其权威性，讲"规范"则更具专业色彩。

## 2.1.2　编程规范的作用和意义

编程规范实际上是对语言标准的限制性使用，它通过种种手段来约束我们的编程行为，比如禁止、限制、规避、明确化、清晰化等。执行编程规范会给程序员带来不便是显而易见的，但有所得就有所失，这是我们追求安全可靠所必须付出的代价。那么，编程规范能带给我们什么呢？

首先，可以预防错误的发生，降低源代码出错的概率。编程规范能够使程序员规避编程语言的缺陷和弱点，防止程序员对编程语言的错误使用，还可以避免来自编译环境的不利影响。或者说，通过编程规范的实施，我们可以增强源代码的"免疫力"，使其更加健壮，更加安全。

其次，有利于提高代码的质量。我们设计软件，不能仅仅要求能正常工作，还应该追求软件的质量。而质量好的软件不仅要功能正确、缺陷少，还要有可读性、可重用性、可移植性、可维护性以及编程风格方面的要求，编程规范的许多规则正是为此而制定的。质量从代码抓起，利用好编程规范的条条框框，保证了代码的可理解性，就为软件质量打下了基础。

以上是编程规范为我们的工作对象——代码带来的好处。同时，编程规范对软件开发者自身也有重要意义，通过编程规范的"锤炼"和"熏陶"，开发者的能力和素质会得到显著的提高。

"没有规矩，不成方圆"。对软件开发组织来说，编程规范的实施使组织内部有了统一的检验和评价准则，正所谓标准面前人人平等，大家都遵循同样的规范，标准统一，风格统一，通过牺牲个人的自由，换来了软件组织标准化的生产和软件质量的提升。

对软件开发个人而言，执行编程规范是对个人的一种约束，一种历练，也许一开始不习惯，甚至抗拒，但慢慢就成为一种自觉和操守。遵规守矩能够极大地减少编码的随意性，既提高了编程水平，又提升了个人素养。

当然，要将编程规范的作用充分发挥出来，一定要保证执行力，不能只停留在纸面上或口头上，除了要有高度的组织性和纪律性，还要建立良好的检查机制，借助客观公正的自动化工具是一个好办法。

"程序首先是为人编写的，其次才是为计算机编写的"，这一说法很有道理。为人而写是软件开发的基本要点。软件的生命周期贯穿产品的开发、测试、生产、使用和维护等长期过程，只有易读、易维护的软件才具有生命力，唯有为人而写的程序才有这样的特性。

代码是写给人看的，首先要人看得懂，机器只不过是替人运行而已。代码不仅要自己看得懂，更重要的是别人也要看得懂。知道了这一点，对于我们学习、理解并掌握编程规范具有重要意义。

## 2.2　MISRA C 标准概述

### 2.2.1　MISRA 概述

MISRA(the motor industry software reliability association)是汽车工业软件可靠性联合会的英文缩写。

1990 年，英国政府制定了一项称为"安全 IT"的计划，该计划涉及众多的行业。这些行业都具有与安全相关的电子系统，其中的一个项目的目标是"汽车电子系统嵌入式软件的开发指南"。1994 年 11 月，该项目组发表了他们的研究成果——《汽车专用软件开发指南》，即标志项目告一段落。但项目组成员认为他们的使命还没有完成，应该继续下去，遂成立了汽车工业软件可靠性联合会，即 MISRA 协会，并开始独立运作。

MISRA 致力于协助汽车厂商开发安全可靠的软件，期望通过编程规范的形式来约束人们在汽车电子领域对于程序语言的使用。其主要成果就是后来广为人知的 MISRA C 标准和 MISRA C++标准。

今天，MISRA 已经成为著名的跨国协会，总部设在英国，其成员包括了大部分欧美汽车生产厂商。MISRA 常设一个指导委员会，负责协会的日常管理，并为会员提供技术上的指导和帮助。目前指导委员会的成员有：

- 福特汽车(Ford)；
- 捷豹路虎(Jaguar Land Rover)；
- 莲花公司(Lotus Engineering)；
- MIRA 汽车设计(MIRA Ltd)；
- 里卡多公司(Ricardo plc)；
- TRW 汽车电子(TRW Automotive)；
- 利兹大学(The University of Leeds)。

图 2.2-1　MISRA 标识(logo)

图 2.2-1 是 MISRA 的标志。更多 MISRA 的信息，请登录其官方网站 www.misra.org.uk。

### 2.2.2　MISRA 标准的发展

一切为了安全，这是 MISRA 的核心思想。鉴于 C 语言的缺陷和在嵌入式应用中出现的问题，MISRA 建议在安全相关系统中使用 C 语言要相当小心。首先，只能使用在 ISO 标准中定义的语言，不可越界，比如 C 语言的私有扩展就不可用。其次，不要使用 C 语言的所有特性，必须对语言的使用加以限制，避免那些确实可能产生问题的地方。另外，相对于 C 语言，汇编语言不再适合于安全相关的系统，在某些方面可能更糟。MISRA 不建议在安全相关的系统中使用汇编语言。

1998 年，也就是协会成立 4 年之后，MISRA 发布了第一个针对汽车工业软件安全性的 C 语言编程规范——《汽车专用软件的 C 语言编程指南》,简称 MISRA C:1998 或 MISRA C1。该标准基于 ISO 9899:1990 标准,即 C90,针对那些满足 C 语言标准,却存在安全隐患的语言使用,提出了 127 条规则。

众所周知,标准 C 语言并不是针对代码安全的,也不是专门为嵌入式应用设计的。另外,标准 C 语言也过于庞大了,很难操作。由于 MISRA C1 很好地解决了 C 语言的冗繁性和安全性问题,因此一经推出便得到了广泛的好评。MISRA 标准不仅成为众多汽车厂商推崇的行业标准,其影响力更是远远超出了汽车工业,像铁路、航空、航天、国防、医疗、电信及其他对软件安全性要求较高的行业都对其产生了浓厚的兴趣。许多嵌入式开发者也尝试以 MISRA 标准来衡量自己的编码质量。

2004 年,MISRA 协会对 MISRA C1 的规则进行修订和扩充,推出了它的升级版——MISRA C:2004,或称 MISRA C2。MISRA C2 同样基于 C90,废除了 15 条旧规则,对部分复杂的规则进行了细化,化模糊为清晰,并新引入一些数学操作的规则,共计 141 条。其中包括:

- 必需(required)规则 121 条,要求编程时必须遵守。
- 建议(advisory)规则 20 条,只要条件许可,就应该遵守。

可以看出,必需规则的优先级高于建议规则。但同属必需或同属建议的规则不再区分优先级,MISRA 强调,所有的必需规则都具有同等的重要性,所有的建议规则也是如此。

在新版本中,还将应用行业由汽车工业扩大到所有安全相关的系统,MISRA C2 已成为事实上的嵌入式 C 编程的国际标准,是目前使用较多、应用较广的编程规范。本书的主要内容也是围绕 MISRA C2 展开的。

MISRA C1 的规则序号是统一编排的,从规则 1、规则 2……直到规则 127。但 MISRA C2 与此不同,采用了分组编号的形式。规则序号由两部分组成,前缀是规则的组别,后缀是规则在该组中的序号,如规则 8.1 代表第 8 组中的第 1 条规则。全部规则分为 21 个组,各组的规则分布如表 2.2-1 所示。

表 2.2-1　MISRA C2 规则分组表

| 序号 | 分组 | 必需规则数 | 建议规则数 | 规则总数 |
|---|---|---|---|---|
| 1 | 环境 | 4 | 1 | 5 |
| 2 | 语言扩展 | 3 | 1 | 4 |
| 3 | 文档 | 5 | 1 | 6 |
| 4 | 字符集 | 2 | 0 | 2 |
| 5 | 标识符 | 4 | 3 | 7 |
| 6 | 类型 | 4 | 1 | 5 |
| 7 | 常量 | 1 | 0 | 1 |
| 8 | 声明与定义 | 12 | 0 | 12 |
| 9 | 初始化 | 3 | 0 | 3 |
| 10 | 数值类型转换 | 6 | 0 | 6 |
| 11 | 指针类型转换 | 3 | 2 | 5 |

续表

| 序号 | 分组 | 必需规则数 | 建议规则数 | 规则总数 |
|---|---|---|---|---|
| 12 | 表达式 | 9 | 4 | 13 |
| 13 | 控制表达式 | 6 | 1 | 7 |
| 14 | 控制流 | 10 | 0 | 10 |
| 15 | switch 语句 | 5 | 0 | 5 |
| 16 | 函数 | 9 | 1 | 10 |
| 17 | 指针与数组 | 5 | 1 | 6 |
| 18 | 结构与联合 | 4 | 0 | 4 |
| 19 | 预处理指令 | 13 | 4 | 17 |
| 20 | 标准库 | 12 | 0 | 12 |
| 21 | 运行时故障 | 1 | 0 | 1 |
| 合　计 | | 121 | 20 | 141 |

考虑到近年来 C++语言在嵌入式系统中的应用越来越多，MISRA C++委员会在 2005 年成立，并于 2008 年推出针对 C++语言的编程规范——《MISRA C++：2008 安全相关系统中使用 C++语言的编程指南》，简称 MISRA C++：2008。

随着 ISO C99 标准的应用，MISRA 协会又制订了基于 C90 同时兼容 C99 的新一代 MISRA 编程规范——MISRA C：2012，或称 MISRA C3，并于 2013 年 3 月正式发布。

本书将主要以 MISRA C：2004(MISRA C2)为蓝本展开，因为该版本立足于 C90，是目前使用的主流，在实际应用中展现出了很好的效果，已经得到了嵌入式行业的普遍认可，也为广大工程师所熟悉。

至于 MISRA C3，其大部分规则继承了 MISRA C2，当然也有一些新增或修改。新版本的一个重要亮点是增加了对 C99 标准的支持，而 C99 标准由于使用惯性和开发工具的滞后，还没有得到普遍应用。因此，MISRA C3 将不作为本书的主要内容，我们将另辟一章(第 9 章)专门予以介绍。

时至今日，MISRA 组织不仅是汽车工业软件规范的权威，其制定的编程标准在汽车工业和嵌入式安全相关领域得到普及，也同时影响到了嵌入式开发的其他方向，如操作系统、编译器、软件测试工具等。

实时操作系统 μC/OS II 的 2.52 版本虽然于 2000 年通过了美国航空管理局(FAA)的安全认证，但 2003 年该系统的发布者根据 MISRA C:1998 规范又对源码做了相应的修改，如将以下代码：

```
if (( pevent->OSEventTbl[y] &= ~bitx ) == 0) {
    /*...*/
}
```

改写成

```
pevent->OSEventTbl[y] &= ~bitx;
if ( pevent->OSEventTbl[y] == 0 ) {
    /*... */

}
```

以满足 MISRA 的要求(上例遵循了赋值运算符不能用在产生布尔值的表达式上的规则要求)。随后实时操作系统 μC/OS Ⅱ发布了 2.62 的新版本,并宣称其源代码 99%符合 MISRA C:1998 规范。

一些编译器厂商也在其产品中增加了对 MISRA 编程规范的支持,使用户在编译代码的同时可以对代码进行规则符合性检查。比如,IAR 的编译器就宣称提供对 MISRA 规范的检查功能。

对照编程规范对源代码进行检查的代码规则检查技术已经成为软件测试技术的重要一环。事实上,在编码的同时进行规则检查,可以达到事半功倍的效果,既为软件的高质量打下了基础,又为后续的功能测试(动态测试)扫清了障碍。

现在,越来越多的软件开发组织对编程规范和代码规则检查有了明确的要求。英国 PRQA 公司的 QAC 和 QAC++是业界闻名的代码规则检查工具,不仅支持通用的国际标准、MISRA 标准,还支持用户自己定义的规范。由于 PRQA 公司是 MISRA C 和 MISRA C++ 委员会的创始成员,还是 ISO C 和 ISO C++的重要成员,因此他们推出的代码规则检查工具被普遍认为具有权威性。本书将在第 10 章对 QAC 的特点和使用进行介绍。

## 2.3　MISRA C 的使用

有了好的编程规范,是不是就可以很轻易地获得好的代码呢? 答案是否定的。使用编程语言编写源代码只是软件开发过程中的一个活动。如果只在该活动中坚持最佳实践而不考虑其他问题,则只能带来有限的价值,在安全相关系统的开发中尤其如此。MISRA 在制定编程规范的同时,对如何使用规范也给出了建议。

### 2.3.1　编程语言和编程环境

在软件开发过程中的编码阶段,选择编程语言和语言子集(编程规范)只是第一步。紧随其后还要考虑如下关键问题,作为执行规范的配套措施:

- 培训(training);
- 风格指南(style guide);
- 工具(编译器、静态检查工具)选择和有效性验证(tool selection and validation);
- 度量(metrics);
- 测试覆盖率(test coverage)。

MISRA 建议,在这些问题上做出的所有选择及其原因都要记录成文档,并对任何执行的活动保持适当的记录。这样在需要的时候此文档可以包含进安全性声明中。

### 1. 培训

为了确保 C 代码的编写者具有足够的编程能力与熟练程度，应该为他们提供正规的培训，培训内容包括：

- 嵌入式应用中 C 语言的使用。
- 高度集成的和安全相关的系统中 C 语言的使用。
- 代码规则检查工具的使用。

### 2. 风格指南

除了采用语言子集外，一个软件开发组织应该有自己的"家规"，即那些不直接影响代码正确性但定义了代码呈现形式的编程风格。风格并非客观的质量要求，而是主观的问题，可通过自定义的编程规范——企业标准来规定。风格指南涉及的典型问题包括：

- 代码布局和缩进的使用。
- 大括号"{}"和结构块的布局。
- 语句的复杂性。
- 命名规范。
- 注释语句的使用。
- 公司名称、版权提示和其他标准文件头信息的含义。

站在 MISRA 的立场，编程风格是建议性的，但对软件开发组织来说，也许是强制性的。

### 3. 工具选择和有效性验证

软件开发需要使用编译器(包括链接器)，编程规范的实施也需要建立某种"检查机制"，此时静态检查工具就派上了用场。选择编译器时，要尽可能选用适应 ISO C 标准的编译器。如果语言的使用依赖于"实现定义"，那么开发者必须检测编译器，以确认其实现与工具所声明的一致。

对于静态检查工具，应要求其尽可能多地具备"强制遵循 MISRA 规则"的能力，并且是在整个程序范围内进行检查，而不是在单个文件内。如果工具能执行超出 MISRA 要求之外的检查，不妨"笑纳"。

开发工具通常被认为是"可信赖"的，工具的供应商也有义务确保这样的信赖是对的。但现实情况是你很难从供应商那里得到证据来证明这一点。在这种情况下，开发者能做的是确保工具具有足够的质量，能实现如下功能，以增强对工具的信心：

- 执行某种形式的文档化验证测试。
- 评估工具供应商的软件开发过程。
- 检阅工具迄今为止的性能。

可以通过创建例子代码在工具上运行来验证其有效性。比如，选择已知的良好代码来测试编译器，且编译器选项要与编译产品代码时相同；编写一组违规代码来测试静态检查工具，且每段代码只违反一条规则，合起来要覆盖所有的规则。

### 4. 度量

度量是软件测试中的一个术语，指对软件某一属性的定量测量和计算，是分析和评价软件质量的一种方法。

强烈建议使用源代码的复杂性度量(即复杂度),应该为复杂度设立一个门限,超出的将视为不合格,这样可以防止编写出难以控制和难以测试的代码。同样建议使用自动化测试工具来完成这项工作,这样可以保证客观公正,也可以减轻工作量。

代码度量有多种,如 McCabe、Halstead、行数统计等,开发者可以自行选择甚至自己定义,将其纳入编程规范中。许多静态检查工具同样具有度量复杂性的能力。

### 5. 测试覆盖率

"覆盖率"同样是软件测试中的概念。覆盖率是软件运行中执行过的代码占总代码的比例,即有多少代码被测试过了。覆盖率越高,表明测试越充分。根据考察角度的不同,测试覆盖率有多种类型,其中语句覆盖是最基本的一种。

语句覆盖率是开发者在软件设计和编写之前就应该考虑的。定义好期望达到的目标,通过设计使其在测试中很好地实现,这称为"Design For Test(DFT)"。在编写代码的过程中考虑实现高语句覆盖,这种能力可视为源代码新涌现的特性。

使用标准的某个子集,使其减少实现定义的数量,增加模块接口的兼容性,进而产生可以进行较大规模集成和测试的软件。应折中考虑以下度量以实现高语句覆盖率:

- 代码规模。
- 圈复杂度。
- 静态路径的数目。

不必纠结于在软件设计、语言使用和 DFT 上所增加的开销,因为它会通过缩短测试时间而得到补偿。

## 2.3.2　符合与背离

有了规则和编程环境,下一步就要在编码中遵守规则。这种遵守应该是强制性的,为了获得符合编程规范的代码,需要遵循以下步骤:

- 创建符合性矩阵。
- 描述背离过程。
- 在质量管理系统中正规化。
- 引进 MISRA C。

### 1. 符合性矩阵

为了确保所编写的代码符合编程规范,有必要进行适当的检查,看它有没有违反规则。使用合适的工具来实施"代码规则检查"是一个有效的方法。如果工具不能检查某条规则,那么就应该进行人工检查。

符合性矩阵用来说明规则是如何被强制遵守的。为了确保所有的规则都覆盖到了,就需要产生一个符合性矩阵列表,矩阵中列出每条规则并说明它是如何被检查的。表 2.3-1是符合性矩阵的一个例子。

表 2.3-1 符合性矩阵示例

| 规则号 | 编译器 1 | 编译器 2 | 检查工具 1 | 检查工具 2 | 人工审查 |
|---|---|---|---|---|---|
| 1.1 | Warning 347 | | | | |
| 1.2 | | Error 25 | | | |
| 1.3 | | | Message 38 | | |
| 1.4 | | | | Warning 97 | |
| 1.5 | | | | | Proc x.y |

如果开发者具有其他约束，也可以加入矩阵中。在忽略特定约束的地方，要给出完整的说明。这些说明必须是能被 C 语言专家和管理者共同承认的。

### 2. 背离过程

无条件地严格遵循所有的规则是不大可能的，在某些情况下可能不得已要违反规则。例如，与微处理器硬件接口的源代码会不可避免地需要使用适当的语言扩展。这种现象称为背离。

背离的发生可以是针对某一个特殊实例，也可以是针对某一类特定环境。

• 特定背离：是在某个文件中对某规则的背离，由对环境的响应给出。特定背离发生在开发过程中。

• 项目背离：可允许的对规则要求的放宽，以适应特殊环境。实际上，项目背离在项目开始时总是允许的。

为了具有权威性，有必要通过一个正规的过程来认可这些背离，而不是依靠个体程序员的判断力。开发者使用背离时必须说明这样做是必要的和安全的。由于 MISRA 不打算给出每条规则的重要等级，因此，如果认为某些条款是比其他条款更关键也是可以接受的，这将反映在背离的过程中。如果存在正规的质量管理系统，那么背离过程应该是该系统的一部分。

如果要背离某规则，那么开发者就必须要理解问题本身。所有的背离，包括项目背离和特定背离，都应该记录成文档。

例如，如果预先知道很难遵循某一规则，软件开发者应该提交一份"项目背离请求"，并在开始编程之前征得客户方的同意。项目背离请求应该包含如下内容：

• 背离的细节，即被背离的规则。

• 需要产生背离的环境。

• 由背离产生的潜在后果。

• 对背离的正确性声明。

• 对如何保障安全性的声明。

如果在开发过程中或结束时出现了对背离的需求，软件开发者应该提交一份"特定背离请求"。特定背离请求应该包含如下内容：

• 背离的细节，即被背离的规则。

• 由背离产生的潜在后果。

• 对背离的正确性声明。

• 对如何保障安全性的声明。

这些过程的实现细节留给用户自行决定。

# 第 3 章　从环境开始

 **内容提要**

　　本章介绍 MISRA C2 中有关环境、语言扩展、文档化、字符集和标识符等组别的规则。这些规则看起来更像是"注意事项"或"指导原则"，简洁易懂，没有过多的技术含量。但是，简洁并不简单。这些规则同样重要，对于我们学习和理解 MISRA 精神有着重要的意义。

　　从本章开始，我们将详细解读 MISRA C2 中的 141 条规则。

　　本书不打算按照规则的顺序来进行介绍，我们将具有内在联系或逻辑相似性的规则集中起来，归类成章，这样既便于读者理解也有利于将来的实际使用。

　　· **第 3 章　从环境开始**，介绍 MISRA C2 前面几个组别的内容，包括环境、语言扩展、文档化、标识符、字符集和运行时故障等。

　　· **第 4 章　细节决定成败**，介绍有关数据类型和类型转换的规则。这是在实践中容易出错且常被人忽视的"细节"，防微杜渐，意义重大。

　　· **第 5 章　你表达清楚了吗**，介绍有关函数声明与定义、表达式等方面的规则。"清晰地表达"是编程的基本要求，这也体现了一个软件工程师的功力。

　　· **第 6 章　千万不要失控**，介绍有关 C 语言流程控制方面的规则。流程决定了程序执行的过程，过程既失，何来结果？

　　· **第 7 章　安全正确的指向**，介绍有关指针和数组的规则。指针是 C 语言中最灵活也是最难掌握的，颇具风险。灵活与风险，如何应对？

　　· **第 8 章　打造安全的编译环境**，介绍有关编译器预处理指令和标准库的规则。编译器就像一个默默奉献之人，它不太显眼却直接影响最终的代码。编译器如果使用不当，会让我们之前的努力大打折扣，所以用好编译器，用对资源库，对代码的安全性是非常重要的。

　　· **第 9 章　揭开 MISRA C3 的面纱**，介绍新一代 MISRA C3 标准，重点是与第二代标准的继承与发展，以及部分看起来比较特别的规则。

　　· **第 10 章　代码规则检查工具 QAF 的使用**，鉴于软件静态测试工具在标准的应用中有着举足轻重的作用，我们另辟一章，专门介绍一款著名的支持 MISRA C 标准的软件工具。

　　虽然 MISRA 强调所有规则同等重要，但那是对实际应用而言的。对于我们学习者来说，不是同等的，如有些规则像一句大白话，很好理解，有些规则比较复杂，不仅要看规则本身，而且要了解背后的逻辑，实在不易掌握。因此，我们在学习安排上要区分主次轻重，不能平均用力，这样有利于我们合理地分配时间。

以下内容可作为本书的重点：

- 类型、数值类型转换。
- 声明与定义、函数、表达式。
- 控制语句表达式、控制流。
- 指针与数组。
- 预处理指令、库函数。

# 3.1　环　　　境

这里所说的"环境"是指 MISRA C 标准对 C 语言总体上的要求，具有总则的作用。有关环境的规则为开篇第 1 组，共 5 条。

## 规则 1.1【必需】

所有代码都必须遵守 ISO 9899:1990 标准(即 C90 标准)，包括 ISO/IEC 9899/ COR 1:1995、ISO/IEC 9899/AMD1:1995 以及 ISO/IEC 9899/ COR2:1996 所作的修订也应一并遵守。

本规则很好地说明了 MISRA 标准与 ISO 标准的关系，即 MISRA C2 是基于 ISO C90标准的，是 C90 的一个限制性子集。凡是符合 MISRA C2 的代码，一定符合 C90；反之，符合 C90 的代码，不一定符合 MISRA C2。

对 C 语言来说，规则 1.1 意味着只能使用在 ISO 标准中定义的语言，因此排除了以下方面的使用：

- K&R C(由 Kernighan 和 Ritchie 编写的 *The C Programming Language* 的第一版)。
- C++。
- C 的私有扩展。

这条规则要求我们的程序员使用"正宗"的标准 C 来编写程序，不要与 C++混用，也不要使用 C 的"方言"(私有扩展)。K&R C 虽然是经典，但目前已很少使用了。需要指出的是，很多编译器都支持 C++和 C 的扩展，如果你使用了这些特性，编译器很可能检查不出来。

必须认识到"背离"(见 2.3.2 节)的提出是必要的，这能允许一定的语言扩展，比如对硬件特性的支持。一旦超出 ISO 9899:1990 中限制的范围，就需要提出"背离"，除了后面的规则 5.1。

背离的提出应该是针对某个具体的"违规"行为，而不是针对本规则的"笼统"的违反。

必须指出的是，本规则是一句"大道理"，原则性太强，可操作性(可及性)不足，未免显得有些"不接地气"。不过好在我们还有其他 140 条规则。

---

**规则 1.2【必需】**

　　不得有对未定义行为或未限定行为的依赖。

---

　　未定义行为和未限定行为的概念参见第 2 章 1.2 节的说明(详细情况见 ISO 9899:1990 附录 G)。

　　未限定行为最终往往由编译器来解释和实现,是不确定的;而未定义行为编译器也可能解释不了,是不可预测的。实际上,编译器不应实现所有未定义行为,但对未限定行为没有限制。若依赖未限定行为实现软件功能,则不会产生错误,但大大降低了程序的可移植性。

　　因此,依赖未定义行为和未限定行为来实现程序员的意图是完全不靠谱的。本规则的意义不言而喻,也很好理解。

　　本规则要求任何对未定义行为或未限定行为的依赖都应该避免,除非在其他规则中做了特殊说明。如果在其他某项规则中声明了某个特殊行为,那么就只有这项特定规则(不是规则 1.2)在其需要时给出背离性。

---

**规则 1.3【必需】**

　　多编译器或编程语言只能在它们生成的目标代码具有共同接口定义的情况下使用。

---

　　在项目开发过程中,如果部分模块是以非 C 语言实现的或是以不同的 C 编译器编译的,就会出现"多编译器或编程语言"的情形。这有可能导致这些模块与其他模块不兼容,给系统集成带来困难。

　　C 语言的某些行为依赖于编译器,这就要求所用的编译器必须能够理解这些行为。例如,栈的使用、参数的传递和数据值的存储方式(长度、排列、别名、覆盖等)。不同的编译器有可能出现对同一行为不同理解的情况,从而带来目标码的兼容性问题。不同的编程语言,其目标代码的集成也有类似问题。

　　规则 1.3 告诉我们,如果开发时使用了不同的编译器(包括汇编器)或者不同的编程语言,应该保证目标代码具有"共同的接口定义",也就是具有兼容性,即与编译器和语言无关。

　　当然,最好的解决办法是,不要使用多编译器或者多种编程语言。

　　本规则与 ISO C 的未限定行为 11 有关。

---

**规则 1.4【必需】**

　　应该检查编译器/链接器,确保其支持 31 个有效字符及大小写敏感的外部标识符。

---

　　ISO 标准要求外部标识符的头 6 个字符是有意义且能够相互区分的,即有效字符数为 6。但大多数编译器/链接器都允许至少 31 个有效字符(和内部标识符一样),因此,服从这

样严格而并不具有帮助性的限制被认为是不必要的。

虽然大多数编译工具都遵守本规则，但还是有必要检查一下。如果编译工具不能满足这种限制，就使用编译器本身的约束。

本规则与 ISO C 的未定义行为 7，以及实现定义行为 5 和 6 有关。

---

**规则 1.5【建议】**

浮点实现要遵循一个已定义好的浮点标准。

---

这是一条建议规则。

在计算机原理课程中，相信大家都学过浮点数是如何表示的。计算机处理一个浮点数原理上简单，实际操作却比较复杂。大多数人都不会去认真追究浮点数的具体实现，也没有这个必要，因为编程语言(实际是编译器)已经替我们处理了。

C 语言也能处理浮点数，这给我们带来了很大的便利，但浮点运算会带来许多问题，尤其在安全相关系统中。不同的 C 编译器对浮点数的处理可能会有所差异，这一点需要小心。部分问题可以通过遵循已定义的、得到认可的浮点标准来改善，其中一个合适的标准是 ANSI/IEEE Std 754。

我们也可以同规则 6.3 一样，为所用的浮点标准添加注释，例如：

```
typedef float float32_t;          /* IEEE 754 单精度浮点数 */
```

## 3.2  语 言 扩 展

在嵌入式软件设计中，全部都用 C 语言是很难做到的，许多微处理器的启动和中断处理程序必须以汇编代码开始。汇编语言可以看作 C 语言的扩展。另外，我们把源代码中的注释也可以看作 C 语言的扩展或外延。

MISRA C2 对 C 语言的扩展制定了 4 条规则，归属第 2 组。

---

**规则 2.1【必需】**

汇编语言程序应该被封装并隔离。

---

在嵌入式系统中，有时候我们不得不使用汇编语言。因此，为使系统更安全，添加约束是必要的，本规则就体现了这种思想。在需要使用汇编语句的地方，MISRA 建议以如下方式封装并隔离这些指令：

- 汇编函数；
- C 函数；
- 宏定义。

下面通过例子加以说明。例如，有一个头文件 nop.h，声明了一个外部函数 nop()。

```
extern void nop(void);
```

另有一个代码文件 foo.c，定义了一个函数 function()，要调用 nop()，相关代码如下：

```
#include "nop.h"
static void function(void)
{
    ...        /* do something */
    nop();
    ...        /* do something */
}
```

若需用汇编语言实现 nop()，可以用以下方式：

· 汇编函数。例如，在 nop.asm 文件中单独实现所需的汇编函数：

```
NOP    PROC
    nop
    ret
NOP    ENDP
```

· C 函数。例如，在 nop.c 文件中只实现所有汇编的封装函数，而不包括其他无关的 C 语句：

```
#include "nop.h"
void nop(void)
{
    /* 从大括号到# pragma 指令之间没有代码  */
#pragma ASM            /*汇编代码开始*/
    nop
#pragma ENDASM         /*汇编代码结束*/
    /* 从# pragma 指令到大括号之间没有代码  */
}
/* 注：该函数本身并不符合规则 2.1，但可使调用它的文件符合该规定。*/
```

· 宏定义。有时出于效率的考虑必须要嵌入一些简单的汇编指令，如开/关、中断。不管出于什么原因，如果需要这样做，那么最好使用"宏"来完成。

例如，将 nop.h 的相关内容改为宏定义：

```
#define NOP()    asm ("NOP")
```

这是一个函数宏，实现了内嵌汇编功能。函数宏看起来像函数，实际上是宏定义，调用时也与函数相似。需要指出的是，内嵌汇编语句的使用是对标准 C 语言的扩展，因此也需要提出对规则 1.1 的背离(规则 1.1 不允许内嵌汇编语句)。

我们再看一个例子。例如，下面的语句违反了规则 2.1。

```
static void foo ( void )
```

```
    {
        asm { \"CLI\" };/* 违规，C 函数中包含汇编语句，且没有封装起来 */
        foobar();
        asm { \"SEI\" };
    }
```

规则 2.1 与 ISO C 的未限定行为 11 有关。

## 规则 2.2【必需】

源代码只能用 /* … */ 形式的注释。

/* … */ 是 C90 标准的注释格式。

本规则排除了如 // 这样 C99 类型的注释和 C++ 类型的注释，因为它在 C90 中是不允许的。

许多编译器支持 // 类型的注释作为对 C90 的扩展，预处理指令(如 #define)中 // 的使用可以变化，还有对 /*…*/ 和 // 的混合使用。

也许有人会觉得这条规则是不是过于苛刻了，这不过是个风格问题，因为注释是给人看的，编译器预处理的时候全部被忽略了，不会对代码本身造成影响。但实际上这不仅仅是风格的问题，因为不同的编译器特别是版本较老的编译器(在 C99 之前)可能会有不同的行为。

不过，随着时间的推移，在第三代 MISRA C3 中已经允许使用 // 来注释。

## 规则 2.3【必需】

字符串 " /*" 不应出现在注释当中。

根据 C90 标准，注释以 /* 开始，以 */ 结束。中间出现 "/*" 意味着注释的嵌套。

C 语言不支持注释嵌套，尽管一些编译器支持它作为语言扩展。一段注释应以 /* 开头，直到第一个 */ 为止，在这当中出现的任何 /* 都违反了本规则。

如下代码段：

```
/* …一些注释，但结束标志意外省略了
<<新的一页>>
Perform_Critical_Safety_Function (X);
/* …这样的注释是不合规的 */
```

前面的注释遗漏了*/，紧接着是新的一页，其中包含可执行的关键函数调用，编译器在检查的时候会认为注释还没有结束，那么紧接着的那个安全关键函数 Perform_Critical_Safety_Function (X)就不会被执行。

在新版 MISRA C3 中这条规则保留了下来(规则 R3.1)，但做了修改：字符串 "/*" 和 "//" 不应出现在注释内容中。

```
规则 2.4【必需】
```

代码段不应被"注释"掉。

不少人有这样的习惯，当某段代码暂时不需要时，加上 /*、*/(或者 //)将其"注释"掉，以便在需要的时候可以很方便地恢复。这不是一个好习惯。

为了这种目的使用注释是危险的，因为 C 不支持注释的嵌套。如果代码段中已经存在注释(通常都是如此)，再将这段代码注释掉，就形成了注释嵌套，也就违反了规则 2.3。

正确的做法是：当某段源代码不需要被编译时，应该使用条件编译来完成(如带有注释的 #if 或 #ifdef 结构，请参见第 8 章的有关内容)。

## 3.3　文　档　化

MISRA C2 对 C 语言及其资源的一些特殊用法提出了文档化的要求，即要以文字的形式写下来。这些规则并不直接体现在代码上，也不是纯技术性的，很难用"代码规则检查"这样的工具来检查，但它们的意义却不容被低估。

首先，文档化意味着白纸黑字，在软件组织内部可作为规章制度来规范程序员的编程行为。同时，文档本身也是针对性很强的"编程指导"，在技术上可以帮助程序员理解、实现并且统一有关的特殊用法。这对于确保代码的安全性、可维护性、可移植性等都非常重要。

其次，这些文档可以作为符合 MISRA C 标准的证据，在需要的时候(如发表"符合性声明"时)再提供出来。

文档化规则共有 6 条，归属第 3 组。

```
规则 3.1【必需】
```

对实现定义行为的使用应有文档说明。

"实现定义行为(implementation-defined behaviour)"就是以编译器具体"实现"时的动作为准。这种行为与实际使用的编译器有关，用户需要查看编译器的有关文档才能知道是如何实现的，换句话说，从一种编译器到另一种，其实现方式完全可能不同，一旦使用会降低程序的可移植性。

因此，最好的办法是避开实现定义行为，更不要对其形成依赖。一旦使用实现定义行为，必须通过文档说明，把"实现定义"描述清楚，以指导不同开发环境下的程序移植。

本规则要求，任何对实现定义行为的依赖——这些行为在其他规则中没有特别说明的都应该写成文档备查。例如，在文档中注明对编译器相关文档的参考。

如果一个特定的实现定义行为在其他规则中被显式说明了，那么"背离"也仅针对那条规则，在其需要时给出。

> **规则 3.2【必需】**
>
> 字符集及相应编码应有文档说明。

相信有不少的人不太关心平时使用的字符集及其编码，因为计算机几乎是自然而然地替我们选配好了。下面是几种我们常用的字符集：

- ASCII：《美国信息互换标准代码》，这是使用最广的西文字母及符号编码标准。
- GB 2313：《信息交换用汉字编码字符集基本集》，这是我们最常用的简化汉字国标码。
- ISO 10646：《信息技术　通用多八位编码字符集》，定义了字符集映射到数字值的国际标准。

本规则要求，程序员打算在 C 语言中使用哪种字符集？什么编码？要以文档说明。出于可移植性的考虑，字符常量和字符串只能使用已经文档化的字符集中的字符。

在 ISO/IEC 9899 中规定了编译器必须支持的最小字符集(即基本字符集)，但可以定义更大的字符集。例如，编译器可支持注释中的汉字。汉字分为简体和繁体，其对应的编码是不同的。都是繁体，香港标准和台湾标准也不相同。如果程序中使用了汉字，也请在文档中说明。

本规则允许为编码和程序执行自由选择字符集，字符集可以相同，也可以不同，都应有文档说明。

> **规则 3.3【建议】**
>
> 应确认并认真考虑所选编译器对整型除法的实现，要以文档说明。

"整型除法"运算是实现定义的，不同的编译器对符号相异的两个整数的整除不尽相同。例如，−5 和 3 做除法运算，同为 ISO 兼容的编译器，算出的商可能不同，余数可能为正，也可能为负。

一种情况是：商向下舍入(绝对值减小)，得负余数：−5/3 = −1，余数为−2。

另一种情况是：商向上舍入(绝对值增大)，得正余数：−5/3 = −2，余数为+1。

如果我们的程序用到了整型除法，那么就需要确保其结果是你想要的。本规则的要求是：要确定这两种运算中编译器实现的是哪一种，并以文档方式提供给编程人员，特别是第二种情况(通常这种情况比较少)。

本规则与 ISO C 的实现定义行为 18 有关。

> **规则 3.4【建议】**
>
> 所有 #pragma 指令的使用应该文档化并给出良好说明。

#pragma 是预处理指令，通常用于设定编译器的状态或者指示编译器完成一些特定的动作。这些指示是和具体编译器相关的，针对这款编译器的 #pragma 指令其他编译器可能不知其含义，或者对该指令有不同的理解，也就是说，#pragma 是实现定义的。

#pragma 的使用比较复杂(其格式一般为#pragma para，其中，para 为参数)，其详细用法请参阅有关语言和编译器的说明。

本规则要求任何#pragma 的使用都要写成文档，文档中应当包含对#pragma 行为可理解的描述，以及其在应用中的准确含义。

应当尽量减少任何#pragma 的使用，而把它们本地化和封装成专门的函数。

本规则与 ISO C 的实现定义行为 40 有关。

## 规则 3.5【必需】

> 若使用了位域，其实现定义的行为和位域的结构体应有文档说明。

"位域"用于位操作，即对一个比特(bit)单独进行访问，或置 1，或清"0"，或读取其值。这种操作方式在嵌入式系统中非常普遍，如点亮一个发光二极管，或者输入外设反馈的高低电平。常见的做法是将多个比特位集中到一个物理存储单元，就形成位域，既可以节省存储空间，又可以集中控制多路 I/O(输入/输出)。

本规则针对的是在使用非良好定义的位域时遇到的特定问题，这种非良好定义在规则 6.4 和规则 6.5(见第 4 章)中有描述。C 语言支持位操作，但 C 语言中的位域是该语言中最缺乏良好定义的部分之一。位域的使用可能体现在以下两个主要方面：

• 在大的数据类型(联合体)中访问独立的数据位或成组数据位，该用法是 MISRA 不允许的(见规则 18.4)。

• 访问用于节省存储空间而打包在一起的标志组(Flags)或其他短整型(Short-length)数据。

其中，第二种是 MISRA 所设想的唯一可接受的位域使用方式。假如这种结构体的元素只能以其名字来访问，那么程序员就无需设想结构体中位域的存储方式。

建议结构体的声明中要保留位域的设置，并且在同一个结构体中不得包含其他任何数据。要注意的是，在定义位域的时候不需要遵循规则 6.3(见第 4 章)，因为它们的长度已经定义在结构中了。

如果编译器带有一个开关以强制位域遵循某个特定的布局，那么它有助于下面的判断。

例如，以下为可接受的代码：

```
struct message                          /* 结构仅用于位域 */
{
    signed   int   little:    4;        /* 注意：需要使用标准类型 */
    unsigned int   x_set:     1;
    unsigned int   y_set:     1;
} message_chunk;
```

如果要使用位域，就得注意实现定义行为所在的区域及其潜藏的缺陷(即不可移植性)。特别地，程序员应当注意如下问题：

• 位域在存储单元中的分配是实现定义的，即它们在存储单元(通常是一个字节)中的分配是从高端开始，还是从低端开始。

• 位域是否跨越了存储单元的边界同样是实现定义的。例如，如果顺序存储一个 6 bit 的位域和一个 4 bit 的位域，那么 4 bit 的位域是全部从新的字节开始，还是其中 2 bit 占据前一个字节中的剩余 2 位而其他 2 bit 开始于下个字节。如果是后者，就产生了边界跨越。

基于上述理由，本规则要求：如果使用了位域，那么对其实现定义的行为以及位域组成的结构体就必须了解清楚，并以文档说明。

本规则与 ISO C 的未限定行为 10，以及实现定义行为 30、31 有关。

---

**规则 3.6【必需】**

产品代码中用到的所有程序库都应遵从本规范的规定，并且要经过适当的验证。

---

这是《IEC 61508：电气/电子/可编程电子安全相关系统的功能安全》标准中第三部分的要求。

本规则的对象是产品代码中用到的任意库，包括编译器提供的标准库、其他第三方库或者自己开发的库。规则的要求似乎超出了用户开发软件产品的范围，因为除了自己开发的库，用户并不能确认编译工具或任何第三方资源是否遵守了 MISRA 标准，而最多只是作出选择。

有利的消息是，鉴于 MISRA C 的权威性和实用性，越来越多的编译器厂商和软件供应商愿意遵循 MISRA 规范，推出了符合 MISRA 标准的产品，使用户的选择不再困难，但如何验证真实性也是一个问题(多数情况下只能根据厂商提供的材料判断并选择相信)。

本规则并未具体指明要遵从何种规定，可以理解为 MISRA C2 标准中所有的规则都应遵守。

## 3.4 字 符 集

规则 3.2 对字符集及其编码的选用和文档化提出了要求。此处有关字符集的两条规则(归属第 4 组)是对所选字符集中的一些特殊用法做出了限制。

---

**规则 4.1【必需】**

只有符合 ISO C 标准的转义字符序列才可以使用。

---

转义字符是用来表示 ASCII 中不能显示的字符(如控制字符)的一种方式(也可以用来表示正常显示的字符)。

转义字符的表示形式为\+字符。"\"与其后的字符作为一个整体转义成了另一个字符，"\"后的字符失去了原有的意义。

例如：

"\b"代表退格，"\n"代表换行，"\r"代表回车，"\0"代表 NULL…

"\x39"代表字符 9，一般地，"\xhh"(hh：2 位十六进制)代表一个可显示字符。

MISRA 强调只能使用 ISO C 标准认可的转义字符系列，以免发生兼容性问题。

本规则与 ISO C 的未定义行为 11 和实现定义行为 11 有关。

---

### 规则 4.2【必需】

不要使用三字符词(trigraphs)。

---

早期的计算机键盘数量不多，有些字符如 "~" "]" "^" 等无法直接输入，于是有了一种变通的方法：用三个字符组成的特殊序列来代替，这就是三字符词。

三字符词由 2 个问号序列("??")后跟 1 个确定字符组成。

三字符词的数量并不多，例如：

| ??( | [ | ??) | ] | ??! | \| |
|-----|---|-----|---|-----|---|
| ??< | { | ??> | } | ??' | ^ |
| ??= | # | ??/ | \ | ??- | ~ |

三字符序列作为旧计算机系统的特殊字符输入方法，在新的系统中已经没有必要使用了。三字符序列的使用不仅降低了程序的可读性，还可能会对 "??" 的其他使用带来意外的混淆，例如，字符串

" (Date should be in the form ??-??-??) "

将不会表现为预期的那样，实际上它被支持三字符序列的编译器解释为

" (Date should be in the form ~~] "

可以通过 trigraphs 选项来控制编译器是否启用三字符词。

## 3.5  标　识　符

所谓标识符，即源代码中用来识别和区分各种对象的名称。这些对象包括语句、变量、常量、数据类型、函数、数组等。

C 语言对如何命名标识符是有规定的。主要规定有：标识符由字母、下画线和数字组成，且首字符不能是数字；不得与 C 语言中保留的关键字同名；字母大写和小写含义不同；标识符不得超过一定的长度等。

标识符有内部和外部之分，这是指它的作用域(scope)或有效范围。如果标识符在文件范围内有效(如函数)，就称其为外部标识符；如果标识符在一个函数内或语句块内有效(如局部变量)，则称其为内部标识符。

MISRA C2 有关标识符的规则归属第 5 组，共有 7 条，其中 3 条为建议规则。

---

### 规则 5.1【必需】

标识符(内部的和外部的)的有效字符数不要多于 31 个。

---

　　根据 C90 标准，对于不同的内部标识符，前 31 个字符必须要有区别，以保证可移植性。即使编译器支持，也不能超出这个限制(在 C99 标准中，这一限制扩展到了 63 个字符)。

　　对于不同的外部标识符，ISO 标准则要求前 6 个字符必须是能明确区分的(忽略大小写)，以保证最佳的可移植性。

　　本规则在一定程度上放宽了 ISO 标准的要求，以适应当今的环境，但应当确保 31 个有效字符(区分大小写)可以由实现所支持。

　　使用标识符要注意一个问题，即名称之间只有一个或少数几个字符不同的情况。特别是名称比较长，而个别字符因外形相似很容易被误读时，问题就比较显著。比如：

- 数字 1 和字母 l(L 的小写)；
- 数字 0 和字母 O；
- 数字 2 和字母 Z；
- 数字 5 和字母 S。

　　建议名称间的区别要显著一些，这可以通过软件组织制定自己的企业规范来达到。在这类风格问题上 MISRA 无法作出硬性规定。

　　本规则与 ISO C 的未定义行为 7，以及实现定义行为 5、6 有关。

### 规则 5.2【必需】

　　内部标识符不应与外部标识符同名，这会对外部标识符造成屏蔽。

　　这里所说的内部标识符和外部标识符是一个相对的概念。如果标识符 A 的作用域包含了另一个标识符 B 的作用域，那么 A 就是外部的，B 就是内部的。文件范围内的标识符可以看作是最外部的，而函数体最里层的块范围(如复合语句块)内的标识符可以看作是最内部的。二者之间可能有多层作用域嵌套，随着嵌套的深入，其作用域也更深入，作用范围也越来越小。

　　本规则的意思是，不允许更里层的标识符与其外层的标识符的名称相同，从而隐藏或屏蔽外层标识符。因为如果内外同名，在内层看来，该标识符就是本地的，而不是外来的，即外部标识符被屏蔽了。当然，如果没有造成屏蔽效应，就不算违反本规则。

　　在嵌套的作用域中，使用同名标识符带来的屏蔽效应会使得代码非常混乱。

　　例如(其中 int16_t 是 typedef 定义的类型名，参见规则 6.3)：

```
int16_ti;          /* 块外变量 */
{
    int16_t  i;    /* 这是一个不同的变量 */
                   /* 与其外层标识符同名，不符合规则 5.2 */
    i = 3;         /* 造成混乱，引用的是哪个 i ？ */
}
```

### 规则 5.3【必需】

　　typedef 定义的标识符必须是唯一的。

typedef 是用来定义数据类型的,这使得用户可以定义自己心仪类型名,如可以使类型名携带更多的信息,更具有针对性,让人一看便"心领神会"。MISRA 建议用户使用 typedef 来定义适合自己的数据类型,不要使用 C90 中现成的标准类型(见规则 6.3)。

本规则要求,typedef 定义的类型名称在程序中应该是唯一的,不能重复使用,不管是用于另外的 typedef 还是任何其他目的。例如:

```
typedef unsigned  char  uint8_t;
typedef unsigned  char  uint8_t;          /* 违规, 重定义 */
unsigned char uint8_t;                    /* 违规, 重用 uint8_t 为变量 */
```

typedef 定义的名称不能在程序中的任何地方重用。如果类型定义是在头文件中完成的,而该头文件被多个源文件包含,不算违背本规则。

## 规则 5.4【必需】

标签标识符必须是唯一的。

什么是标签(tag)标识符? 我们先来看下面的例子:

```
/* 结构体声明,坐标值取整数的平面上的点*/
struct point
{
    int x;
    int y;
};
```

其中,关键字 struct 引入结构声明,point 是对结构的命名,称之为结构标签,也即所谓的标签标识符。struct 和 point 一起构成结构体类型说明符,其定义了上述由两个整型变量组成的结构。后文就可以用 point 指代这种结构,这就是标签的作用。与此类似的还有联合体类型说明,其对联合体的命名也是标签标识符。简单地说,如果我们将结构体和联合体看作一种变量集体,那么标签就是在声明的时候对集体的命名,并且还拥有了该集体的架构特征。

标签或者用于结构体类型标识符,或者用于联合体类型标识符。C 语言中,标签和普通变量可以同名,因为根据上下文分析可以对它们进行区分(标签并不是单独起作用,而是要跟在 struct 或 union 关键词的后面)。另外,ISO C 也没有定义在声明结构体和联合体时使用同一个标签的行为。

MISRA 认为,标签标识符重用降低了可读性和可维护性,从而导致混乱,给程序带来风险。因此,本规则要求,程序中的标签不可以重用,不管是用作另外的标签还是出于其他目的。一个标签要么都用在结构体声明中,要么都用在联合体声明中。例如:

```
struct  stag  {uint16_t  a;  uint16_t  b; };      /* 声明一个结构,并命名标签 */
struct  stag    a1 = { 0, 0 };                    /* 合规, 与上述声明吻合 */
union  stag    a2 = { 0, 0 };                     /* 违规, 与上述声明不吻合 */
```

```
void foo (void)
{
    struct    stag    { uint16_t    a; };              /* 违规, 标签 stag 重定义 */
}
```

如果类型定义是在头文件中完成的, 且头文件被多个源文件包含, 那么就不算违背本规则。

## 规则 5.5【建议】

具有静态存储期的对象或函数, 其标识符不能重用。

本规则所说的 "静态存储期" 是指对象或函数一经分配就静态地、永久性地占据着存储单元, 不再释放。比如, 用限定符 static 来说明的对象、全局变量、具有外部(extern)链接的函数都具有静态存储期, 而用 auto 来限定的局部变量则不具有静态存储期。

MISRA 建议, 具有静态存储期的标识符, 包括带有外部链接的对象或函数名, 以及任何带有 static 限定符的对象或函数名, 无论其作用域如何, 都不应该在系统内的任何源文件中重复使用, 因为这可能造成混淆。

这种混淆的例子之一是, 在一个文件中存在一个具有内部链接的标识符, 而在另外一个文件中存在着具有外部链接的相同名字的标识符。虽然编译器能够理解这一点而且绝不会发生混淆, 但对用户来说就存在着因名字相同而把不相关的变量联系起来的可能性。

本规则的目的依然是避免混淆, 增强代码的可读性和可维护性。

## 规则 5.6【建议】

不同名字空间的标识符的拼写不应相同, 结构体和联合体的成员名除外。

我们先来看看什么是名字空间(name space)。在一个编译单元中, 一个标识符与其他标识符能够相互区分, 除了依据其拼写不同外, 还可以依据其指代对象(实体)种类的不同, 即名字空间(或称命名空间)的不同。如果两个标识符身处不同的名字空间, 则意味着它们是不同种类的, 即使名字的拼写相同, 在语法上也能明确区分。因此, 不同种类的标识符具有不同的名字空间。ISO C 定义了许多不同的名字空间:

- 标号(label)。由标号声明语法(如 next: )区分它与其他种类标识符的区别。
- 结构体、联合体和枚举类型的标签(tag)。由关键字 struct、union 或 enum 明确该标识符种类。
- 结构体或联合体成员(member)的名字。每个结构体或联合体都为其成员建立了独立的名字空间, 由对象所对应的类型明确标识符的分类, 表达式通过 "." 或 "->" 操作符来访问成员。
- 所有其他标识符, 也叫普通标识符。普通说明符(如 typedef)用于声明或枚举常量。

注意, 名字空间与作用域(scope)是不同的概念, 前者是标识符的有效范围, 后者是标识符所属的门类。这两个范围是可以重合的, 例如, ISO C 允许在一个作用域内为标签(tag)

和 typedef 使用相同的标识符。本规则不考虑作用域。

　　从技术上讲，在彼此独立的名字空间中使用相同的名字以代表完全不同的对象是可能的，编译器也不会因此而混淆。然而，人却不一样，很可能引起误解甚至错误，因此通常不赞成这种做法。因此本规则建议：即使是在独立的名字空间中，标识符也不要相同。但结构体和联合体的成员名由于有明显的".."或"->"操作符区分其命名空间，故可以重用。

　　例如，下例违反了本规则：

```
typedef   struct   MyStruct {...}   MyStruct;   /* 违规，同名 */
```

我们再看一个违背规则 5.6 的例子，其中 value 在不经意中代替了 record.value：

```
struct   { int16_t   key ; int16_t   value; }   record ;
int16_t value;                /*违规，第二次使用 value */
record.key = 1;
value = 0;                    /* 应该是 record.value */
```

下例遵守本规则：

```
struct Teacher
{
    char* name;               /* Teacher 中的成员 name */
    ...
};
struct Student
{
    char* name;               /* 合规，结构体成员可以同名。两个 name 含义相同，
                                 同名更有利于理解*/
    ...
};
```

### 规则 5.7【建议】

　　标识符名称不能重用。

　　本建议的意思是：不管作用域如何，系统内任何文件中不应重用标识符。本规则包含了前面的规则 5.2～5.6 的所有内容，是对标识符使用最严格的要求。这相当于对标识符重用问题"一刀切"，有点过于严苛，故作为一条建议规则来使用。

　　例如：

```
struct   air_speed
{
    uint16_t   speed;         /* knots(节= 海里/小时)*/
} *x;
```

```
struct   gnd_speed
{
    uint16_t   speed;              /* mph(迈= 英里/小时)*/
                                   /* 违规，speed 单位不同 */
} *y;
x->speed = y->speed;
```

当标识符名字用在头文件且头文件包含在多个源文件中时，不算违背本规则。使用严格的命名规范可以支持本规则。

# 3.6　常　　量

MISRA C2 中有关常量的规则归属第 7 组，只有一条。

**规则 7.1【必需】**

不要使用八进制常量(零除外)和八进制转义字符。

在 C(包括 C++)语言中，如何表示一个八进制数呢？如果这个数是 369，我们可以断定它不是八进制数，因为八进制数中不可能出现 7 以上的数字。但如果这个数是 235 或 5670，那么它是八进制数还是十进制数？都有可能。C 语言规定，一个数如果要指明它采用八进制，必须在它前面加上一个 0，如 123 是十进制，但 0123 则表示是八进制(这一点与数学中不一样)。

任何以数字 0 开始的整型常量都被看作八进制数，这是危险的，如在书写固定长度的常量时。例如，用数组 code 表示总线消息，每个消息由 3 个数字位构成。此时的"3 个数字位"并非普通意义上的三位数，而是每位都有其特定含义，0 也是如此。那么，在对数组 code 进行以下初始化时将会产生非预期的结果：

```
code[1] = 109;          /* 等于十进制 109 */
code[2] = 100;          /* 等于十进制 100 */
code[3] = 052;          /* 052 是八进制，等于十进制的 42 */
code[4] = 071;          /* 071 是八进制，等于十进制的 57 */
```

在 C 语言中有两种特殊的字符，八进制转义字符和十六进制转义字符。转义字符表示的是字符的 ASCII 码对应的数值。这两种转义字符的形式是：

• 八进制转义字符：'\ddd', d 是 0~7 的数字。
• 十六进制转义字符：'\xhh', h 是 0~9 或 A~F 内的一个。

其中，八进制的转义字符序列是有问题的，主要表现在 3 位的八进制数可能是 9 位二进制数，超过了一个字符对应的编码。还有就是如果八进制数字不是 0~7，而是包含了 8、9 这样的十进制数，将是实现定义的。

下面例子中，第一个表达式的值是实现定义的，因为其字符常量包含了两个字符，"\10"

和 "9"。第二个字符常量表达式包含了单一字符 "\100"，对应十进制位 64，如果字符 64 不在基本运算字符集中，这也将是由实现定义的。

```
code[5] = '\109';        /* 实现定义，两个字符常量 */
code[6] = '\100';        /* 设置为 64，或实现定义 */
```

由此可见，使用八进制常量和八进制转义字符是危险的。MISRA 建议最好不要使用，并且要用静态的方法检查它们是否出现。

整数常量 0(作为单个数字书写时)严格说来是八进制常量，但它和十进制 0 是完全等效的，不会产生混淆，因此是允许的。

# 3.7　运 行 时 故 障

MISRA C2 中有关运行时故障的规则归于第 21 组，也只有一条。

**规则 21.1【必需】**

至少使用下列方法之一，以确保最大限度地减少运行时故障：

(a) 静态分析工具/技术。

(b) 动态测试工具/技术。

(c) 显式的代码检测以处理运行时错误。

运行时故障是运行时错误(realtime errors)导致的软件故障或失败。通过第 1 章的介绍，我们知道运行时错误是指那些在软件运行时出现的错误，如除数为零、指针地址无效等，是导致软件运行不安全的因素之一。这些错误出自正确编译的代码，也就是说在语法检查时一般无法发现这类错误的。

本规则告诉我们，仅靠编程规范的约束是不足以应对运行时错误所导致的运行时故障和系统失败的，还要有其他技术手段。

## 1. 静态分析

静态分析是经典的软件测试技术之一。其特点是不运行被测的代码，静态地对源代码的文本进行测量、检查、评估和分析。早期的静态分析只是比编译器的检查稍稍强一点，现在我们强调的是源代码分析，除了覆盖以往静态分析的特点外，还能够依据前人总结的经验、优秀的标准以及先进的理论和算法对源代码进行透彻的分析。比如，代码规则检查，代码质量分析，代码缺陷分析等。其中，代码缺陷分析技术甚至可以模拟和预测软件的运行情况，查找出许多运行时错误。MISRA 标准在实施过程中，如果有上述源代码分析技术及工具作为辅助手段，将会达到事半功倍的效果。

## 2. 动态测试

动态测试也是传统的软件测试方法之一。其特点是通过执行被测的代码，依照其需求定义，检查软件运行的实际结果是否和预期的结果相一致。比如，软件的功能是否实现，实现的程度如何，或者软件的性能是否达到技术要求等，都需要靠动态技术来测试并验证，而静态分析是无能为力的。鉴于动态测试就是一种运行时测试，用这种方法去查找运行时错误是十分有效的。历史上，动态测试得到的关注更多一些，许多软件开发组织一定有不同形式的动态测试，却未必有像样的静态分析。事实上，静态分析和动态测试是一种互补的关系，相辅相成。越来越多的人相信，在软件开发过程中合理地运用这两种技术是一种明智的选择。

### 3. 显式运行时检查

C 语言能够对可执行代码的内部做运行时检查，但其能力比较弱，这也是 C 语言代码短小有效的原因之一。这一点 C 程序员需要特别注意。对于安全相关的"鲁棒"软件来说，动态检测是必需的，但 C 语言的实现不需要动态检测。我们不能把希望都寄托在事后的测试上，而应该设法提高代码本身的健壮性。C 程序员需要谨慎考虑的问题是，在任何可能出现运行时错误的地方增加代码的动态检测——显式的运行时检查。

当表达式仅仅由处在良好定义范围内的值组成时，倘若可以声称，对于所有处在定义范围内的值不会发生异常，那么运行时检测就不是必需的。如果使用了这样的声明，应该将声明及其所依赖的假设文档化。然而需要注意的是，这种假设不能被后续的代码修改或其他原因所破坏。

下面是一些容易发生运行时错误的地方，也就是需要提供动态检测的地方。

1) 数学运算

数学运算包括表达式运算错误，如上溢出、下溢出、被零除或移位时有效位的丢失。

例如，对于整数溢出，无符号的整数计算不会产生严格意义上的溢出(即产生未定义的值)，但是会产生值的环回(wrap-around，模运算后的结果)。

2) 指针运算

在动态计算一个地址时，被计算的地址是合理的并指向某个有意义的地方。特别要保证指向一个结构体或数组的内部，那么当指针增加或者改变后仍然指向同一个结构或数组。参见指针运算的限制——规则 17.1、17.2、17.4。

3) 数组索引

在使用数组索引元素前要确保它处于数组大小的界限之内。

4) 函数参数

传递给库函数的值必须检查其有效性，见规则 20.3。

5) 指针取内容(pointer dereference)

如果一个函数返回一个指针，接下来该指针将被用来提取所指之值，那么程序首先要检查指针是不是 NULL。在一个函数内部，指出哪个指针可以保持 NULL 哪个指针不可以保持 NULL 是相对简单的事情。而跨越函数界限，尤其是在调用定义在其他文件或库中的函数时，这就困难得多。

```
    /* 已知一指针指向某消息，检查该消息的首部，并返回一个指针。返回的指针指向消息体，
或者 NULL，如果消息无效的话  */
    const char_t *msg_body (const char_t *msg)
```

```
    {
        const    char_t       *body = NULL;                /*声明返回指针为 body，并初始化 */
        if (msg != NULL)                                   /*检查消息是否有效  */
        {
            if (msg_header_valid (msg) )                   /*检查消息首部 */
            {
                body = &msg[MSG_HEADER_SIZE];              /*取消息体地址赋给 body */
            }
        }
        return (body);                                     /*返回指针 body */
    }
    …                              /*  以下要取返回指针所指内容，必须提供运行时检查 */
char_t msg_buffer[MAX_MSG_SIZE];
const   char_t        *payload;
    …
payload = msg_body (msg_buffer);                           /*调用函数，得到返回指针*/
if (payload != NULL)                                       /*检查返回指针*/
{
    /* process the message payload */
}
```

　　本规则要求，所有使运行时错误最小化的技术都应该详细计划并写成文档。比如，在设计标准、测试计划、静态分析配置文件、代码检查清单中需要提供。

　　规则 21.1 与 ISO C 的未定义行为 19、26、94 有关。

# 本 章 小 结

　　(1) 保护环境，打好基础。

　　① 所有代码都要遵循 C90 标准，不要依赖未定义和未限定行为，多编译器和多编程语言的环境必须考虑目标代码的兼容性。

　　② 汇编语言要封装并隔离；注释要采用/* … */的形式，不得嵌套；不用的代码不应注释掉。

　　③ 实现定义行为、字符集及其编码要文档化，#pragma 指令的含义、位域的使用要白纸黑字写下来。

　　④ 转义字符要符合 ISO C 标准；三字符词、八进制数和八进制转义字符不要使用。

　　⑤ 标识符有效字符数≤31；标识符要内外有别；标识符要唯一，不要重复使用。

　　(2) 应采取静态测试、动态测试以及显式检查运行时错误等方法，确保运行时故障最小化。

# 练 习 题

## 一、单项选择题

1. 英文缩写 MISRA 的含义是(　　)。

A. 国际标准化组织　　　　　　B. 汽车工业软件可靠性联合会

C. 美国国家标准协会　　　　　D. 中国国家标准委员会

2. 下列关于 MISRA C2 的描述中,正确的是(　　)。

A. MISRA C2 是一款 C 语言开发工具,用于安全相关系统的开发

B. MISRA C2 是 C 语言衍生出的一种程序语言,类似于 C++,用于安全相关系统的开发

C. MISRA C2 是 C 语言的一个限制性子集,用于安全相关系统的开发

D. MISRA C2 是 C 语言的一个扩展,用于安全相关系统的开发

3. 根据 MISRA C2 的要求,以下情形中需要文档说明(文档化)的是(　　)。

A. 对实现定义行为的使用　　　B. 对未定义行为的使用

C. 对八进制数的使用　　　　　D. 对汇编语言的使用

4. 以下关于 MISRA C2 规则的说法中,不正确的是(　　)。

A. 凡是符合 MISRA C2 的一定符合 ISO C

B. 不得依赖未定义行为,但可以依赖未限定行为

C. 汇编语言要封装起来使用

D. 对源代码的注释只能采取 /* … */ 的形式

5. 以下不属于实现定义行为的是(　　)。

A. 字符集及其编码　　　　　　B. #pragma 指令

C. 位域结构　　　　　　　　　D. 整型除法

6. 对照 MISRA C2 标准,以下有关标识符的说法,正确的是(　　)。

A. 标识符的有效字符数不要少于 31 个

B. 内部标识符不应与外部标识符同名

C. 用 typedef 定义的标识符可以重复使用

D. 标签(tag)标识符不必是唯一的

7. 以下代码的注释中,符合 MISRA C2 标准的是(　　)。

```
int16_t test( int16_t s16a, int16_t s16b )      /* 函数定义 —— A */
{
    int16 s16t;                                 /* 变量声明 /*—— B */
    s16t = s16a + s16b;                         //* 结果计算—— C */
    return s16t;                                //* 函数返回—— D
}
```

8. 以下有关 MISRA C2 标准的说法中，正确的是(　　)。

A. C 语言和 C++语言可以混合使用

B. 不要使用任何转义字符

C. 产品代码中用到的所有程序库都应遵从 MISRA 规范的规定

D. 当某段代码暂时不需要时，可将其注释掉

9. 如果需要重用某些标识符，以下标识符中可以考虑重用的是(　　)。

A. typedef 定义的类型名称

B. 标签(tag)名称

C. 不同结构体中的成员名称

D. 具有静态存储期的对象或函数的名称

10. 以下有关运行时故障的说法中，错误的是(　　)。

A. 运行时故障是指软件在运行时出现错误，从而导致软件故障或失败

B. 应该采取静态分析、动态测试、显式代码检测等技术使运行时故障最小化

C. 数学计算、指针运算、数组索引等是容易发生运行时错误的地方

D. 执行严格的编程规范可以避免运行时故障

## 二、简答题

1. 简述 MISRA C2 与 ISO C(C90)的关系。

2. MISRA 不建议在安全相关系统中使用汇编语言，但如果必须要用应该如何处理？

3. MISRA C2 的文档化规则有什么意义？它们能够用静态分析工具来检查吗，为什么？

4. 为什么不能依赖未定义行为和未限定行为？

5. 谈谈使用三字符词和八进制数的不利之处。

# 第 4 章　细节决定成败

 **内容提要**

本章介绍 MISRA C2 中有关数据类型和数据类型转换的规则。数据类型及其转换是 C 语言中一些细小的问题，常常被人忽视。但细节决定成败，我们学习和应用 MISRA 标准就应该从细节入手。

数据类型是编程语言的基本概念。类型是非常细微的东西，类型转换也被许多人认为是自然而然的过程，因而常被人被忽视。但是，细微不代表不重要。俗话说"细节决定成败"，一个小小的类型错误同样可以导致系统崩溃。至于随处可见的数据类型转换，更是暗藏陷阱，稍有不慎就可能产生重大漏洞甚至引发灾难性的后果。像引言中的阿丽亚娜 501 事故就是一个不经意的类型转换造成的。

在 MISRA C2 的规则中，第 6 组是关于数据类型的，第 10 组是关于数据类型转换的。鉴于二者之间的关联性，故将其合在一起构成一章。

## 4.1　类　　型

我们在学习 C 语言的时候，有关数据类型的内容总是安排在靠前的位置，足见其基础性和重要性。为便于理解 MISRA C2 中的相关规则，我们先来回顾一下 C 中关于数据类型的基础知识。

### 4.1.1　C 语言数据类型回顾

#### 1. 标准数据类型

C 语言只提供了下列几种基本的数据类型作为标准类型：
- char：字符型，占用一个字节，可以存放本地字符集中的一个字符。
- int：整型，通常反映所用机器中整数的最自然长度。
- float：单精度浮点型。
- double：双精度浮点型。

这些标准数据类型在机器中所占存储器二进制位的长度(size，亦称位宽)，以及值域大小通常如表 4.1-1 所示。

表 4.1-1　标准数据类型及其二进制位的长度和值域范围

| 类　型 | 二进制位的长度 | 值　域 |
|---|---|---|
| char | 8(1 字节) | −128～127 |
| int | 16(2 字节) | −32 768～32 767 |
| float | 32(4 字节) | 3.4e−38～3.4e+38(绝对值) |
| double | 64(8 字节) | 1.7e−308～1.7e+308(绝对值) |

需要注意的是，上述长度和值域并非固定不变，它们可能因机器的不同而不同。

**2. 类型修饰符**

C 还提供了一些类型修饰符(或称限定符)。这些类型修饰符加在标准类型前面，就可以组合成新的数据类型。这大大增强了 C 语言定义类型的灵活性。这些类型修饰符有：

- signed：有符号。
- unsigned：无符号。
- long：长。
- short：短。

标准类型与类型修饰符组合得到的类型如表 4.1-2 所示。

表 4.1-2　标准类型与类型修饰符的组合

| 类　型 | 二进制位的长度 | 值　域 |
|---|---|---|
| char | 8(1 字节) | −128～127 |
| unsigned char | 8(1 字节) | 0～255 |
| signed char | 8(1 字节) | −128～127 |
| int | 16(2 字节) | −32 768～32 767 |
| unsigned int | 16(2 字节) | 0～65 535 |
| signed int | 16(2 字节) | −32 768～32 767 |
| short int | 16(2 字节) | −32 768～32 767 |
| unsigned short int | 16(2 字节) | 0～65 535 |
| signed short int | 16(2 字节) | −32 768～32 767 |
| long int | 32(4 字节) | −2 147 483 648～2 147 483 647 |
| unsigned long int | 32(4 字节) | 0～4 294 967 295 |
| float | 32(4 字节) | 3.4e−38～3.4e+38(绝对值) |
| double | 64(8 字节) | 1.7e−308～1.7e+308(绝对值) |
| long double | 128(16 字节) | 1.0e−4932～1.0e+4931(绝对值) |

**3. 访问修饰符**

C 语言有以下 2 个用于控制访问和修改变量方式的修饰符(亦称访问限定符)。

- const：不变的，用来描述一个对象的值在程序运行过程中保持不变，是不可修改的。
- volatile：易变的，用来描述其值随时可能改变的对象(比如可以独立于程序的运行而自由改变其值的对象)。

### 4. 存储类别说明符

C 语言有以下 4 个用于描述作用域、生存期及连接属性的存储类别说明符。

- auto：表明变量具有自动存储期，只能用于块作用域，属于局部对象(auto 通常被省略)。
- register：表明变量为寄存器类别，具有自动存储期，只能用于块作用域，同时该变量的地址不被获取。
- static：声明对象具有静态存储期，并且从程序执行开始一直存在直到程序结束，如果用于文件作用域，则作用域受限于该文件，如果用于块作用域，则作用域受限于该块。
- extern：引用外部对象或函数的声明，表明该对象或函数定义在其他文件中，且具有文件作用域。

### 5. 其他类型

C 还有一些比较特别的类型，如构造类型，枚举类型、无值型等。

- void：无值型，例如，无参数的函数，其参数类型就应该定义为 void。
- struct：结构体，若干(有关联的)不同类型变量的集合。
- union：联合体，共用存储空间的若干(有关联的)不同类型变量的集合。
- enum：枚举类型，只能在若干特定值中取值的变量类型。

此外，还有数组、指针等类型，但它们无需专门的类型说明符。

### 6. 类型定义

C 语言提供了一个类型定义关键字——typedef，程序员可以用它为任何一种数据类型定义一个自己中意的新名字(类型别名)。例如：

```
typedef unsigned short uint16_t ;
```

给 unsigned short 取了一个别名叫 uint6_t，它与原名含义相同。定义后 uint6_t 可用于类型声明、类型转换等，它和 unsigned short 完全等效。

## 4.1.2　C 语言数据类型规则

从以上回顾可以看出，C 语言中与类型相关的说明符、描述符、限定符等非常丰富，它们按一定的规则组合应用，可以描述种类繁多、属性不同的数据类型，这给程序员带来了很大的便利性和灵活性。

不过，这些优点对嵌入式系统来说不见得都是好事。我们知道，C 语言并不是为嵌入式应用而设计的，其类型的一些特点或约定并不完全适合嵌入式系统。

以 ARM 体系结构为例，其支持以下数据类型：

- char：8 位字节。
- short：16 位半字。
- int：32 位字。
- long：32 位整型。
- float：32 位。

- double：64 位。
- pointers：32 位。
- long long：64 位整型。

以上类型，除指针和字符型外，都默认为有符号(signed)。这些类型与标准 C 语言的约定并不完全相同(即便是不同的 C 语言编译系统也可能互不相同)，这势必会造成混乱。

ISO C 的标准类型说明符从字面上看不出其长度(size)，这对于嵌入式应用也不利。因为同样的类型在不同的处理器中长度可能不同，若类型说明符能够提供更多的直接信息，显然有利于源代码的可读性和可移植性。

出于安全和清晰的考虑，嵌入式 C 语言的数据类型应"入乡随俗"，适应嵌入式处理器的特点和限制。为此，MISRA 制定了 5 条相关规则，归属第 6 组。

> **规则 6.1【必需】**
>
> 单纯的 char 类型只可用于字符值的存储和使用。

> **规则 6.2【必需】**
>
> signed char 和 unsigned char 类型只可用于数字值的存储和使用。

规则 6.1、6.2 都与 char 字符型有关，我们合在一起介绍。

有三种不同的 char 类型：char、unsigned char、signed char，其中，没有符号限定符的 char 就是所谓的单纯的 char 类型。

单纯 char 类型其符号是实现定义的，不应依赖 char 本身定义的类型。因此才有了规则 6.1，单纯 char 类型只能用作字符值使用，不可用作数字值。换句话说，单纯 char 类型所能接受的操作只有赋值(=)和等值比较(==、!=)。规则 6.2 与 ISO C 的实现定义行为 14 有关。

在标准 C 语言中，单纯 char 类型原本就可以作为整型数值使用，加上 unsigned 或 signed 后就成为名副其实的整型数值。因此 signed char 和 unsigned char 类型用于数字值合情合理，但它们却因此失去了作为字符值的资格。

规则 6.2 强调了符号限定符带来的改变，并禁止用作字符值。

> **规则 6.3【建议】**
>
> 应该使用指示了长度和符号的 typedef 定义来代替标准数据类型。

这是一条建议规则，意思是不要直接使用 C 语言的标准类型，而应使用 typedef 定义的别名，这些别名应该携带更多的信息，如要显式地指示类型的长度和符号。

鉴于嵌入式系统的多样性，正如前面所指出的那样，使用标准类型是无法看清其是否与当前的系统相吻合。不同的编译器对标准类型会使用不同的底层表达方式。例如，int

类型在某个编译器中是 16 位，而在另一个编译器中被当作 32 位处理。

为了对数据类型一目了然，且便于理解和维护，使用 typedef 进行类型定义是一个好方法，我们可以使类型名携带明显的长度和符号信息。

本规则可以帮助我们认清存储类型的尺寸，也有利于代码的理解和移植，却不能保证其可移植性，这是因为整型提升(integral promotion)的不对称性。关于整数提升，请参见第 4 章 4.2 节的内容。

MISRA 建议，为所有标准数值类型和字符类型使用如下所示的 ISO(POSIX)的 typedef 定义(在位域类型的说明中，typedef 是不必要的)。对于 32 位嵌入式系统，类型定义如下：

```
typedef            char        char_t;
typedef signed     char        int8_t;
typedef signed     short       int16_t;
typedef signed     int         int32_t;
typedef signed     long        int64_t;
typedef unsigned   char        uint8_t;
typedef unsigned   short       uint16_t;
typedef unsigned   int         uint32_t;
typedef unsigned   long        uint64_t;
typedef            float       float32_t;
typedef            double      float64_t;
typedef long       double      float128_t;
```

上述类型定义中，"_t" 代表其由 typedef 所定义，"u" 代表 unsigned，"int" 代表整型，数字代表类型的长度，等等。比如，uint32_t 代表由 typedef 定义的无符号 32 位整型类型。

规则 6.3 虽然是一条建议，但意义重大，其可作为嵌入式 C 语言中数据类型声明的基础。

---

### 规则 6.4【必需】

位域只能被定义为有符号整型 singed int 或无符号整型 unsigned int 类型。

---

### 规则 6.5【必需】

有符号整型的位域长度至少为 2 bit。

---

规则 6.4、6.5 都与位域有关。有些信息在存储时，并不需要占用一个完整的存储单元，而只需一个或几个二进制位(bit)。比如，表达一个开关量时，只有 0 和 1 两种状态，用 1 bit 即可。为了节省存储空间，同时方便处理，C 语言便提供了位域或位段这两种数据结构。

所谓位域，是把一个存储单元(8 位、16 位或 32 位，与计算机系统有关)中的二进位划分为几个不同的区域，并说明每个区域的位数。每个区域有一个域名，允许在程序中按域名进行操作，通常的做法是将不同对象的多个位域合在一起构成一个存储单元。

位域在 C 语言标准中是个比较特殊的存在，它的值域范围与位域的位数有关。比如，1 bit 的位域只能表示 0 和 1，相当于一个逻辑变量，而 3 bit 的位域可以表示二进制 000～111 的数值(超出范围时会自动取模，留下余数)。不同的位域虽然可以共享一个存储单元，但它们之间却是"各自为政"，互不相扰。需要指出的是，位域的 bit 数可能很少，但却可以拿出一位来表示符号，如同一个正常的有符号数。

C 语言标准并没有专门描述位域的类型，而是采用结构体来定义。结构体的一个成员就对应一个位域，并且规定每个成员(位域)必须声明为整型，即 int、unsigned int 或 signed int 类型。

例如(本例符合 C90，但违反 MISRA C2 规则 6.4)：

```
struct                /*声明一个位域变量 Bits，它包含 3 个位域*/
{
  int a: 8;         /*位域 a，占 8 个位*/
  int b: 1;         /*位域 b，占 1 个位*/
  int c: 5;         /*位域 c，占 5 个位*/
} Bits;
```

有了上述定义，我们就可以像使用结构体成员那样使用位域，其一般形式为位域变量名 . 位域名，或位域变量指针名 -> 位域名(具体可参见第 7 章 7.1.3)，此处不详述。

现在我们关心的是位域名称前面的类型。对于单纯的 int 类型(即不加 signed 或 unsigned)的位域，其高阶位是否当作符号位处理是实现定义的，这对嵌入式应用明显不利。因此，MISRA 强调，位域只能用明确符号的整型，即 unsigned int 或 signed int 类型来描述，这就是规则 6.4。

同时，鉴于 signed int 类型有一位固定代表符号，如果定义位域时其长度只有 1 个 bit，那就意味着没有数据位，这是无意义的。规则 6.5 保证，除符号位外，至少有一个数据位。

另外，若将位域定义成其他类型，如 enum、short 或 char，也是不允许的，因为其行为未被定义。也不能使用 typedef 定义的类型来定义位域，即使其对应的是 unsigned int 或 signed int 类型。

规则 6.4 与 ISO C 的未定义行为 38，实现定义行为 29 有关。

## 4.2　C 语言数据类型转换

在 C 语言中，经常发生数据类型转换，即数据从一种类型变化到另一种类型。有些转换是程序员有意为之，而另一些转换则由编译器悄悄处理，不一定符合程序员的本意。如果这种不符合产生了重大误差，或者发生在"敏感"部位，就有可能导致严重后果。

程序员应该对数据类型的转换有很清晰的认识，并且在必要的地方采取正确的措施，如强制转换，那程序是安全的；反之，如果程序员认识不清，放任隐式转换，或者是过于相信编译器，那数据类型转换就如同一个个的安全漏洞。

　　MISRA C2 为数据类型转换制定了 6 条规则，其着眼点就是避免有漏洞的隐式数据转换。

　　在学习 MISRA C 规则之前，我们先来回顾一下 C 语言中有关数据类型转换的基础知识，以及类型转换可能带来的不安全性。

## 4.2.1　隐式转换和显式转换

　　当一个运算符的几个操作数类型不同时，就需要通过一些规则把它们转换为某种共同的类型。C 语言的数据类型转换有以下两种方式：

- 隐式转换，亦称自动转换。
- 显式转换，亦称强制转换。

　　C 语言给程序员提供了相当大的自由度并允许不同数值类型可以自动转换。这种转换通常发生在不同类型的数据参与混合运算的时候，由编译系统自动完成，并遵循一定的规则。有关隐式转换的情形及其潜在的风险我们后面还要讨论。

　　由于某些功能性的原因程序员可以引入显式的强制转换，例如：

- 改变数据类型使后续的操作得以进行。
- 截取数值。
- 出于清晰地考虑。

　　为了使代码更清晰而使用显式转换通常是有用的，但过犹不及，如果使用过多就会导致可读性下降。有时，代码可以利用显式转换明确地宣示此处存在类型转换，起到"警示"的作用。

　　显式转换通过如下表达式来实现：

```
(类型说明符) (表达式)
```

　　此处(类型说明符)是一元运算符，其作用是把表达式的运算结果强制转换成类型说明符所表示的类型。例如：

```
(float) a           /* 把 a 转换为实型 */
(int) (x+y)         /* 把 x+y 的结果转换为整型 */
```

　　**注意**：类型说明符必须加括号(括号是一元运算符的一部分)，表达式通常也要加括号，以明确转换对象的范围(单个变量可以不加括号)。例如，(int) (x+y)与(int) x+y 意义是不同的。

　　无论是显示转换或是隐式转换，都是临时性的转换，并不改变变量原来所定义的类型。

　　对于隐式转换，正如 4.2.2 节所描述的，一些隐式转换是可接受的，不会带来安全问题，而另一些则不然。我们先看看隐式转换的不同情形。

## 4.2.2　隐式转换的种类

　　C 语言中，存在三种隐式转换的类别需要加以区分。

### 1. 整型提升(integral promotion)

整型提升，是指在一个表达式中，小整型的操作数在操作前要先转化为 int 或 unsigned int 类型。其中，小整型(small integer)指 char、short、bit-field 和 enum 这一类的整型。

小整型的优点是节省存储空间，避免"大材小用"，但由于其字节长度参差不齐，在参加运算的时候会面临不便。标准 C 语言的做法是将小整型统一到更加通用的 int 类型再参加运算，这就是整型提升。如果原类型的所有值能够表示为 int 类型，那么小整型就要转化为 int 类型；否则就要转化为 unsigned int 类型。

整型提升的特点：

- 仅仅应用在小整型类型上。
- 应用在一元、二元和三元操作数上。
- 不能用在逻辑操作符(&&、||、!)的操作数上。
- 用在 switch 语句的控制表达式上。

整型提升经常和后面讨论的平衡转换发生混淆。事实上，整型提升发生在一元操作的过程中，如果二元操作的两个操作数是同样类型的，也可以进行整型提升。而平衡转换总是在操作数类型不一致的情况下进行。

由于整型提升，两个类型为小整型的对象相加的结果总是 signed int 或 unsigned int 类型的(事实上，加法是在后面的类型上执行的)。因此，对于这样的操作，就有可能获得一个其值超出了原始操作数类型大小的结果。例如，如果 int 类型的大小是 32 位，那么就能够把两个 short(16 位)类型的对象相乘并获得一个 32 位的结果，而没有溢出的危险。另一方面，如果 int 类型仅是 16 位，那么两个 16 位对象的乘积将只能产生一个 16 位的结果，同时必须对操作数的大小给出适当的限制。

整型提升还可以应用在一元操作数上。例如，对一个 unsigned char 操作数执行位取反运算(~)，其结果是 signed int 类型的负值。

整型提升本质上是 C 语言中数据类型存在的不一致性，small integer 类型的行为与 long 和 int 类型的行为不同。MISRA C 鼓励使用 typedef，不建议直接使用标准类型。然而，由于众多整型的行为是不一致的，忽略标准类型可能是不安全的，除非对表达式的构造方式给出一些限制。后面规则的意图是想抵消整型提升的不利影响。

### 2. 赋值转换(assigning conversions)

当需要对某一对象写入或传递一个数据(或表达式)，且数据的类型与对象的类型不一致时，赋值转换就会发生。此时数据的类型将先转换成对象的类型，再完成写入或传递操作。赋值转换有以下几种情形：

- 赋值操作：赋值表达式的类型转换成赋值对象的类型。
- 初始化：初始化表达式的类型转换成初始化对象的类型。
- 参数传递：函数调用参数的类型转换成函数原型中声明的形式参数的类型。
- 参数返回：返回语句中用到的表达式的类型转换成函数原型中声明的函数类型。
- 参数比较：switch 语句标签中的常量表达式的类型转换成控制表达式的提升类型。这个转换仅用于比较的目的。

上述情况中，都包含赋值操作。只要表达式的类型与接受它的对象的类型不同，前者就需要无条件地自动转换成后者。

### 3. 平衡转换(balancing conversions)

　　平衡转换的描述见 ISO C 标准中的普通算术转换(usual arithmetic conversions)条目。这套规则提供一个机制：当二元操作符的两个操作数类型不同时，需要平衡为一个通用的类型(如果是条件操作符，则在其第二、第三个操作数为不同类型时，就需要平衡)，这就是平衡转换。平衡出的通用类型可以是两个操作数类型中的一个，也可能是全新的类型。

　　平衡转换总是涉及两个不同类型的操作数，其中一个、有时是两个需要进行隐式转换。平衡转换的总体原则是"就高不就低"。比如，整型与浮点型运算，整型需转换为浮点型；长型与短型相遇，则短的要变成长的(见图 4.2-1)。

　　前面所说的整型提升会使平衡转换规则变复杂，有整型提升时，小整型的操作数首先要提升到 int 或 unsigned int 类型，然后在此基础上再做平衡转换(图 4.2-1 中 small integer 向上转换属于整型提升)。

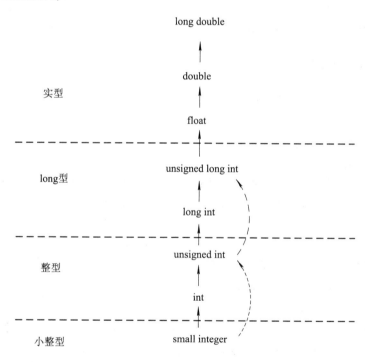

图 4.2-1　平衡转换

与平衡转换明显相关的操作符如下：
- 乘除：*、/、%。
- 加减：+、−。
- 位操作：&、^、|。
- 条件(三元)操作符：?、:。
- 关系运算符：>、>=、<、<=。
- 等值运算符：==、!=。

其中，大部分操作符产生的结果类型是由平衡过程产生的，但关系和等值运算符除外，它们产生具有 int 类型的布尔值。

**注意：** 位移操作符( << 或 >> )的两个操作数无须进行平衡转换，运算结果仍为第一操作数的类型或其整型提升(如果需要的话)的类型，第二操作数可以是任何有符号或无符号的整型。

整型提升、赋值转换和平衡转换在 C 语言表达式中普遍存在，一般地，C 语言这三种隐式转换遵循以下规则：

若参与运算的类型不同，则先转换成同一类型，然后再运算(平衡转换)。转换按数据长度(位数)增加的方向进行，"就高不就低"，以保证精度不降低。

如果是 char、short、bit-field 和 enum 等小整型参与运算，必须先转换成 int 型或 unsigned int 型(整型提升)，再考虑类型平衡的问题。

至于赋值转换，如果赋值操作两边的数据类型不同时，右值的类型将转换为左值的类型，即"向左看齐"；如果是隐含的赋值操作，如参数传递，当源值类型与目标对象的类型不同时，则源值的类型要转换为目标的类型，即"向目标看齐"。一般地，只要对对象有写入操作，如初始化、函数调用等，且类型不匹配都会发生赋值转换。

### 4.2.3　危险的类型转换

MISRA 认为，对于所有数据和所有可能的兼容性实现来说，唯一可以确保安全的类型转换是：

- 整型转换到更宽的整型，符号属性不变。
- 浮点类型转换到更宽的浮点类型。

相比安全的类型转换，我们更应关注危险的类型转换。典型的危险转换有：

- 数值丢失：从较宽的类型转换到较窄的类型，其数值量级不能被体现。
- 符号丢失：从有符号类型转换为无符号类型会导致符号的丢失。
- 精度丢失：从浮点类型转换为整型会导致精度的丢失。

对此，MISRA-C2 采取的原则是，利用显式的类型转换来辨识并警示潜在的危险。

数据类型转换中还有一些危险需要辨识，这些问题产生于 C 语言先天的困难和对 C 语言的误解，而不是由于数据缺失。

(1) 整型提升中的类型放宽。小整型总是要经过整型提升后才参加运算，其结果就有了更宽的类型，这种放宽可能导致类型不一致。例如，两个 8 位数相乘(在有量级需要时)总能得到 16 位的结果，但两个 16 位数相乘却并不总能得到 32 位的结果。安全的做法是不要依赖由整型提升所带来的类型放宽。例如，下列代码中，u32x 等于多少？

```
uint16_t    u16a = 40000;        /* unsigned short 还是 unsigned int？*/
uint16_t    u16b = 30000;        /* unsigned short 还是 unsigned int？*/
uint32_t    u32x;                /* unsigned int 还是 unsigned long？*/
u32x = u16a + u16b;              /* u32x = 70000 还是 4464？         */
```

期望的结果是 70000，但是赋给 u32x 的值在实际中依赖于 int 实现的大小，因为加法是在整型提升后的 int 类型上进行的。如果 int 实现的大小是 32 位，那么加法就会在有符号的

32 位数值上运算并且保存下正确的值；如果 int 实现的大小仅是 16 位，那么加法会在无符号的 16 位数值上进行，于是会发生环回(wrap-around)现象并得到结果 4464(即 70000−65536)。无符号数值的环回是经过良好定义甚至是有意而为的，但也存在混淆的可能。

(2) 类型计算的混淆。程序员中一些似是而非的概念混乱也会产生类似的问题，人们经常会以为参与运算的类型会"追随"被赋值或转换的结果类型。例如：

```
u32x = u16a + u16b ;
```

有人会认为这是 32 位的加法(u32x 的类型是 32 位)，但其实是 16 位的(除非被提升为 32 位 int 类型)加法，计算结果是在赋值时才转换为 32 位。

对这种特性的混淆不只局限于整数运算或隐式转换，下面的例子描述了在某些语句中，结果是被良好定义的但运算并不会按照程序员设想的那样进行。

```
u32a = (uint32_t) (u16a * u16b);
f64a = u16a / u16b ;
f32a = (float32_t) (u16a / u16b) ;
f64a = f32a + f32b ;
f64a = (float64_t) (f32a + f32b) ;
```

(3) 数学运算中符号的改变。比如，两个无符号数因整型提升产生了一个(有符号)int 类型。比如，如果 int 是 32 位的，那么两个 16 位无符号数的加法将产生一个有符号的 32 位结果；而如果 int 是 16 位的，那么同样运算会产生一个无符号的 16 位结果。

(4) 位运算中符号的改变。当小整型数做位操作时，整型提升会带来某些不利的影响。比如，对 unsigned char 类型的数做位补运算(二进制取反加 1)通常会产生负的 int 类型的结果。操作数先被整型提升为 int 类型，多出来的高位随后被位操作置 1。多余位的个数依赖于 int 的大小，若在位补运算后接着右移是危险的。

总之，为了避免隐式转换的危险，重要的是要建立一些准则以限制构建表达式的方式，为此 MISRA 制定了有关数据转换的规则。

## 4.3　数据类型转换规则

MISRA C2 有关数据转换的规则归属第 10 组，共 6 条。这些规则数量不多，但技术含量很大，也不易掌握。在实践中，为更具可操作性，往往需要将这些规则进一步细化为若干条小规则(在许多静态分析工具中就是这样做的)。

我们先来介绍一下规则中使用的两个概念。

### 4.3.1　底层类型

在 MISRA C2 标准中，底层类型(underlying types，又译作基础类型)定义为表达式在不进行整型提升时的结果类型，也就是表达式结果原本应该呈现的类型。它强调的是一种对表达式类型的直觉感受。

此处表达式类型是指表达式运算结果的类型。当两个 long 类型的值相加时，表达式具有 long 类型。大多数运算符产生的结果类型依赖于操作数的类型，但某些运算符(如关系运算符)会给出具有 int 类型的布尔结果而不管其操作数类型如何。

当两个 int 类型的操作数相加时，结果是 int 类型，也即表达式是 int 类型，那么我们就说该表达式的底层类型是 int 类型。

当两个 unsigned char 类型的数相加时，因整型提升的原因其结果将变为 int 类型，但是该表达式的底层类型按照定义则仍是 unsigned char 类型。

所以，底层类型与其实际类型仅当表达式中包含小整型操作数时才有区别。

底层类型不是 C 语言标准或其他 C 文献中的术语，但它对理解 MISRA 规则很有用——它描述了一个假想的对 C 语言的违背，其中不存在整型提升，而且常用的数值转换一致性地应用于所有的整数类型。引进这样的概念是因为整型提升很敏感，有时也很危险。整型提升是 C 语言中不可避免的特性，这些规则的意图是要使整型提升的影响能够被抵消，却不必利用发生在小整型操作数上的类型放宽来实现。

当几个 int 类型的数相加时，程序员必须确保运算结果不会超出 int 类型所能表示的范围。否则，就可能发生溢出，其结果是未定义的。这种原则在做小整型数运算时同样适用。程序员要确保两个 unsigned char 类型的数相加的结果能够被 unsigned char 体现，即使整型提升会带来范围的扩大。换句话说，对表达式底层类型的遵守要多于其实际类型(actual type)(即实际运算时所采用的类型，可能来自整型提升)。

下面我们就来探讨一下整型常量表达式的底层类型。

我们知道，数字后面加上适当的后缀就可以表示为特定类型的常量，如 "5U" 为 unsigned int 型，而 "80L" 为 long int 型。但 C 语言中没有定义合适的后缀来指代不同的 char 或 short 类型的常量，这为维护表达式中的类型一致性带来了困难。如果需要为一个 unsigned char 类型的对象赋值，那就要么承受对一个整数类型的隐式转换，要么实行强制转换。在初始化、函数参数或数值表达式中需要常量时也会遇到同样的问题。

解决该问题的一个方法是，延伸底层类型的概念到整型常量上，并根据常量表达式的符号属性和量级选择最 "节省" 的底层类型：

• 如果表达式的实际类型是 int 或 signed int，其底层类型就是能够体现其值的最小的有符号整型。

• 如果表达式的实际类型是 unsigned int，其底层类型就是能够体现其值的最小的无符号整型。

• 其他情况下，表达式的底层类型与其实际类型相同。

由此，整型常量表达式的底层类型可以根据其量级和符号来确定，见表 4.3-1 和表 4.3-2。

表 4.3-1　无符号数底层类型

| 数值范围(量级) | 底层类型 | 实际类型 |
| --- | --- | --- |
| 0U～255U | 8 位　unsigned | 16 位　unsigned |
| 256U～65 535U | 16 位　unsigned | 16 位　unsigned |
| 65 536U～4 294 967 295U | 32 位　unsigned | 32 位　unsigned |

表 4.3-2　有符号数底层类型

| 数值范围(量级) | 底层类型 | 实际类型 |
|---|---|---|
| −2 147 483 648～−32 769 | 32 位 signed | 32 位 signed |
| −32 768～−129 | 16 位 signed | 16 位 signed |
| −128～127 | 8 位 signed | 16 位 signed |
| 128～32 767 | 16 位 signed | 16 位 signed |
| 32 768～2 147 483 647 | 32 位 signed | 32 位 signed |

注意，底层类型不会以任何方式影响实际运算的类型，这个概念的提出只是为了定义一个在其中可以构建数值表达式的安全框架。

## 4.3.2　复杂表达式

后面章节中描述的类型转换规则在某些地方是针对复杂表达式的。在 MISRA 标准中，复杂表达式的含义与其他 C 语言书籍中的含义不同。MISRA C 对复杂表达式的定义为：若表达式的类型由算术操作符的直接结果决定，那么该表达式就是复杂表达式(常量表达式除外)。该定义强调了算术操作符和直接结果，也就排除了不是算术操作符构成的表达式，以及不是由这些操作符直接算出结果两种情况。

如果一个表达式是复杂表达式，意味着它不是如下类型的表达式(这些表达式可称为简单表达式)：

- 常量表达式。
- lvalue(俗称左值，即对象)。
- 函数的返回值。

上述三点可以这样来理解：首先，常量表达式本质上是一个类型确定的具体数值，不论如何计算、转换都不会对最后的结果产生影响；其次，因为左值是指赋值操作符左边的值，它必须能被修改，所以只能是一个变量。左值能接受的唯一操作是赋值，其类型当然也不由该操作来决定；第三，函数的返回值是函数调用而不是某种算术操作的直接结果。以上三种情况都不符合复杂表达式的定义。

通过后面的规则我们会了解，应用在复杂表达式的转换也要加以限制以避免危险。特别地，MISRA 要求复杂表达式中的数值运算序列需要以相同的类型进行。

例如，以下是复杂表达式：

```
s8a + s8b            /*表达式的类型取决于算术运算的直接结果*/
~u16a
u16a >> 2
foo (2) + u8a
*ppc + 1
++u8a
...
```

以下不是复杂表达式，尽管某些包含了由+和*构成的复杂子表达式。

| | |
|---|---|
| pc[u8a] | /*数组索引，非算术运算*/ |
| foo (u8a + u8b) | /*表达式的类型取决于函数调用，而非+运算*/ |
| **ppuc | /*指针访问，非算术运算*/ |
| *(ppc + 1) | /*表达式的类型取决于指针取内容运算，而非+运算*/ |
| pcbuf[s16a * 2] | /*表达式的类型取决于数组索引，而非*运算*/ |
| ... | |

### 4.3.3　隐式转换规则

正如前面所述，隐式转换会带来风险，理应慎用。MISRA C2 的隐式转换规则界定了整型和浮点型表达式不适用隐式转换的情形，也就是禁止隐式转换的范围。

**规则 10.1【必需】**

下列情况下，整型表达式的值不得隐式转换为不同的底层类型(underlying tape)：

(a) 不是向更宽的符号属性相同的整型转换。

(b) 表达式是复杂表达式。

(c) 表达式是非常量的函数参数。

(d) 表达式是非常量的返回表达式。

**规则 10.2【必需】**

下列情况下，浮点型表达式的值不得隐式转换为不同的类型：

(a) 不是向更宽的浮点类型转换。

(b) 表达式是复杂表达式。

(c) 表达式是函数参数。

(d) 表达式是返回表达式。

**注意**：规则 10.1 在描述整型转换时，强调的是底层类型而非(可能来自整型提升的)实际类型。

这两条规则广泛地包含了下列原则：

· 有符号和无符号之间没有隐式转换。

· 整型和浮点类型之间没有隐式转换。

· 没有从宽类型向窄类型的隐式转换。

· 函数参数没有隐式转换。

· 函数的返回表达式没有隐式转换。

· 复杂表达式没有隐式转换。

规则 10.1 和 10.2 非常相似，分别针对整型和浮点型。规则 10.2 对浮点常量作为函数实参或返回值的隐式转换有更强的限制，因为一些编译器并不进行浮点型的类型检测。

我们重点来了解规则 10.1，有了这个基础，规则 10.2 就好理解了。

首先，规则 10.1 的(a)告诉我们，只有从窄到宽，且符号属性相同的整型转换才适用隐式转换，因为那是安全的(参见 4.2.3 节)。因此，从宽到窄、有符号和无符号之间、整型和浮点之间都不允许隐式转换(如有必要，它们应采用显式转换)。

其次，作为函数实参或返回值的非常量表达式，有些编译器不会判断它们是否与函数定义中的类型相一致，故不会给出提示信息。这就可能造成表达式计算、结果转移过程中的信息丢失，所以不可以隐式转换，必须显式地表明编程意图。由于担心会影响静态工具的检测功能，故对常量实参和返回值不要求显式转换(隐式转换时，编译器会提示常量是否被截短)，这就是规则中(c)和(d)所描述的情形。

最后，我们再来看看(b)——限制复杂表达式的隐式转换的目的。整型表达式的隐式转换广泛地应用于整型提升、平衡转换和符值转换中，这会面临诸多安全性问题(参见第 4 章 4.2.2 节和 4.2.3 节)。请先看下面的例子，执行以下程序后，d 的值是多少？

```
uint16_t   a = 10 ;
uint16_t   b = 65531 ;
uint32_t   c = 0 ;
uint32_t   d ;
d = a + b + c ;
```

其中，uint16_t、uint32_t 分别代表由 typedef 定义的无符号 16 位整型和无符号 32 位整型(见规则 6.3)。此外，我们还将对变量的命名进行约定：变量标识符将显式地指出其类型和位宽，如"u8a"代表无符号 8 位整型，"s16b"代表有符号 16 位整型，"f32c"代表 32 位浮点型等。

回到上述例子。由于代码非常简单，我们一看便知正确的结果是 d = 65541。但在实际运行中，结果未必如此。

如果是 16 位的编译器，得到的结果却是 d = 5。由于+运算是左结合的，所以 d = a + b + c 等效于 d = (a + b) + c，即先执行 a + b，所得的和再与 c 相加，最后将结果赋值给 d。由于 a 和 b 都是 16 位整型(注意编译器也是 16 位的，没有整型提升)，故 a + b 的结果也是 16 位的，其值是 0x0005(有溢出)，再平衡转换为 32 位整型 0x00000005 和 c 相加并赋值给 d，所以 d = 5。显然，这个结果是错的，并非程序员预期的结果。

如果用一个 32 位的编译器来编译这段代码，在计算 a + b 的时候，有一个整型提升到 32 位的过程，其值不会溢出，故最终结果是正确的 d = 65541。

此例解释了在复杂表达式的情况下，整型表达式的数值不应隐式转换为不同的底层类型。因为 a + b 为复杂表达式，其底层类型为 uint16_t，在与 c 结合前须将其转换成底层类型为 uint32_t 的值。转换都是隐式的，在不同的编译系统中结果可能不同，如果听之任之，极易造成错误。当然，如果程序员指定了运算优先级的话，也可以避免这种错误。例如，将表达式写成 d = a + (b + c) 或 d = c + a + b，又可能给阅读代码的人带来困惑，终究不是治本的办法。比较好的解决之道是遵循规则 10.1，在计算 a + b 之前就强制转换为 uint32_t

型，即把代码的最后一行改为

```
d = (uint32_t )a + b + c;
```

我们再进一步，如果在上例的代码中添加以下几行，看看有什么问题：

```
d = a;        /* uint32_t ← uint16_t ① */
a = d;        /* uint16_t ← uint32_t ② */
b = a;        /* uint16_t ← uint16_t ③ */
```

这几行都不是复杂表达式，其中不包含算术运算，但有可能存在隐式转换(赋值转换)。①是由窄到宽赋值，都是无符号整型，故是规则允许的；②是由宽到窄赋值，规则不允许，必须改为 a = (uint16_t) d; 以明确表明程序员的意图(截掉高位字节)；③两边的底层类型相同，故规则 10.2 没有限制。

限制复杂表达式的隐式转换，其目的是在一个表达式里的数值运算序列中要求所有的运算应该准确地以相同的数据类型进行。

**注意**：这并不是说表达式中的所有操作数都必须具备相同的类型。

表达式 u32a + u16b + u16c 是合适的，两个加法在概念上(notionally)都以 uint32_t 类型进行；而表达式 u16a + u16b + u32c 是不合适的，第一个加法是 uint16_t 类型的，第二个加法是 uint32_t 类型的。

使用"在概念上"一词是因为在实际中数值运算的类型将依赖于 int 实现的大小。通过遵循这样的原则，所有运算都以一致的(底层)类型来进行，能够避免程序员产生的混淆和与整型提升有关的某些危险。

下面是遵从或违反 MISRA C2 隐式转换规则的一些例子。

```
extern  void foo1 (uint8_t   x);      /* 外部函数，形参为 uint8_t 型，无返回值 */
int16_t   t1 (void)                   /* 定义函数，无参数，返回值为 int16_t 型 */
{ ...

    /* 函数调用情形: */
    foo1 (u8a);                       /* 合规，参数类型一致，无转换 */
    foo1 (u8a + u8b);                 /* 合规，参数表达式类型一致，无转换*/
    foo1 (s8a);                       /* 违规，有符号到无符号，隐式转换*/
    foo1 (u16a);                      /* 违规，宽到窄，隐式转换*/
    foo1 (2);                         /* 违规，参见规则 10.6 */
    foo1 (2U);                        /* 合规，参见规则 10.6 */
    foo1 ( (uint8_t) 2 );             /* 合规，参数显式转换 */

    /* 复杂表达式: */
    ... s8a + u8a                     /* 违规，不能隐式转换 */
    ... s8a + (int8_t) u8a            /* 合规 */
    ... u8a + 5                       /* 违规，常量 5 无 U 后缀，视为有符号数 */
```

```
    … u8a + 5U                    /* 合规 */

    … u8a + (uint8_t) 5           /* 合规 */

    … u8a + 10UL                  /* 合规 */

    … u8a >> 3                    /* 合规，移位操作无须平衡，有无符号皆可*/

    … u8a >> 3U                   /* 合规 */

    … s32a + 80000                /* 合规，80000 视为有符号数，二者一致 */

    … s32a + 80000L               /* 合规 */

    … f32a + 1                    /* 违规，1 视为整数，有隐式转换 */

    … f64a * s32a                 /* 违规，有隐式转换 */


/* 赋值语句：*/

    s8b = u8a;                    /* 违规，无符号到有符号，不可隐式转换 */

    u8a = u16a;                   /* 违规，宽到窄，不可隐式转换 */

    u8a = (uint8_t) u16a;         /* 合规 */

    u8a = 5U;                     /* 合规 */

    u8a = 5UL;                    /* 违规，宽到窄，不可隐式转换 */

    pca = "P";                    /* 合规 */

    f32a = f64a;                  /* 违规，宽到窄，不可隐式转换 */

    f32a = s16a;                  /* 违规，整型到浮点型，不可隐式转换 */

    f32a = 2.5;                   /* 违规，浮点数，但无后缀 */

    f32a = 2.5F;                  /* 合规 */

    f32a = 1;                     /* 违规，整型到浮点型，不可隐式转换 */

    u8a = u8b + u8c;              /* 合规 */

    u8a = f32a;                   /* 违规，浮点型到整型，不可隐式转换 */

    s16a = u8b + u8c;             /* 违规，无符号到有符号，不可隐式转换 */

    s32a = u8b + u8c;             /* 违规，无符号到有符号，不可隐式转换 */

    s32a = 1.0;                   /* 违规，浮点数隐式转换 */


/* 返回表达式(函数定义的类型是 int16_t)：*/

    …
    return (s32a);                /* 违规，与 int16_t 类型不符 */

    …
    return (s16a);                /* 合规，类型一致 */

    …
    return (u16a);                /* 违规，与 int16_t 类型不符*/

    …
    return (s8a);                 /* 违规，与 int16_t 类型不符 */

    …
    return (20000);               /* 合规，类型一致 */
```

```
        …
        return (20000L);                      /* 违规，与 int16_t 类型不符 */
    }
```

再多看些例子(如何使表达式各项都以相同的类型参与计算)：

```
int16_t foo2 (void)
{   …
    … (u16a + u16b) + u32a          /* 违规，前后类型不同 */
    … s32a + s8a + s8b              /* 合规 */
    … s8a + s8b + s32a              /* 违规，前后类型不同 */
    f64a = f32a + f32b;             /* 违规，应写为 f64a = (float64_t) f32a + f32b; */
    f64a = f64b + f32a;             /* 合规 */
    f64a = s32a / s32b;             /* 违规，应写为 f64a = (float64_t) s32a / s32b; */
    u32a = u16a + u16a;             /* 违规，应写为 u32a = (uint32_t) u16a + u16a; */
    u32a = u16a;                    /* 合规，无须强制转换 */
    s16a = s16b + 20000;            /* 合规 */
    s32a = s16a + 20000;            /* 违规 */
    s32a = s16a + (int32_t) 20000;  /* 合规 */
    u16a = u16b + u8a;              /* 合规 */
    foo1 (u16a);                    /* 违规，参数类型不符 */
    foo1 (u8a + u8b);               /* 合规 */
    …
    return s16a;                    /* 合规 */
    …
    return s8a;                     /* 违规，与函数定义类型不符 */
}
```

### 4.3.4  显式转换规则

类型转换如果是必需的，那么采用显式转换便不会带来危险，但过犹不及，过多使用显式转换会降低代码的可读性，甚至给人带来困扰。MISRA C2 的显式转换规则界定了复杂表达式中适用显式转换的情形。

**规则 10.3【必需】**

整型复杂表达式的值只能显式转换为更窄的、与其底层类型符号属性相同的类型。

---

**规则 10.4【必需】**

浮点型复杂表达式的值只能显式转换为更窄的浮点类型。

---

隐式转换要慎用，显式转换也不可滥用。除了不适合隐式转换而必须用显式转换的地方，其他场合应该严格限制。不必要的显式转换会影响对变量类型的修改、程序的维护和代码的可读性，以及静态检查工具对表达式的检测。

规则 10.3 和 10.4 告诉我们，当复杂表达式要转换为只是位宽变窄、但其他属性相同的同属类型时，只能强制转换。这也许是容易忽视的情况，若是转换到完全不同的类型，更容易引起程序员的警觉。

强制转换的使用应该准确，以免"词不达意"。例如：

```
u16x = (uint16_t) (u32a + u32b);        /* ① */
u32x = (uint32_t) (u16a + u16b);        /* ② */
```

在第①例中，编程者意图很明显，就是要截取表达式(u32a + u32b)结果的低 16 位，不会使别人产生误解。而在第②例中，强制转换对表达式(u16a + u16b)的结果不会造成影响，但容易使人误认为②与表达式(uint32_t) u16a +(uint32_t) u16b 的结果相同，违背了编程者的意图引起错误。"先算后转"与"先转后算"是不一样的。

复杂表达式的转换经常是混淆的来源，保持谨慎是明智的做法。为了符合这些规则，有必要使用临时变量并引进附加的语句。

下面是一些使用显式转换(不仅仅是针对规则 10.3 和 10.4)的例子。

```
... (float32_t) (f64a + f64b)          /* 合规，浮点宽变窄，必须强制转换 */
... (float64_t) (f32a + f32b)          /* 违规，转换对( ... )不产生影响 ③ */
... (float64_t) f32a                    /* 合规 */
... (float64_t) (s32a / s32b)          /* 违规，同③ */
... (float64_t) (s32a > s32b)          /* 违规，">"产生 int 型逻辑值 */
... (float64_t) s32a / (float32_t) s32b  /* 合规 */
... (uint32_t) (u16a + u16b)           /* 违规，同③ */
... (uint32_t) u16a + u16b             /* 合规 */
... (uint32_t) u16a + (uint32_t) u16b  /* 合规 */
... (int16_t) (s32a − 12345)           /* 合规 */
... (uint8_t) (u16a * u16b)            /* 合规 */
... (uint16_t) (u8a * u8b)             /* 违规，同③ */
... (int16_t) (s32a * s32b)            /* 合规 */
... (int32_t) (s16a * s16b)            /* 违规，同③ */
... (uint16_t) (f64a + f64b)           /* 违规，浮点型转无符号整型，可能会丢失符号 */
... (float32_t) (u16a + u16b)          /* 违规 */
... (float64_t) foo1 (u16a + u16b)     /* 合规 */
... (int32_t) buf16a[u16a + u16b]      /* 合规 */
```

---

規則 10.5【必需】

如果位操作符(取反和移位)应用于 unsigned char 或 unsigned short 类型的操作数，(每个操作符的)结果应该立即显式转换为相应操作数的底层类型。

---

当这些操作符(~、<< 或 >>)用在小整型类型(unsigned char 或 unsigned short)时，运算之前要先进行整型提升，结果可能包含并非预期的高端数据位。例如：

```
uint8_t   port = 0x5a;
uint8_t   result_8;
uint16_t  result_16;
uint16_t  mode;
result_8 = ( ~ port ) >> 4;        /* 违规 */
```

拥有嵌入式开发经验的人都明白这段代码的意思：将 port 的值取反后右移 4 位，赋值给 result_8，用来进行某种 I/O 控制。程序员期望的结果是 result_8=0x0a(0x5a 取反为 0xa5，再右移 4 位得 0x0a)。然而，由于整型提升的原因，在 16 位编译器中，~ port 的值是 0xffa5，在 32 位编译器中，~ port 的值是 0xffffffa5。无论哪种情况，最后结果都是 result_8 = 0xfa(右移 4 位后，赋值时会截去高位)，而非预期的 0x0a。这样的危险可以在最后一行添加如下的显式转换来避免：

```
result_8 = ( ( uint8_t ) ( ~port ) ) >> 4;              /* 合规 */
```

若期望值为 0x0ffa，则用以下显式转换：

```
result_16 = ( ( uint16_t ) ( ~(uint16_t) port ) ) >> 4 ;  /* 合规 */
```

当<<操作符用在小整型时会遇到类似的问题，高端数据位会被保留下来。例如：

```
result_16 = ( ( port << 4 ) & mode ) >> 6 ;             /* 违规 */
```

result_16 的值将依赖于 int 实现的值。附加的显式转换可以避免任何模糊性：

```
result_16 = ( ( uint16_t ) ( ( uint16_t ) port << 4 ) & mode ) >> 6 ;       /* 合规 */
```

总之，规则 10.5 告诉我们，对小整型进行取反或移位操作时要留意整型提升可能带来的多余的高端数据位，应该"当机立断"将其去除，即立刻强制转换为原来的类型，不让其参与后面的运算。

**注意**：如果小整型在取反或移位操作后没有后续运算，而是立即赋值给同类型的变量，那么上述移除高端数据位的强制转换就是不必要的。例如：

```
result_8 = ( uint8_t) ~port;            /* 违规，不需要强制转换*/
```

## 4.3.5　整数后缀

不仅是变量，常量特别是整型常量的类型也是混淆的潜在来源，为此，MISRA C2 为常量也制定了一条规则：

### 规则 10.6【必需】

后缀"U"应该用在所有无符号(unsigned)类型的常量上。

常量的潜在混淆与以下因素有关：

- 常数的量级(即大小范围)。
- 整数类型实现的大小。
- 任何后缀的存在。
- 数值表达的进制(即十进制、八进制或十六进制)。

例如，整型常量 40000 在 32 位环境中是 int 类型，而在 16 位环境中则是 long 类型。值 0x8000 在 16 位环境中是 unsigned int 类型，而在 32 位环境中则是(signed)int 类型。

**注意：**

- 任何带有 U 后缀的值是 unsigned 类型。
- 一个不带后缀的且小于 $2^{31}$ 的十进制数是 signed 类型。
- 不带后缀且 $\geq 2^{15}$ 的十六进制数可能是 signed 或 unsigned 类型。
- 不带后缀且 $\geq 2^{31}$ 的十进制数可能是 signed 或 unsigned 类型。

关于整型常量，MISRA 提出的原则是：

首先，常量的符号应该明确。符号的一致性是构建良好形式的表达式的重要原则。

其次，如果常数是无符号型的，应当为其加上 U 后缀，这将有助于避免混淆。当 U 后缀用在较大数值上时，它也许是多余的(在某种意义上它不会影响常量的类型)，然而后缀的存在对保证代码的清晰，增强可读性、可维护性是有重要作用的。

总而言之，C 语言中有关数据类型和类型转换是比较容易出错的地方，相应地，MISRA C2 规则的技术含量也较高，不易掌握。MISRA C2 中数据类型转换规则的中心意思是要求程序员明确任意一个操作数的实际类型，熟悉代码中存在隐式转换的地方，再结合自己的意图，使用合适的转换方式，归纳起来主要有以下三点：

(1) 安全的类型转换，应该采用隐式转换，不必显式转换。

(2) 危险的类型转换，必须采用显式转换，不可隐式转换。

(3) 对于复杂表达式，则应保证在其数值运算序列中，准确地以相同的数据类型进行所有的运算。

## 本 章 小 结

1. C 数据类型

(1) 基础类型(标准类型)：char、int、float、double。

(2) 类型修饰符：signed、unsigned、long、short。

(3) 访问限定符：const、volatile。

(4) 存储类别说明符：auto、register、static、extern。

(5) 其他类型：void、struct、union、enum。

2. 有关类型的规则(共 5 条)

(1) 不要使用 C 的标准类型，而要用 typedef 去定义新的名称，明确指示其符号和数据的长度。

(2) 单纯的 char 是字符，有符号和无符号的 char 是"数值"；

(3) 位域只能定义为 unsigned int 或 signed int 类型，后者的长度至少为 2 位。

3. C 语言类型转换

(1) 两种转换方式：隐式转换(自动转换)、显式转换(强制转换)。

(2) 三种隐式转换：整型提升、平衡转换、符值转换。

(3) 安全的类型转换：① 整型转换到更宽的整型，符号属性不变；② 浮点型转换到更宽的浮点型。

(4) 危险的类型转换：① 数值丢失——从宽到窄(从整型到浮点型转换)；② 符号丢失——有符号到无符号；③ 精度丢失——从浮点型到整型。

4. 数据类型转换

(1) 数据类型的两个概念：底层类型、复杂表达式。

(2) 以下情况不允许进行隐式转换：① 有符号和无符号之间；② 整型和浮点型之间；③ 从较宽类型转到较窄类型；④ 函数参数；⑤ 函数返回的表达式；⑥ 复杂表达式。

(3) 显式转换规则(针对复杂表达式)：整型、浮点型由宽到窄只能通过显式转换来实现。

(4) 数据取反和移位后，结果应立即显式转换回原来的类型。

(5) 无符号整型常量要加后缀 U。

# 练 习 题

## 一、判断题

1. 同一数据类型在不同的 C 编译系统所占用的字节数(长度)可能不同。　　( )
2. C 语言标准数据类型与嵌入式 C 语言的对应类型完全等效。　　( )
3. 单纯的 char 类型可以用作字符值，也可用作数字值。　　( )
4. 在嵌入式 C 语言中直接使用 C 语言的基本类型，不利于我们掌握类型的长度和符号信息。　　( )
5. C 语言中数据类型转换有强制转换和自动转换两种，都需要程序员来设计。　　( )
6. MISRA 认为，显式转换是适用于安全的类型转换。　　( )
7. 造成精度丢失、符号丢失或数值丢失的转换属于危险的类型转换。　　( )
8. 赋值转换属于自动转换，只有在赋值操作或复合赋值操作时才可能发生。　　( )
9. 当二元操作符的两个操作数类型不同时，会发生平衡转换。　　( )
10. 根据 MISRA C2 标准，在定义 unsigned 类型的常量时应加上 U 后缀。　　( )

## 二、单项选择题

(说明：代码中的变量遵循 MISRA C2 建议的命名方式，如 u8a 代表无符号 8 位整型、s16b 代表有符号 16 位整型，f32c 代表 32 位浮点型等)

1. 已知变量 abc 为 char 类型，那么以下 C 语言语句中符合 MISRA C2 规则的是(        )。

A. s8a = abc - 5;                    B. abc *= 2;

C. abc = 'a';                        D. u16a = abc + u8b;

2. 规则 6.3 建议使用 typedef 定义的数据类型名来代替 C 语言的基本数据类型。那么，从以下定义中可知 uint16_t 代表(        )。

```
typedef  unsigned  short  uint16_t;
```

A. 无符号 16 位整型              B. 有符号 16 位整型

C. 无符号 16 位浮点型            D. 无符号字符型

3. 以下位域声明中，违反 MISRA C2 规则的是(        )。

```
struct
{
    signed int a1: 2;        /*位域 a1，……A */
    unsigned int a2: 4;      /*位域 a2，……B */
    Inta3c: 4;               /*位域 a3，……C */
    unsigned a4: 6;          /*位域 a4，……D */
} V_Bits;
```

4. MISRA 认为，以下数据类型转换中安全的是(        )。

A. int 转换为 float              B. signed char 转换为 unsigned char

C. int 转换为 short              D. float 转换为 double

5. 以下 C 语言的语句中，不会发生自动转换的是(        )。

A. u8a = u8b + u8c;              B. s16 = s8b + u8c;

C. u8a++;                        D. u32x = u32a + u32b;

6. 下列关于数据类型转换的说法中，不正确的是(        )。

A. 在调用函数时，其参数传递可能发生隐式转换

B. 从较宽的类型转换为较窄的类型时，会造成数值丢失

C. 从无符号型转换为有符号型是安全的

D. 强制转换需要程序员编程来实现

7. 根据 MISRA C2 规范，当整型表达式处于以下情形时，允许隐式转换的是(        )。

A. 表达式是非常量的返回表达式

B. 表达式是非常量的函数参数

C. 表达式是复杂表达式

D. 表达式向更宽的且符号属性相同的整型转换

8. 以下有关强制转换的语句中，符合 MISRA C2 标准的是(        )。

A. u32c = (uint32_t) (u16a + u16b);    B. u32c = (uint32_t) u16a + u16b;

C. u32c = (uint16_t) (u32a + u32b);    D. u16c = (uint16_t) u32a + u32b;

9. 以下关于位运算的语句中，正确的是(        )。

A. u8r = ( uint8_t) ~u8a;              B. u8r = ( uint8_t ) u8a >>4;

C. u8r = ( uint8_t) (~u8a) >> 4;       D. u8r = ( uint8_t ) ~(u8a>> 4);

10. 以下 C 语言表达式中，符合 MISRA C2 规则的是(　　)。

A. ··· (float64_t) (s32a > s32b)　　　　B. ··· s8a + s8b + s32a

C. ··· u8a + 5　　　　　　　　　　　　D. ··· s16a + (int16_t) u8a

11. 已知函数声明：

　　extern void func (uint8_t par1);

在以下对 func 调用的语句中，符合 MISRA C2 规则的是(　　)。

A. func (u16a);　　　　　　　　　　　B. func ((uint8_t) u16b);

C. func (s8a);　　　　　　　　　　　　D. func (2);

12. 以下是函数 int16_t test (void)的返回语句，符合 MISRA C2 标准的是(　　)。

A. return (s16a + s16b);　　　　　　　B. return (s32a + 1);

C. return (u16a);　　　　　　　　　　D. return (0U);

## 三、简答题

1. 简述规则 6.3 对嵌入式 C 编程的意义。

2. MISRA C 标准中禁止数据类型从"宽"隐式转换到"窄"，这是为什么？

3. MISRA 认为安全的类型转换有哪些？可以采用何种转换方式？

4. 危险的类型转换会带来哪些风险？

5. 声明类型为 signed int 的位域，若长度(位数)分别为 0、1 和 2，试分析其正确性。

# 第 5 章　你表达清楚了吗

 **内容提要**

　　本章介绍 MISRA C2 中有关函数、变量、表达式等的规则，它们是组成 C 程序的基本要素，在书写上、逻辑上要表达清楚，力求清晰无误。规则分组包括声明与定义、初始化、函数和表达式。和第 4 章"细节决定成败"一样，这一章的内容也是本书的重点内容之一。

　　我们知道，C 程序通常由若干个文件组成，包括头文件(.h)和代码文件(.c)。C 代码由函数组成，包括一个 main 函数和若干其他函数。函数由若干条语句组成，语句则包含了变量和表达式。

　　函数调用、声明与定义、变量、表达式，这是程序员几乎天天要打交道的对象，程序员正是通过它们来表达自己意图的。为此，我们提出一个问题：你表达清楚了吗？

## 5.1　声明与定义

　　我们先来看一段代码：

```
# include <stdio.h>
extern int bigger;                      /* 声明外部变量*/
int max (int x, int y);                 /* 声明被调函数*/
main ()                                 /* main 函数*/
{
    int a =5, b=8;                      /* 声明局部变量*/
    bigger = max ( a, b );              /* 使用函数、外部变量*/
    printf ("max is %d/n", bigger );    /* 调用标准库函数输出*/
}

...

int max (int x, int y)                  /* 定义函数(首部) */
{                                       /* 函数体 */
    int z;                              /* 声明局部变量*/
```

```
z = x > y ? x : y;

return z;
}
```

C 语言中，任何变量和函数都要先声明，后使用。上述代码很有代表性，既有函数和变量的定义和声明，又有函数和变量的使用。

有关定义和声明，在 ISO 标准中有详细的说明，在 C 语言教程中也是不可或缺的重要内容。但在实践中，因定义和声明不一致、不完整、不清晰等原因以及 C 语言本身的缺陷而产生的错误却不在少数。

我们先来回顾一下 C 语言中有关定义和声明的一些要点。

## 5.1.1　声明与定义回顾

### 1. 声明与定义的基本概念

#### 1) 局部变量

局部变量又称自动变量。局部变量在函数内或语句块内声明，并在相应的块范围内有效(块作用域)。局部变量是临时的，"随用随叫"，用完即释放。

局部变量的声明即是定义，二者合二为一。声明的同时可以初始化。

#### 2) 外部变量

外部变量又称全局变量。外部变量在所有函数外定义(不属于某一函数)，有效范围为从定义之处至文件结束(文件作用域)。外部变量在其有效范围内可直接引用(无须声明)。在超出作用域的其他地方引用外部变量时，需要先声明(用 extern)。

外部变量在定义的同时可以初始化，但在声明的时候不可以。其特点是"一处定义，多处声明"。和函数一样，外部变量也可以在头文件中声明，这样可以给使用带来方便。

#### 3) 函数

C 语言的函数都是平等的，互不隶属或包含，我们不可以在一个函数内定义另一个函数。换句话说，函数都是"外部"的，可以定义在文件的任意地方，只要这个地方不属于另一个函数即可，其有效范围为从定义之处到文件结束(文件作用域)。

函数在其有效范围内可直接调用，在超出作用域的其他地方调用时需要先声明。若在所有函数定义之前对被调函数做了声明(比如在头文件中)，则调用时不必再做声明。系统提供的库函数就是这样直接调用的。

### 2. 内部链接与外部链接

对于具有文件作用域的对象或函数，根据对其使用情况的不同，可分为内部链接和外部链接。

#### 1) 内部链接

如果对象或函数在一个文件中定义，也在这个文件中使用，则称为内部链接，即同一文件内链接，定义时通常用 static 来说明。

#### 2) 外部链接

如果对象或函数在一个文件中定义，而在另一个文件中使用(全局范围)，则称为外部链接，即文件外链接。此时，通过同一个名字对外部对象的所有引用实际上都是引用同一个对象。使用外部链接的对象时需用 extern 来声明。

### 3. 声明与定义的区别

1) 内部变量

对于内部变量，声明就是定义，二者没有区别。

2) 外部变量

对于外部变量，声明与定义是有区别的。

• 定义：即定义性声明，指定变量的名称和属性(及初始值)。编译器在编译时分配存储单元，建立存储空间。定义只能有一次。例如：

```
int a;          /* 定义变量 a 为整型，初值未给定 */
int b = 1;      /* 定义变量 b 为整型，初值为 1 */
```

• 声明：即引用性声明，告知编译器要"引用"或者"使用"某变量，该变量是在其他地方定义的。声明时要告知该变量的名称和属性，但不可以赋初值，编译器也不会为它建立存储空间(因为在其定义的时候已建立好了)。声明可以有多次。例如：

```
extern int a;     /* 声明外部(整型)变量 a */
extern b;         /* 声明外部变量 b，类型可省略，但不符合 MISRA 标准 */
extern b = 1;     /* 错误，声明时不可赋初值 */
```

总之，声明是为了使用，编译器可以根据声明找到相应的定义。变量如此，函数也是如此。

3) 函数

• 定义：指函数功能的确立，即包括指定函数名、函数类型、形参及类型、函数体等，它是一个完整的、独立的代码单元，编译后产生可执行代码。

函数定义一般有多行，包括{ }。例如：

```
int max (int x, int y)
{
    int z;
    z = x > y ? x : y;
    return z;
}
```

• 声明：告知编译器要调用某函数，即把函数的名称和属性(函数类型、形参类型、个数及顺序)告知编译器。

C 函数声明称为原型声明。声明不产生可执行代码，只用于对照检查(函数名是否正确，实参与形参是否匹配等)。声明只有一行(即定义的首部，注意以分号结束)，不包括{ }。如：

```
int max (int x, int y);     /* 原型声明 */
```

或

```
int max (int, int);        /* 虽然形参名可以省略，但不符合 MISRA 标准 */
```

## 5.1.2　声明与定义规则

在 MISRA C2 标准中，有关声明与定义的规则归属第 8 组，共 12 条。

### 规则 8.1【必需】

函数应当具有原型声明，且原型在函数的定义和调用范围内都是可见的。

原型声明是标准 C 中的概念，它可以提供更多关于函数的信息。在原型声明中，函数的参数要指定完整的名称和类型，而非原型声明则只突出函数名，其他的都可以采用省略的写法。

事实证明，函数接口是容易出问题的地方。原型的使用使得编译器能够检查函数定义和调用的完整性，如函数参数的数目、类型、排列顺序是否匹配等。这对于保证函数的正确调用是非常重要的，因此本规则的意义不言而喻。

本规则还要求，原型声明对于函数定义和调用都可见。如何才能做到这一点呢？

对内部(链接)函数而言，这不是问题，因为它们原本就在一个文件中，自然是可见的。

对外部函数来说，我们建议采用如下方法：在头文件中声明函数(亦即给出其原型)，并在所有需要调用该函数的代码文件中包含这个头文件(见规则 8.8)，保证调用时由原型控制外部函数(原型对于调用可见)。同时，函数定义所在的源文件中也包含这一头文件，以便编译器可以检查原型声明与其定义是否相匹配(原型对于定义可见)。

本规则与 ISO C 的未定义行为 22、23 有关。

### 规则 8.2【必需】

无论何时，在声明或定义一个对象或函数时，其类型应该被显式说明。

C 语言允许在声明或定义时有一些省略的写法，如函数或变量的类型，参数的类型甚至参数名称都可以略去。定义时略去的类型系统都默认为 int 型，声明时的省略则使得编译器失去了检查核实的机会。

应该说，这不是一种好的编程实践。因此本规则要求，在声明或定义一个对象或函数时，其类型应该被显式说明。这样既有利于编译器进行一致性检查，也有利于理解代码。下面是一些例子：

```
extern   x ;               /* 违规，省略了类型 */
extern   int16_t   x ;     /* 合规，显式类型说明 */
const   y ;                /* 违规，省略了类型 */
const   int16_t   y ;      /* 合规，显式类型说明 */
static   foo (void) ;      /* 违规，省略了函数类型 */
static   int16_t   foo (void) ; /* 合规，显式类型说明 */
```

其中，const 为常量说明符，static 为静态说明符。

規則 8.3【必需】

函数声明中的参数类型及返回值类型应该和函数定义中的等同。

規則 8.4【必需】

如果对象或函数被声明多次，则它们的类型必须兼容。

规则 8.3 里所说的等同是等价、匹配的意思。当然，如果能做到参数与返回值的类型在原型和定义中"一模一样"，那自然也就等同了。标准 C 要求原型声明，但并没有要求原型中的类型说明必须与定义中的完全相同，而是给予了一定的灵活性。这就是本规则存在的理由，我们也可以把它看作是对规则 8.1 中原型声明要求的具体化。

规则 8.3 的意思是参数与返回值的类型在原型和定义中必须匹配。这不仅要求底层类型等同，也要求包含 typedef 定义的名称和限定词在内的类型也要相同。该规则与 ISO C 的未定义行为规则 24 有关。

规则 8.4 中又出现了类型"兼容"的说法。事实上，"兼容"类型的定义在 ISO C 中是冗长而又复杂的，普通使用者无须掌握。简单地说，两个类型相同或者等同，必然是兼容的，而两个兼容的类型不需要等同。例如，下面的类型是互相兼容的。

| | |
|---|---|
| signed int | int |
| char[5] | char [ ] |
| unsigned short int | unsigend short |

要符合规则 8.4 的兼容要求，最为稳妥的方法是：在多次声明的时候，使其类型都完全相同(其实，通常情况下我们也没有理由让它们有所差别)。

規則 8.5【必需】

头文件中不得有对象或函数的定义。

假如在一个头文件中定义了一个函数，又让这个头文件被多个源文件包含，那么在编译的时候会发生什么？编译器会"抱怨"说重复定义了一个函数。出错的原因正是将函数定义放在了头文件而不是源文件中，这也正是初学者容易犯的错误。

当源文件包含某一个头文件时，预处理器会将头文件的内容在包含指令处展开。显然，在头文件中的函数定义会在其他源文件中一模一样地出现，这会导致函数被重复定义。解决这一问题的关键是明确一个概念：头文件(.h 文件)应该只用于声明对象、函数、typedef 和宏，而不应该包含对象或函数的定义(或它们的片断)。只有源文件(.c 文件)才可以包含可执行的源代码或者对象和函数的定义，当然也可以包含声明。

本规则不仅可以避免重复定义的错误，也有利于纠正程序员的不良编程习惯。至于如何在头文件中声明对象，请参见规则 8.8。

## 规则 8.6【必需】

函数必须在文件范围内声明。

标准 C 中，函数都是外部的，具有文件作用域，对其声明也应该在文件范围内进行。如果在块作用域(如另一个函数内)中声明，势必造成混淆，给人函数只在该程序块内有效的错觉，还可能导致未定义行为。

例如，以下代码中对函数 max 的声明违反本规则，应将其挪至 main 函数外，或在头文件中声明(如果是外部链接的话)。

```
viod main (void)
{
    int16_t a = 5, b = 8;

    int16_t c;

    int16_t   max (int16_t x, int16_t y);        /* 违规，函数内声明另一个函数 */

    c = max ( a, b );

}
```

本规则与 ISO C 的未定义行为 36 有关。

## 规则 8.7【必需】

如果对象的访问只是发生在单一函数内，那么该对象应在函数块范围内定义。

只在单一函数中访问的对象属于局部对象，其作用域应该限制在函数内(程序块内)，也就是说应该在块范围内定义。这就是规则 8.7 告诉我们的。

C 程序是由一个个的函数组成的，只要可能，我们都应该用局部对象来解决问题，将对象的作用域限制在函数内。这样能够使程序的结构更清晰，便于理解，也有利于节省资源。只有当对象需要内部链接或外部链接时，才应该为其使用文件作用域(参见规则 8.10)。

MISRA 建议：良好的编程实践，就是避免在不必要的情况下使用全局标识符(即文件作用域)。我们可以尽量使用堆栈自动分配变量空间，以节省全局数据空间。

## 规则 8.8【必需】

外部对象或函数应该声明在唯一的文件中。

## 规则 8.9【必需】

具有外部链接的标识符必须有一个唯一的外部定义。

这两条规则涉及外部对象或函数的声明与定义。我们在前文介绍过，声明与定义的含义是不一样的，虽然有时它们都统称为声明。定义相当于"登记入住"，定义一个对象或函数是要分配内存单元或者生成代码占据存储空间的；而声明更像是"登报通告"，告知编译器打算引用一个对象或函数。

规则 8.8 告诉我们，在声明一个外部对象或函数时，应该在唯一的文件中声明。规则好理解，也是良好的编程实践所要求的。

根据本规则，正确的做法是：在一个头文件中声明一个外部标识符，而在定义或使用它的任何文件中包含这个头文件。这就相当于一则通告只刊登在一家报纸上，对通告感兴趣的人都可以索取一份报纸。

例如，在 color.h 头文件中声明变量 red 的代码如下：

```
extern   uint32_t   red ;
```

在 rainbow.c 文件中定义变量 red 的代码如下：

```
#include   "color.h"
uint23_t   red = 0 ;
```

这样包含了 color.h 的源文件都可以直接使用全局变量 red。

实际项目中存在的头文件可能是一个或多个，但是任何一个外部对象或函数都只能在其中的一个头文件中声明。这种唯一性，可以保证所有包含它的源文件对该对象或函数声明的一致性，同时也减少了编码的工作量。

我们再来看看规则 8.9。"具有外部链接的标识符"指的就是外部对象或函数。根据规则 8.8，外部对象或函数的声明应该在唯一的文件中，那么对于其定义呢？本规则的要求是：也应该具有唯一性。

一个标识符如果存在多个定义(在不同的文件中)或者甚至没有定义，那么其行为是未经定义的。不同文件中的多个定义是不允许的，即使这些定义相同也不行；如果这些定义不同或者标识符的初始值不同，问题就严重了。

还记得规则 8.5 所说的重复定义的错误吗？违反本规则就会导致这样的错误。

规则 8.9 与 ISO C 的未定义行为 44 有关。

## 规则 8.10【必需】

除非需要外部链接，否则文件范围内的对象或函数的所有声明和定义都应具有内部链接。

在文件范围内声明或定义时，意味着必定有某种链接存在，要么有内部链接，要么有外部链接。如果二者都没有，那就是局部对象，不应该在文件范围内声明或定义。

本规则的意思是，如果我们将一个对象或函数定为文件作用域，那么它应该具有内部链接，否则具有外部链接，二者必居其一。

那么，对内部链接的对象或函数，我们应该如何处理呢？请看下一条规则。

> **规则 8.11【必需】**
>
> 具有内部链接的对象和函数，其定义和声明中应使用静态存储类型说明符(static)。

本规则是对规则 8.10 的呼应和补充。

如果一个变量只是被同一文件中的函数所使用，这属于内部链接，那么定义和声明时就用 static 来限定。同理，如果一个函数只是在同一文件中被调用，那么也要用 static 来说明。

使用 static 存储类标识符将确保该标识符只是在声明它的文件中是可见的，并且避免了和其他文件或库中的相同标识符发生混淆的可能性。

static 常常会和 extern 产生混淆。良好的编程习惯是，把 static 关键字一致地应用在所有具有内部链接的对象和函数上。

> **规则 8.12【必需】**
>
> 具有外部链接的数组，其大小应显式声明或在初始化中隐式定义。

数组不同于单个变量，它是一个集体，其成员(元素)的个数也即它的大小是数组的重要属性，程序员应重点关注。

本规则规定，具有外部链接的数组，其大小可以通过两种方式来宣示，一是显式说明，二是初始化时隐式指定。

例如，外部数组定义：

```
int array1[ARR_SIZE];              /* 合规，显式定义大小 */
int array2[ ] = {0, 1, 2, 3, 4, 5};    /* 合规，隐式定义大小为 6 */
```

外部数组声明时，必须与其定义相呼应：

```
extern int array1[ARR_SIZE];       /* 合规，对应显式定义 */
extern int array1[ ];              /* 违规 */
extern int array2[ ];              /* 合规，对应隐式定义 */
```

尽管 C 支持在数组声明不完善时访问其元素，但仍然是在数组的大小可以显式确定的情况下，这样做才会更为安全。

本规则与 ISO C 的未定义行为 46 有关。

# 5.2 初 始 化

MISRA C2 初始化规则涉及自动变量、数组和枚举变量，共 3 条，归属第 9 组。

规则 9.1【必需】

所有自动变量在使用前都应被赋值。

自动变量即局部变量。自动变量建立时由堆栈临时分配存储空间,故其值是不确定的、无意义的(除非对其进行初始化),直接使用自动变量可能会导致无法预料的后果。

如果要避免这种后果,就应该遵循本规则,让自动变量在使用前都被赋值(即所有变量在其被读之前已经写过了)。这可以很容易地通过声明中的初始化或者专门的赋值语句来实现。

注意:根据 ISO C 标准,具有静态存储期的变量如果没有进行显式的初始化,其值就会自动设成 0。但在实际应用中,一些嵌入式环境没有实现这样的缺省行为(这就要求我们额外地关注其初始状态)。静态存储期是所有以 static 存储类形式声明的变量或具有外部链接的变量的共同属性,自动存储期变量通常不是自动初始化的。

本规则与 ISO C 的未定义行为规则 41 有关。

规则 9.2【必需】

应该使用大括号以指示与匹配数组和结构体的非零初始化构造。

在标准 C 中,要求数组、结构体和联合体的初始化是一个列表,并且要用一对大括号将列表括起来。如果不这样做,其行为是未定义的。

规则 9.2 在上述标准的基础上更进一步,要求使用附加的大括号来指示嵌套的结构。它迫使程序员更明显地考虑和描述复杂数据类型元素(如多维数组)的初始化次序。

例如,下面的例子是二维数组初始化的有效(在 ISO C 中)形式,但第一个与本规则相违背:

```
int16_t y[3][2] = { 1, 2, 3, 4, 5, 6 };              /* 违规 */
int16_t y[3][2] = { { 1, 2 }, { 3, 4 }, { 5, 6 } };   /* 合规 */
```

在结构体中以及在结构体、数组和其他类型的嵌套组合中,也应遵循类似的规则。

注意:数组或结构体元素需要全初始化为 0(或 NULL)时,可以通过只提供第一个元素的初值的方式来实现。如果选择了这种方法,那么首元素应该被初始化为 0(或 NULL),此时不需要使用嵌套的大括号。例如:

```
int16_t y[3][2] = { 0 };              /* 合规 */
```

本规则与 ISO C 的未定义行为 42 有关。

规则 9.3【必需】

除非对所有枚举的元素都显式初始化,否则"="不能用于除首元素之外的枚举元素的初始化。

本规则涉及枚举变量。枚举变量是只能在几个特定值当中取值的变量，在声明时要用 enum 来描述。

例如，有红、绿、蓝、黄四种颜色的彩球若干，从中任取一球，其颜色 color 只能是这四种颜色(以 red、green、blue、yellow 代之)中的一种，并且是四者必居其一。我们称 red、green、blue、yellow 为枚举元素，其值为整型常量。

枚举元素的初始化有以下几种形式：

- 系统默认：

```
enum color { red, green, blue, yellow };          /* 系统默认值从 0 开始，即：red=0,
                                                     green=1, blue=2, yellow=3 */
```

- 显式初始化：

```
enum color { red=1, green=2, blue=3, yellow=4 };  /* 为每个元素指定初始值 */
```

- 首元素初始化：

```
enum color { red=1, green, blue, yellow };        /* 系统从 1 开始顺序分配，green=2, … */
```

本规则的意思是，我们可以采用显式初始化的方式，此时"="可以用于每个元素。否则，"="只能用于第一个元素，而不允许用于其他元素。

规则 9.3 排除了容易产生错误的自动与手动分配的混合情况，例如：

```
enum color { red=1, green, blue, yellow=4 };      /* 违规 */
```

如果枚举列表的成员没有采用显式初始化的方式，那么 C 将为其分配一个从 0 开始的整数序列，首元素为 0，后续元素依次加 1。

如上所示，首元素的显式初始化迫使整数的分配从这个给定的值开始。当采用这种方法时，要求首元素的初始化值要足够小，以保证后续值不会超出该枚举常量所用的 int 量值范围。

所有元素的显式初始化显然更能使人一目了然。另外，允许不同元素分配相同的值，这只有通过显式初始化的方式才能实现：

```
/* green 和 yellow 取相同的值 */
enum   colour { red = 3, blue = 4, green = 5, yellow = 5 };  /* 合规 */
```

# 5.3 函　　数

在 5.1 节"声明与定义"中，已经涉及了部分函数的内容。本节则专门针对函数的定义和使用问题，共有 10 条规则，归属第 16 组。

## 规则 16.1【必需】

函数定义不得带有可变数量的参数。

相信大家对 printf ()函数不会陌生，这是编译环境提供的库函数中的一个，也是典型的参数数量可变的函数。对这些标准库函数，编译器提供了一些合适的调用机制，多数情况下我们可以放心地使用，但对用户自己定义的函数则不然。

本规则强调，用户不应该编写这种不定参数函数，因为这会造成编译器无法检查函数调用时的参数一致性。

遵循本规则，就排除了在嵌入式 C 中对 stdarg.h、va_arg、va_start 和 va_end(这些是支持可变参数函数所用到的头文件及宏定义)的使用。

本规则与 ISO C 的未限定行为 15，以及未定义行为 25、45、61、70～76 有关。

---

### 规则 16.2【必需】

函数不得调用自身，不管是直接还是间接调用。

---

ISO C 标准允许递归算法(recursive algorithm)，即函数自己调用自己。

如果在函数 A 的代码中调用了函数 A，则属于直接调用；如果在函数 A 中调用了函数 B，而函数 B 又调用了函数 A，则属于间接调用。

本规则强调，对于上述递归调用，不管是直接的还是间接的，都是不允许的。

递归函数的优点是定义简单，逻辑清晰，在设计一些数学算法(如斐波那契数列)时非常有用。理论上，所有的递归函数都可以用循环的方式来实现，但循环的逻辑不如递归的清晰。

"调用自身"这一特点使得递归函数在执行时将陷入一层一层的函数调用，然后在满足"解套"的条件时才一层一层地原路返回。这就给递归函数带来了一个很大的问题，即占用存储空间(主要指堆栈)太多。在计算机中，函数调用是通过栈(stack)这种数据结构实现的。每当进入一个函数调用时，就会多占用一层栈空间；每当函数返回时，栈便释放一层。由于栈的大小不是无限的，因此，一旦递归调用的层数过多，就有可能出现堆栈空间不足的情况，也就是所谓的栈溢出。这对于资源有限的嵌入式系统来说是一个巨大的隐患。

虽然说普通函数调用如果嵌套过多也可能出现栈溢出，但毕竟是可以预测的。而递归函数就不同了，除非递归算法经过了非常严格的控制，否则不可能在执行之前确定什么是最坏的(worst-case)堆栈使用情况，用户也就难以确保递归函数的安全性。

所以，递归算法对一个安全系统来说是可怕的，不应使用。

---

### 规则 16.3【必需】

在函数的原型声明中，所有的参数都应该给出标识符。

---

### 规则 16.4【必需】

函数的声明和定义中使用的标识符应该保持一致。

规则 8.1 中，MISRA C 规定函数应该使用原型声明，这里再对原型的一些细节提出要求。

标准 C 中，原型声明的形式比较灵活，形参可以完整给出，也可以只给出类型。例如：

```
int max1 ( int x, int y );          /* 函数声明，参数名和类型均给出 */
int max2 ( int, int );              /* 函数声明，参数只给出类型 */
```

虽然函数声明时省略形参名而只给出参数的类型不会造成编译错误，但出于兼容性、可读性和可维护性的考虑，规则 16.3 要求在函数的原型声明中应该为所有参数给出标识符（及类型）。

规则 16.4 是对规则 16.3 的进一步补充，即原型声明中参数名称（及类型）不仅要全部给出，还要与函数定义中的一样。名称一致有利于我们对所声明函数的理解，也增加了代码的可读性。

结合上述两条规则，以及规则 8.3 和 8.4 中有关类型等同和兼容的要求可知，声明一个函数最为稳妥的方法就是做到以下"四同"：

- 声明与定义的函数名要相同（这是必须的）。
- 函数类型要相同。
- 参数名要相同。
- 参数的类型要相同。

当然，如果需要的话，还要加上像 extern、static 这样的限定符。

## 规则 16.5【必需】

无参数函数应将参数类型定义为 void。

本规则的意思是：如果函数没有参数，则参数列表应声明为 void；如果函数不返回任何值，则返回类型应声明为 void。

例如，函数 myfunc() 既不带参数也不返回数据，则应声明为：

```
void myfunc ( void );
```

通过规则 16.5，我们应该牢记一条法则：在定义一个函数的时候，一定要为函数参数和返回值预留位置，即便无参数和返回值，也要在其位置上使用 void 做声明。

规则 16.3～16.5 告诉我们，在定义和声明函数的时候，函数名、形参、类型，一个都不能少，且声明和定义之间一定要对应得上。

## 规则 16.6【必需】

传递给函数的参数个数必须与函数声明的参数个数保持一致。

如果传递的参数个数不匹配，则会导致未定义行为。

这个问题可以通过使用函数原型的方式来完全避免（见规则 8.1）。本规则被保留的原因是：编译器可能不会标记这样的约束错误。

还要指出的是，函数调用时不仅是参数个数要匹配，参数类型也要匹配，否则可能会因数据的隐式转换产生新的问题。

本规则与 ISO C 的未定义行为 24 有关。

---

### 规则 16.7【建议】

如果函数的指针参数不是用于修改它所指向的对象，则该指针参数应声明为指向常量的指针。

---

函数的参数可以为指针(有关指针的基础知识请参见 7.1 节)。如果指针所指对象的内容不发生变化，那么该指针参数应该声明为指向 const 的指针。

注意：const 限定应当用在所指向的对象而非指针本身，因为它要保护的是对象的内容。

规则 16.7 是一条建议规则，执行本规则会产生更精确的函数接口定义。

为了更好地理解本规则，我们来了解一下 const 与指针：

• 指向 const 的指针(指向常量的指针)：指针所指对象的内容不可修改，但指针本身的值是可以修改的(也就是可以指向别的地方)。如：

```
const int *p1;          /* 声明 p1 是指向 const 的指针，对象的内容不可修改  */
```

• const 指针(常指针)：指针本身的值不可修改(即指向固定的地方)，但所指对象的内容是可以修改的。如：

```
int *const p2 = &a;     /* 声明 p2 是常指针，指向变量 a。p2 本身不可修改  */
```

本规则要求，如果指针作为参数在函数中不是用于修改所指向的对象，则让它"固化"(使用 const)。例如：

```
/*  p1：所指对象被修改了，不需要 const
    p2：所指对象没有被修改，需要 const
    p3：所指对象没有被修改，少了 const      */
void   myfunc ( int16_t *p1,  const int16_t *p2,  int16_t *p3 )
{
    *p1 = *p2 + *p3;         /* p1 所指向的对象被赋值了 */
    return;
}
/* p3 所指对象的数据没有改变，但没有声明为指向 const，违规 */
```

---

### 规则 16.8【必需】

非 void 返回类型的函数，其所有退出路径都应具有显式的带表达式的返回语句。

---

如果函数没有返回值，就应该定义为 void 类型(见规则 16.5)。反之，有返回值的函数

是所谓的非 void 返回类型的函数，应该遵循本规则。

既然函数定义成有返回值的类型，就应该有相应的返回表达式和返回语句(return 语句)，并且这些语句要出现在所有的退出路径上。

返回表达式给出了函数的返回值。如果 return 语句不带表达式，就会导致未定义行为(编译器可能不会给出错误)。

本规则的意思是，有返回值的函数，在其可能的返回路径上，都应该把返回值准备好并带回。不允许遗漏任何一个返回路径(这属于编程错误)，或者返回时没带返回值。

本规则与 ISO C 的未定义行为 43 有关。

---

**规则 16.9【必需】**

函数标识符的使用只能或者加前缀&，或者使用括起来的参数列表，参数列表可以为空。

---

函数名前加前缀&是取址运算，即取函数所在的存储空间的地址。函数名后跟括起来的参数列表就是函数调用。虽然规则 16.9 的表述方式有些特别，但它的含义是明确的，即对函数标识符(函数名)的使用仅限于以下两种方式：
- 取址运算，如&func_name。
- 函数调用，如 func_name()。

除此之外，其他操作都是被禁止的。例如，对于函数 func()，以下用法让人产生误解：

```
if (func)                  /* 违规，是要测试函数的地址是否为 NULL */
{                          /* 还是要执行函数 func()的调用 */
    ...
}
```

为加深对本规则的理解，下面简要介绍函数调用和取址运算。

函数调用是 C 代码中最为常见的形式，其语法如下：

```
函数名 (参数列表)
```

C 语言中有 3 种调用函数的方式：① 函数语句；② 函数表达式和；③ 函数参数。例如：

```
time_delay ( viod );         /* 函数调用就是一条语句 */
m = 2 * max ( a, b );        /* 函数调用是表达式的一部分 */
n = max ( c, max ( a, b ) ); /* 函数调用作为另一函数的实参 */
```

在标准 C 中，有两种被认可的取函数地址的方式。设 p 为指向函数的指针，那么以下两条语句效果相同，均代表取函数 func 的地址(但 MISRA 对它们却并非"一视同仁")：

```
p = func;        /* ① 函数名就代表函数的地址，如同数组名，违规 */
p = &func;       /* ② 通过取地址运算得到函数地址，合规 */
```

显然，规则 16.9 只认可②，而排除了①的用法。

**规则 16.10【必需】**

如果函数返回了错误信息，那么应该对错误信息进行测试。

一个函数，无论它是标准库的一部分、第三方库还是用户定义的函数，都可以提供一些指示错误发生的方法。错误信息可以是错误标记、特殊的返回值或者其他错误指示。

本规则要求，无论何时，只要函数提供了这样的机制，调用程序就应该在函数返回时立刻检查错误信息，并进行相应的处理，不要把它当成可有可无的"摆设"。

需要注意的是，这种在函数完成后才检测错误的做法属于"事后补救"，更高明的做法是"事前预防"，即通过对函数输入值的检查来防止错误的发生。

MISRA 还指出，对 errno 的使用(返回函数的错误信息)是笨拙的方法,应该谨慎使用(见规则 20.5)。

# 5.4　表　达　式

程序员在编写代码时，往往带有一些不良习惯，即使是编写很简单的语句或表达式。这些不良习惯为代码埋下了隐患，一旦触发就可能引起严重后果，甚至可能导致整个系统的崩溃。实际上，在程序调试过程中，表达式中存在的大部分问题皆源于程序员的主观臆测，即他们认为表达式应该是按自己认为的方式执行，但结果可能完全不同。

这里既有因对语言不了解而造成的表达式书写不规范，也有因对编译器的误解而带来的似是而非的问题。MISRA C2 标准中有关表达式的规则，可以指导程序员编写规范的 C 表达式，最大限度地防止出现上述错误。

在学习这些规则之前，我们先来回顾一下 C 语言中有关表达式的基本知识。

## 5.4.1　C 表达式回顾

### 1. 表达式的定义

表达式是运算符与运算对象的合法组合。因此，表达式由运算符和运算对象组成，二者缺一不可。

运算符，又称操作符，代表要执行什么样的运算或操作。C 语言的运算符非常丰富，也很复杂，运算符区分不同的种类、优先级以及结合性。

运算对象，又称操作数，即参与运算的各种对象。运算对象包括常量、变量、数组、函数等。一个表达式也可作为另一个表达式的操作数。

### 2. 运算符的种类

C 语言中包括以下不同类型的运算符：

1) 算术运算符

以下为算术运算符：

| +(加) | −(减) | *(乘) | /(除) |
| --- | --- | --- | --- |
| %(求余) | ++(自增) | −−(自减) | |

其中，%代表取模运算或求余运算。例如，7％3 的值为1。算术运算符的运算结果为具体的数值。

**注意：** 自增(++)、自减(−−)运算有后缀和前缀两种形式。

2) 关系运算符

以下为关系运算符：

| >(大于) | <(小于) | >=(大于等于) |
| --- | --- | --- |
| <=(小于等于) | ==(等于) | !=(不等于) |

关系运算符运算的结果为逻辑值"真"或"假"。"真"代表关系成立，以数值1代之；"假"代表关系不成立，以数值0代之。

3) 逻辑运算符(布尔运算符)

以下为逻辑运算符：

| &&(与)、‖(或)、!(非)。 |
| --- |

逻辑运算符运算的结果也为逻辑值(布尔值)"真"或"假"。"真"以数值1代之；"假"以数值0代之。

如果普通数值参与逻辑运算，则认为非0值代表"真"，0值代表"假"。

4) 位运算符

以下为位运算符：

| & (位与) | | (位或) | ~(位反) | ^(位异或) |
| --- | --- | --- | --- |
| << (左移) | >> (右移) | | |

位运算是按位进行的布尔运算或移位操作，操作数的每一位(不是整体)的运算结果为1 或 0。

5) 赋值运算符

以下为简单赋值运算符：

| =(赋值) |
| --- |

简单赋值是将"="右边表达式的值赋给左边的对象。

此外还有复合赋值运算符：

| 复合算术赋值运算符： | += | −= | *= | /= | %= |
| --- | --- | --- | --- | --- | --- |
| 复合位运算赋值运算符： | &= | \|= | ^= | >>= | <<= |

例如，"x += 2"代表"x = x + 2"，"a &= 0xff"代表"a = a & 0xff"。

6) 条件运算符(三元运算符 ? :)

以下为条件运算符：

> expr1　?　expr2　:　expr3

例如："z = (a > b)？a : b;"表示 z 取 a、b 中的较大者。

7) 逗号运算符(顺序求值符 , )

以下为逗号运算符：

> expr1 , 　expr2 , 　expr3

逗号运算按从左到右的顺序求值，最后的表达式的值作为整个逗号表达式的值。

**注意**：并非所有的逗号都构成逗号表达式，如函数的参数为两个或两个以上时，必须用逗号隔开，但此时的参数列表不是逗号表达式。

8) 指针运算符

以下为指针运算符：

> *(取内容)　　　　&(取地址)

设 ip 为指向变量 x 的指针，那么*ip 就是 x(即 ip 所指向的对象)，&x 就是 ip(即 x 的地址或指针)。例如：

```
int x = 1, y = 2, z[10];        /* 声明 x、y 并初始化，声明数组 z */
int *ip;                        /* 声明指针 ip，ip 指向 int 对象 */
ip = &x;                        /* ip 现在指向 x */
y = *ip;                        /* y 被赋值 1(来自 x) */
*ip = 0;                        /* x 被赋值 0 */
ip = &z[0];                     /* ip 现在指向数组 z 的第一个元素 z[0] */
```

指针运算符(*、&)与乘(*)及位与(&)的区别：指针运算符为一元运算符，如*ip、&x；而乘和位与为二元运算符，如 x * y、a & b。

9) 特殊运算符

C 语言中，运算符的含义非常宽泛，将一些表面上看起来不太像运算符的操作也归为运算符，如表 5.4-1 所示。

**表 5.4-1　特殊运算符**

| 名称 | 符号 | 用　法 | 意　义 |
|------|------|--------|--------|
| 尺寸运算符 | sizeof | sizeof 对象<br>sizeof (type) | 返回对象或类型所占的字节数 |
| 强制类型转换 | (type) | (type) (表达式) | 将表达式的值强制转换为 type 所表示的数据类型 |
| 函数调用 | ( ) | 函数名(参数列表) | 函数调用。此外，( )还用于表达式的优先级 |
| 下标运算符 | [ ] | 数组名[表达式] | 用于定位数组元素 |
| 成员运算符 | .<br>-> | 结构 . 成员<br>指针 -> 成员 | 引用结构中的成员；<br>通过指向结构的指针来引用成员，等价于(*指针).成员 |

### 3. 运算符的优先级与结合性

C 语言中所有运算符及其结合性、优先级如表 5.4-2 所示。

**表 5.4-2　C 运算符及其结合性、优先级**

| 序号 | 运 算 符 | 类型 | 结合性 | 优先级 |
|---|---|---|---|---|
| 1 | ( )　[ ]　->　.　++　-- | 一元 | 从左至右(左结合) | 高 ↑ |
| 2 | !　~　++　--　+(正号)　-(负号)　*<br>&　(type)　sizeof | 一元 | 从右至左(右结合) | |
| 3 | *　/　% | 二元 | 从左至右 | |
| 4 | +　- | 二元 | 从左至右 | |
| 5 | <<　>> | 二元 | 从左至右 | |
| 6 | <　<=　>　>= | 二元 | 从左至右 | |
| 7 | ==　!= | 二元 | 从左至右 | |
| 8 | & | 二元 | 从左至右 | |
| 9 | ^ | 二元 | 从左至右 | |
| 10 | \| | 二元 | 从左至右 | |
| 11 | && | 二元 | 从左至右 | |
| 12 | \|\| | 二元 | 从左至右 | |
| 13 | ? : | 三元 | 从左至右 | |
| 14 | =　+=　-=　*=　/=　%=　&=　^=<br>\|=　<<=　>>= | 二元 | 从右至左 | |
| 15 | , | 二元 | 从左至右 | 低 |

表 5.4-2 中，需要注意以下几点：

- 总的优先级如表 5.4-2 中所示，序号 1 的六种运算符优先级最高，序号 15 的逗号运算符优先级最低。同一序号多个运算符之间的优先次序没有被指定，因此，它们具有相同的优先级。
- 一元运算符有左结合和右结合两种。其中 ++、-- 既有左结合也有右结合。
- 二元运算符大多是左结合，但赋值类运算符为右结合。
- 可以用()来重新组织表达式，以提高局部的优先级。例如：

```
a * (b + c)
```

- 对于大多数二元运算符，其操作数的求值顺序没有被指定。例如：

```
x = f() + g();
```

在 "+" 运算前，需要准备好 f()和 g()，但谁先谁后没有被指定，可能先算 f()，也可能先算 g()。这是导致未限定行为的原因之一。此外，C 语言也没有指定函数各参数的求值顺序，例如：

```
f( a+b, 2*c );
```

在调用函数 f()时，两个参数需要求值，但先算 a+b 还是先算 2*c 没有被指定。

### 5.4.2　副作用和初等表达式

前面介绍的有关表达式和运算符的基本知识，有助于我们理解和掌握 MISRA 有关表达式的规则。在学习这些规则之前，我们先来了解一下规则中用到的两个概念。

#### 1. 副作用

所谓副作用(side effects)，是指在表达式执行后改变执行环境本身的状态，从而对后面的操作或流程产生影响的事件。赋值语句、自增操作等都是典型的具有副作用的操作。副作用是 ISO C 中的一个概念(见 ISO/IEC 9899:1999 中的 5.1.2.3)。例如：

```
x = a + b;        /*有副作用。在执行之前和执行之后，x 的值是不同的*/
if ( x == y )     /*没有副作用。在判断 x 是否等于 y 时，两个操作数没有发生变化*/
…
```

简单地说，表达式的副作用就是使相关对象的值发生了变化，造成之前和之后的环境不同。副作用也可能属于表达式的局部(子表达式)。

如果一个表达式的副作用是不确定的，如它是依赖于某个触发条件而发生的，那么程序员要小心了。

#### 2. 初等表达式

初等表达式也是 ISO C 中的一个概念(见 ISO/IEC 9899:1999 中的 6.5.1)，它描述的是表达式的一种最初级、最简单的形态，比如只有一个变量，或者一个函数名。初等表达式中没有运算符，或者经初始化(用括号括起来令其成为一个整体)后运算符不见了。初等表达式指以下单一的操作数：

- 标识符；
- 常量；
- 字符串；
- 用括号括起来的表达式。

### 5.4.3　表达式规则

从前文介绍的表达式及运算符来看，C 语言有许多会导致误解或不确定性的地方。MISRA 针对这些问题，制定了以下有关表达式的规则(第 12 组)，共 13 条。

**规则 12.1【建议】**

不要过分依赖 C 表达式中的运算符优先规则。

这是一条建议，它提示我们不要依赖 C 语言的运算符优先规则。规则 12.1 可作为我们书写表达式的一项基本原则。

C 运算符的优先规则相当复杂(见表 5.4-2)，不便记忆，也不完善，某些优先级还可能跟我们想象的不一样，容易引起误解。例如：

```
if ( x & MASK == 0 )
{
    /*do something*/
}
```

相信看到这段代码的人会认为作者的本意是：如果 x 与 MASK 位与(&)的结果是 0，就 do something。但实际上 "==" 的优先级高于 "&"，其结果与本意不符。应将 if 语句改为：

```
if ( (x & MASK) == 0)
```

建议在有疑问的地方使用括号( )来保证运算优先级，而不要依赖 C 运算符本身的优先级。在程序容易出现混淆的地方，也应该通过括号来组织或强调优先级，这样可使代码更清晰、更易于理解。但过多的括号会使人眼花缭乱，降低了可读性。

MISRA 给出了使用括号的建议：

• 赋值运算符的右操作数不需要使用括号，除非右操作数本身包含了赋值表达式。例如：

```
x = a + b;                  /* 可接受 */
x = (a + b);                /* ( )不需要 */
```

• 一元运算符的操作数不需要使用括号。例如：

```
x = a * -1;                 /* 可接受 */
x = a * (-1);               /* ( )不需要 */
```

• 二元和三元运算符的情况比较复杂。表达式中运算符不相同时使用括号是有益的。例如：

```
x = a + b + c;              /* 可接受，但要小心，参见规则 10.1 的例子 */
x = f( a + b, c);           /* a + b 不需要( ) */
x = ( a == b ) ? a : ( a – b);  /* 使用( )更清晰 */
if (a && b && c)            /* 可接受 */
x = (a + b) – (c + d);      /* 可接受，但需确认是否程序员的本意 */
x = (a * 3) + c + d;        /* ( )不需要 */
x = (uint16_t) a + b;       /* 无须写成((uint16_t) a) */
```

**注意**：规则 12.5 是本规则的特例，它只能应用在逻辑运算符(&& 和 ||)上。

┌─ **规则 12.2【必需】** ──────────────────────

表达式的值必须在标准所允许的任何求值顺序下保持一致。

表达式的计算除了有优先级的考虑，还有一个求值顺序(即运算次序)的问题。运算次序是指在同一优先级下先算哪个后算哪个的顺序，比如普通的四则运算，同为加减或同为乘除，其运算次序指定为从左到右。但 C 表达式远比四则运算复杂，而且有许多运算次序是未指定的，这就使得在不同的运算次序下可能得出不同的结果。运算次序问题不能使用括号来解决，因为这不是优先级的问题(它们属于同一优先级)。

本规则正是针对上述问题而制定的，要求表达式在任何允许的运算次序下结果都一样。严格执行这一规则，可以使代码中表达式的计算结果始终符合程序员的预期。

在标准 C 中，除了少数运算符(函数调用运算符( )、&&、||、?: 和 , )外，操作数(包括子表达式)的运算次序是未被指定的，并可能随时更改。例如：

```
(a + b) – (c + d)        /*两对括号的优先级更高，理应先算，但它们之间谁先谁后没有被指定*/
```

因此，不要想当然地认定子表达式的运算次序，特别是当子表达式有副作用(side effect，见规则 12.3)时。以下是一些比较典型的例子：

```
x = b[i] + i++;          /*示例①：是先算 b[i]，还是先算 i++*/
x = func ( i++, i);      /*示例②：函数参数的运算次序是未被指定的*/
x = f(a) + g(a);         /*示例③：如果 f(a) 、g(a)有相互影响的情况*/
```

下面总结了运算次序影响运算结果的一些情况，可以帮助我们理解并采纳本规则。

• 自增或自减运算符。自增或自减常作为能产生错误的例子，见上述示例①。

根据 b[i]的运算是先于还是后于 i++ 的运算，表达式会产生不同的结果。通过把增值运算作为单独的语句的方法，即可避免这个问题：

```
x = b[i] + i;
i ++;
```

• 函数参数。函数参数的运算次序是未被指定的，见上述示例②。根据函数两个参数的运算次序不同，表达式会给出不同的结果。

• 函数指针。如果函数通过函数指针调用，那么函数标识符和函数参数运算次序也是不确定的。

• 函数调用。函数在被调用时可以具有附加的作用(如修改某些全局数据)，从而对另一操作数产生影响，见上述示例③。通过在使用函数的表达式之前调用函数并存放于临时变量的方法，即可避免对运算次序的依赖，上述例③可以修改为如下方式：

```
x = f (a);
x += g (a);
```

再看一个会产生错误的例子。考虑下面的表达式，它从堆栈中取出两个值，从第一个值中减去第二个值，再把结果放回栈中：

```
push ( pop () – pop () );
```

根据哪一个 pop()函数先进行计算，会产生不同的结果。

• 嵌套的赋值语句。表达式中嵌套的赋值可以产生附加的副作用，会带来对运算次序的依赖，因此最好不要在表达式中嵌套赋值语句。例如，下面的做法是不妥当的：

```
x = y = z = z / 3;
x = y = y++;
```

• volatile 访问。volatile 是易变的意思。类型限定符 volatile 用来表示那些其值可以独立于程序的运行而自由更改的对象(如端口输入寄存器)。访问带有 volatile 的对象时可能会改变它的值,这就产生了副作用。C 编译器不会优化对 volatile 的读取。

作为表达式的一部分通常需要访问 volatile 数据,这意味着对运算次序有依赖。建议对 volatile 的访问尽可能地使用简单的赋值语句。例如:

```
volatile   uint16_t   vol;
/* ... */
x = vol;
```

以上讨论了带有副作用的运算次序问题,还有一个应该引起注意的是子表达式的运算次序,本规则中没有提及。当调用一个以宏实现的函数时,可能会产生问题。例如,考虑下面的函数宏及其调用:

```
#define   MAX (a, b)   ( ( (a) > (b) ) ? (a) : (b) )
/* ... */
z = MAX (i++, j);
```

当 a > b 时,该定义计算了两次第一个参数,而当 a <= b 时只计算了一次。因此,宏调用根据 i 和 j 的值,对 i 增加了一次或两次计算。

此外,浮点数的四舍五入也有可能导致额外的对运算次序的依赖,因为舍入动作依赖于参与运算的操作数。这在本规则中也没有提及。

本规则与 ISO C 的未限定行为 7~9 以及未定义行为 18 有关。

---

### 规则 12.3【必需】

不允许将 sizeof 运算符作用于有副作用的表达式上。

---

副作用的相关内容请参阅 5.4.2 节。sizeof 运算符用于计算数据类型的长度(即类型所占用的字节数)。C 当中存在的一个可能的编程错误是,对一个表达式使用 sizeof 运算符,并期望在得到类型尺寸的同时计算表达式的值。然而表达式是不会被计算的,因为 sizeof 只对表达式的类型有用。为避免这样的错误,sizeof 不能用在具有副作用的表达式中,因为此时的副作用不会发生。例如:

```
int32_t   i;
int16_t   j;
j = sizeof (i = 1234) ;           /* i = 1234 是副作用,但不会发生 */
```

因为 sizeof 只对数据类型进行操作,即 j = sizeof (i = 1234)等效于 j = sizeof(int32_t),故我们期望的赋值操作不会发生。正确的做法是将最后一句替换成:

```
i = 1234 ;
j = sizeof (i) ;
```

### 规则 12.4【必需】

逻辑运算符&&和||的右操作数不允许包含副作用。

在一些情况下，C 代码可能无法计算表达式的某些部分(子表达式)。如果无法计算的部分包含副作用，那么副作用可能发生或可能不发生，这取决于表达式其他部分的计算结果。

可能导致上述问题的操作符是逻辑运算符 &&、|| 和条件运算符 ?:。前者(逻辑运算符)对右操作数的计算是以左操作数的值为条件的；后者(条件运算符)则根据第一操作数的结果决定是计算第二操作数还是第三操作数，但不会两个都计算。

如果程序员依赖于副作用的产生，这种情形会有什么后果呢？有些副作用对运算结果没有影响，如条件运算符专门用于在两个子表达式之间进行选择，因此不太可能导致错误，但逻辑运算符就不同了，副作用导致了错误的结果。

当应用 && (与)和 || (或)时，如果右操作数的表达式具有副作用，那么副作用可能会发生，也可能不会发生，这依赖于左操作数表达式的值。因为逻辑"与"和"或"是按照从左到右的顺序计算的，一旦最终结果得到确认就不会再计算下去，所以右操作数的副作用有可能发生也有可能不发生。例如：

```
if ((x == y) || (*p++ == z))     /* 只有当(x == y)为假时，才会计算 (*p++ == z)*/
{
    ...
}
```

本规则正是为了防范上述副作用发生的不确定性而制定的。正确的做法是把较复杂的(有副作用的)表达式放在逻辑运算符的左边，把简单的(无副作用的)表达式放在逻辑运算符的右边。如果二者都比较复杂，就先求一个表达式的值，落实可能的副作用，并将结果作为逻辑运算符的右操作数：

```
value = expression1 ;        /*先计算较复杂的 expression1 的值 value*/
if (expression2 || value)    /*value 放在||的右边，使 expression2 先进行计算*/
{
    ...                      /* do_something */
}
```

### 规则 12.5【必需】

逻辑运算符&&和||的操作数应该是初等表达式。

如前文所述，初等表达式如同单个的操作数，如标识符、常量或用括号括起来的表达式。

根据本规则的要求，如果 && 或 ‖ 的操作数是单一的标识符或常量，则没有问题，否则它们必须被初等化，即用括号括起来成为初等表达式。在这种情况下，括号对于代码的可读性和确保预期的行为都是非常重要的。例如：

```
if ( ( x == 0 ) && ishigh )          /* 令 x == 0 初等化 */
if ( x ‖ y ‖ z )                     /* 合规，如果 x、y 和 z 均为布尔变量 */
if ( x ‖ ( y && z ) )                /* 令 y && z 初等化 */
if ( x && ( !y ) )                   /* 令 !y 初等化 */
if ( ( is_odd ( y ) ) && x )         /* 令函数调用初等化 */
```

如果表达式只由单一的逻辑 && 或单一的逻辑 ‖ 序列组成，就无须另加括号，因为这样的序列是按照 "从左到右" 的顺序计算的：

```
if ( ( x > c1 ) && ( y > c2 ) && ( z > c3 ) )   /* 合规，单一的 && 序列 */
if ( ( x > c1 ) ‖ ( y > c2 ) && ( z > c3 ) )    /* 违规，同时有 && 和 ‖，必须另加括号说明优先级 */
if ( ( x > c1 ) ‖ ( ( y > c2 ) ‖ ( z > c3 ) ) ) /* 合规，单一的 ‖ 序列 */
```

## 规则 12.6【建议】

逻辑运算符 && 、‖ 和 ! 的操作数必须为有效的布尔型。布尔型表达式不允许用于逻辑运算以外的操作。

本规则的意图是，逻辑运算符必须和布尔型操作数对应起来，以防止被误用。因为逻辑运算符 && 、‖ 和 ! 很容易同位运算符 &、| 和 ~ 混淆。

在 C90 中，布尔型表达式只能用于逻辑运算，常用作控制语句表达式及三元运算符的第一操作数，其值不应赋给另一个变量或参加其他非布尔运算。但在 C99 中，定义了新的布尔类型，布尔型表达式可以赋值给逻辑变量，已经超出了逻辑运算的范畴。如：

```
bool a;
a = (b == c);
```

## 规则 12.7【必需】

位运算符不能用在底层类型是有符号的操作数上。

## 规则 12.8【必需】

移位操作的右操作数必须介于 0 和左操作数的位宽-1 之间。

规则 12.7 是为了防止结果的不确定性。位操作(~、<<、>>、&、^ 和 |)对有符号型数 (signed)不仅是无意义的,还可能导致未定义行为。

比如,如果右移运算把符号位移动到数据位上,或者对有符号数进行&、| 等操作,不仅令人困惑,还会产生问题。虽然就移位操作而言,对有符号数是有意义的(左移一位相当于乘以 2,右移一位相当于除以 2),但如果没有很好地应对符号位的策略(区分算术移位和逻辑移位就是一种很好的策略),依然会面临风险。

规则 12.7 适用于任何本质上带符号的数据类型。

规则 12.8 是专门针对移位操作的。移位操作的右操作数就是移位的位数。规则 12.8 的意思是:移位的位数应该大于或等于 0,小于操作数的长度(位宽)。

例如,一个 16 位的无符号整数,允许移位的位数范围是 0~15,一旦超出这个范围,其行为是未定义的。

我们应使用多种方法以确保遵循本规则。对右操作数来说,最简单的方法是使其成为一个常数,这时我们可以用静态方法检查。但如果移位位数是一个变量,问题就变得复杂起来,它有可能导致运行时错误,此时用静态检查方法是无法检查出来的。

另一种方法是,使用无符号整型来保证右操作数为非负,这时只需检查其上限即可(在运行时动态检查或者通过代码复查)。否则,上限、下限都要想办法检查。

以下是一些遵循或违反规则 12.8 的例子:

```
u8a = (uint8_t) (u8a << 7);              /* 合规 */
u8a = (uint8_t) (u8a << 9);              /* 违规,超出移位上限 */
u16a = (uint16_t) ( (uint16_t) u8a << 9 );    /* 合规 */
```

规则 12.7 与 ISO C 的实现定义行为 17~19 有关,规则 12.8 与 ISO C 的未定义行为 32 有关。

### 规则 12.9 【必需】

一元"负"运算符不能用在底层类型为无符号数的表达式上。

减号(−)在二元运算中表示减操作,同时它还可以用作一元运算符,代表"负"操作。C 语言中类似这样具有双重身份的操作符还有*、&等(见表 5.4-2)。

"负"操作针对的是有符号数,用于改变操作数的符号,正数变为负数,负数则变为正数。

也许有人会认为,对无符号数加一个负号就会得到一个有符号数,但实际情况并非如此。将一元"负"运算符用在 unsigned int 或 unsigned long 型的操作数上,得到的还是 unsigned int 或 unsigned long 型。这是因为无符号类型"不关心"正负,它只有大小的差别,没有正负的区分。也就是说,一个数据类型的符号属性并不会因其添加负号而改变,真正有效的做法是使用强制转换,但这又可能产生新的问题(见 4.3 节有关内容)。

如果将一元"负"操作用在无符号的小整型操作数上,根据整型提升的作用,它可能产生有意义的有符号结果,但这不是好的方法。

所以,本规则禁止对无符号数进行取负运算。

### 规则 12.10【必需】

不要使用逗号作为运算符。

规则 12.10 简单明了。逗号(,)与其说是一个运算符，不如说是一个间隔符(就像在函数的参数列表中那样的作用)，但 C 却赋予了它运算的功能，即按照先后顺序计算逗号连接起来的各个表达式的值，并将最后一个表达式的值当作整个逗号表达式的值。

使用逗号运算符通常不利于代码的可读性。实际上逗号运算是不必要的，它并没有将逗号两边的表达式"运算"在一起，而仅仅是按顺序将这些表达式计算一遍，我们完全可以使用其他方法达到相同的效果。

### 规则 12.11【建议】

无符号整型常量表达式的计算不应产生环回(wrap-around)。

C 语言中用到的整型常量表达式有时候会超出其取值范围，如果是有符号数，编译器会给出警告信息，而对于无符号数，则有可能被编译器忽略。

在无符号整型常量表达式的运算中，当计算结果超出系统取值范围时，会在其取值范围内进行模运算(留下余数，超出的部分被丢弃)，从而导致环回。

这种环回并非严格意义上的溢出，不会被编译器检测到。编译器会认为环回后的结果就是程序员需要的结果。如果上述情况发生，就说明这很可能是一个编程错误——程序员错误估计了无符号整型常量表达式的大小。

MISRA 建议程序员应该小心对待无符号整型常量表达式，避免因环回而导致错误。

本规则同样适用于翻译过程的所有阶段。编译器在编译时对常量表达式的计算结果要与目标程序得到的结果相同，但出现在条件预处理指令中的计算是个例外，因为此时的 int 和 unsigned int 的行为分别与 long 和 unsigned long 型的相同。

在具有 16 位 int 型和 32 位 long 型的机器上，有下列遵循或违反规则 12.11 的例子：

```
#define START 0x8000
#define END 0xFFFF
#define LEN 0x8000
#if ( (START + LEN) > END)
#error Buffer Overrun          /* 合规，因为 START 和 LEN 是 unsigned long 型*/
#endif
#if (((END - START) - LEN) < 0)
#error Buffer Overrun          /* 违规，相减结果对 0xFFFFFFFF 产生环回*/
#endif


/* 试将上述 START + LEN 与下列代码比较一下： */
if ((START + LEN) > END)
```

```
    {
        error ("Buffer overrun");      /* 违规，START + LEN 在 0x0000 处环回，基于 int 类型计算*/
    }
```

---

### 规则 12.12【必需】

不要使用浮点数的底层位表示法。

---

在计算机原理中，我们学过浮点数在计算机中的表示方法。底层位表示法是指浮点数的各组成部分在内存单元中的具体存储方式，如尾数占多少位，指数占多少位，以及它们的位置等。

浮点数的存储方法根据编译器的不同而不同，因此我们不应使用直接依赖于存储方法的浮点操作，而应该使用内置的(in-built)运算符和函数，该操作对程序员隐藏了存储细节。

本规则是为了防止程序中因使用不同标准而产生差异性。

本规则与 ISO C 的未限定行为 6 以及实现定义行为 20 有关。

---

### 规则 12.13【建议】

在一个表达式中，自增(++)和自减(−−)运算符不应同其他运算符混合使用。

---

规则 12.13 是一条建议规则。MIARA 认为，不应同其他算术运算符混合在一起使用自增和自减运算符，这是因为：

- 混合使用会显著削弱代码的可读性。
- 给语句引入其他副作用，可能存在未定义行为。

因此，把++和−−操作同其他算术操作隔离开是比较安全的。当使用自增和自减运算符时，其行为必须是表达式中唯一的副作用，并且其结果不能在本表达式中使用。

例如，下面的语句是不合适的：

```
u8a = ++u8b + u8c--;           /* 违规 */
/* 改成下面的序列则更清晰和安全: */
++u8b;
u8a = u8b + u8c;
u8c --;
```

其他示例：

```
(*p)++;                 /* 合规 */
a[i]++;                 /* 合规 */
my_struct.member++;     /* 合规 */
a = b++;                /* 违规 */
pop_value = buffer[--index];   /* 违规 */
```

# 本 章 小 结

1. C 基础知识回顾

(1) 声明与定义；

(2) 表达式与操作符；

(3) 副作用与初等表达式。

2. 声明与定义及函数规则(共 12+10 条)

(1) 函数应当具有原型声明，所有参数都要给出标识符，且标识符应与定义中的保持一致(规则 8.1、16.3、16.4)。

(2) 声明对象或函数时，其类型应显式说明；函数声明中的参数类型和返回值类型要和定义中的保持一致；对象或函数多次声明时，其类型应该互相兼容(规则 8.2、8.3、8.4)。

(3) 对象或函数不得定义在头文件中，无参数函数应将参数类型定义为 void，传递给函数的参数个数须与声明的个数保持一致(规则 8.5、16.5、16.6)。

(4) 函数必须在文件范围内声明，外部对象或函数应该声明在唯一的文件中，文件范围声明的对象或函数应该具有内部链接或外部链接，具有外部链接的标识符须有唯一的外部定义；具有内部链接的对象和函数要使用 static，具有外部链接的数组，其大小应显式声明或在初始化中隐式定义(规则 8.6、8.8、8.10、8.9、8.11、8.12)。

(5) 函数不得定义可变数量的参数，不得使用递归(即调用自身)(规则 16.1、16.2)。

(6) 如果函数返回了错误信息，那么应该对错误信息进行测试(规则 16.10)。

3. 初始化规则(共 3 条)

自动变量应该初始化；在数组和结构体的非零初始化时应该使用大括号来"造型"；枚举类型初始化要么采用系统默认或显式说明，要么采用"="指定首元素(规则 9.1、9.2、9.3)。

4. 表达式规则(共 13 条)

(1) 不要过分依赖 C 表达式中的运算符优先规则(规则 12.1)。

(2) 表达式的值必须在标准所允许的任何求值顺序下保持一致(规则 12.2)。

(3) ++和--运算符不应同其他运算符混合使用(规则 12.13)。

(4) 逻辑运算符&&和||的操作数应该是初等表达式，&&和||右操作数不允许包含副作用，&&、|| 和！的操作数必须为有效的布尔型(规则 12.5、12.4、12.6)。

(5) 不允许对有符号数进行位操作，也不允许对无符号数进行"负"操作(规则 12.7、12.9)。

(6) 不要使用逗号运算符(规则 12.10)。

# 练 习 题

## 一、判断题

1. 在定义一个对象或函数时，其类型应该显式说明，但在声明时可以省略。　(　　)

2. 函数虽然不能直接调用自身，但是可以间接调用自身。                    （    ）

3. MISRA 建议，自增和自减运算符不应与其他运算符混合使用。            （    ）

4. 当表达式中的求值顺序不明确时，可以通过括号来确定。                 （    ）

5. 表达式的值必须在任何求值顺序下都保持一致。                      （    ）

6. 函数的定义是不得带可变数量的参数，也就是不可以使用 stadarg.h、va_arg、va_start 和 va_end 等系统资源。                                      （    ）

7. 在函数的原型声明和定义中，应该为所有参数给出标识符及其类型，标识符名称在声明和定义中可以相同也可以不同。                              （    ）

8. 所有自动变量在使用前都应被赋值。                            （    ）

9. 头文件主要用于对象或函数的定义。                            （    ）

10. 程序员应该清楚无符号常量表达式的大小范围，以免产生环回错误。       （    ）

## 二、填空题

1. 无参数函数应当定义为具有（        ）类型的参数，无返回值函数的类型要声明为（        ）。

2. 具有内部链接的对象和函数，其定义和声明中应使用（        ）说明符；具有外部链接的对象和函数，声明时应使用（        ）说明符。

3. 无论如何，在声明或定义一个（        ）或（        ）时，其类型应该显式说明。

4. 具有外部链接的数组，其大小应（        ）或（        ）。

5. 逻辑运算符&&和||的操作数应该是（        ），且右操作数不允许（        ）。

6. 移位操作的右操作数必须介于（        ）和（        ）之间。

## 三、单项选择题

（说明：代码中的变量遵循 MISRA C2 建议的命名方式，如：u8a 代表无符号 8 位整型，s16b 代表有符号 16 位整型，f32c 代表 32 位浮点型等）

1. 如下声明或定义中，不正确的是（        ）。

A. static func1 ( void );           B. const int16_t s16a = 0;

C. static void func2 ( void );       D. extern uint16_t foo1(void) ;

2. 下列关于++和--运算符的使用中，符合 MISRA C2 规则的是（        ）。

A. u16x = u16y++;                 B. u16x =++u16y + u16z--;

C. u16x ++;                        D. if ( u16x++ > 3U )

3. 已知数组 ex_array1 和 ex_array2 都是显式定义大小的，且有宏定义"#define SIZE 10U"，则以下有关外部数组或函数的声明中，违反 MISRA C2 标准的是（        ）。

A. extern int32_t ex_array1 [5] ;     B. extern int32_t ex_array1 [ ] ;

C. extern void func1 (void);          D. extern int32_t ex_array2 [SIZE ] ;

4. 下列对数组的声明及初始化语句中，正确的是（        ）。

A. int16_t y[3][2] = { 1 } ;

B. int16_t y[3][2] = { 1, 2, 3, 4, 5, 6 };

C. int16_t y[3][2] = { { 1, 2 }, { 3, 4 }, { 5, 6 } };

D. int16_t y[3][2] = { { 1, 2, 3 }, { 4, 5, 6 } };

5. 下列有关枚举元素的声明和初始化语句中，不正确的是(　　)。

A. enum seasons { spring, summer, autumn,winter };

B. enum seasons { spring = 1, summer = 2, autumn = 3,winter = 4 };

C. enum seasons { spring = 1, summer, autumn,winter };

D. enum seasons { spring = 1, summer, autumn,winter = 4 };

6. 以下说法中，不符合 MISRA C2 标准的是(　　)。

A. 所有在文件范围内声明和定义的对象或函数，都应具有外部链接

B. 如果对象或函数被声明多次，它们的类型就必须相同或互相兼容

C. 用户不应该设计"参数数量可变"的函数

D. 外部对象或函数应该声明在唯一的文件中

7. 以下说法中，不符合 MISRA C2 标准的是(　　)。

A. 传递给函数的参数个数必须跟函数声明的参数个数保持一致

B. 具有外部链接的对象或函数必须有一个唯一的外部定义

C. 如果函数返回了错误信息，那么应该对错误信息进行测试

D. 递归算法逻辑清晰，代码简单，非常适合嵌入式编程

8. 设有函数 void func(void)，p 为函数指针，以下语句中符合 MISRA C2 标准的是(　　)。

A. p = func;　　　　　　　　　　B. p = &func;

C. if ( func );　　　　　　　　　　D. p = func();

9. 以下说法中，不正确的是(　　)。

A. 在表达式中添加额外的括号可以改变原有的优先级

B. sizeof 操作符只能对数据类型进行操作

C. 复杂表达式属于初等表达式

D. 布尔型表达式不允许用作逻辑运算以外的操作数

## 四、简答题

1. 简述外部对象或函数中定义与声明的区别。

2. 编译器对函数调用的接口进行检查的主要内容是什么？

3. MISRA 要求外部对象或函数应该声明在唯一的文件中，请问这样做有什么好处？

4. 为什么不允许&&和||的右操作数包含副作用？

5. 对有符号数进行位操作有什么不良后果？

# 第6章　千万不要失控

 **内容提要**

　　本章介绍 MISRA C2 中有关流程控制(包括控制语句表达式、控制流和 switch 语句)的规则。在实践中，流程控制也是软件错误多发的重灾区，MISRA 力图通过写法、用法和对某些结构的限制措施使程序不失控。这一章的内容也是本书的重点内容之一。

　　流程控制是软件的基本特征之一。C 语言的流程控制方式非常灵活，给使用者编写代码带来了很大的便利，借此我们可以实现令人眼花缭乱的控制过程。但与此同时，C 语言的控制语句也有脆弱的一面，使程序员容易犯错误。即使程序员没有犯错误，但有些容易混淆的表达形式也会让人产生误解，会使代码的理解和维护变得困难。除此以外，还有一些控制方式会产生不确定的运行结果。

　　不管是什么原因，一旦流程失控，就意味着软件"走错了路"，软件的运行也就不在程序员的掌控之中。比如，在嵌入式软件调试中经常遇到的软件"跑飞"了，就属于严重的流程失控。如果是在实际应用中，后果可想而知。软件"跑飞"在嵌入式系统中是很严重的问题，以至于我们不得不引进看门狗机制来进行补救。

　　如何才能使流程控制清晰、准确而又简洁明了呢？MISRA C2 中有关流程控制、控制语句表达式和 switch 语句的规则作出了很好的回答。为充分理解并掌握这些规则，我们还是先来回顾一下 C 语言中实现流程控制的主要方式。

## 6.1　C 控制语句回顾

　　编程语言都设有选择、跳转和循环等基本的语句结构，用来改变和控制程序的流程。C 语言也设有多种控制流程的语句，用来实现对程序流程的改变，或控制各种操作的次序和次数。C 语言是通过如下控制语句来实现的：

- if-else：条件判定。
- else-if：条件判定/多路判定。
- switch：多路判定。
- while：循环。
- do-while：循环。
- for：循环。

### 6.1.1　条件语句

条件判定语句用于选择，有三种形式：if、if-else 和 else-if。

**1. if 语句**

if 语句是只有一个 if 关键词的条件语句，属于单分支的条件判定，其语法如下：

```
if( 表达式 )
    语句
```

如果表达式的结果为"真(true)"或"非 0"，便执行其后的语句，否则什么都不做。当要执行的不是一条语句而是一个语句块时，就要用大括号包含，构成复合语句。

**2. if-else 语句**

与简单的 if 语句相比，if-else 多了一条 else 分支，其格式如下：

```
if( 表达式 )
    语句 1
else
    语句 2
```

如果表达式的结果为"真(true)"，就执行其后的语句 1，否则执行语句 2。同样，当要执行的不是一条语句而是一个语句块时，也要用大括号包含。所以 if-else 语句更一般的情况是：

```
if( 表达式 )
{
    语句块 1
}
else
{
    语句块 2
}
```

可以看出，将其中的 else 部分省略，就成为最简单的条件语句，但在嵌套的 if 语句中省略它的 else 部分将导致歧义，此时使用大括号来组织并强制匹配是必要的。

**3. else-if 语句**

else-if 语句中的前面两个 else-if 语句稍稍复杂些，它有多个条件需要判定，也有多条可能的支路。其语法如下：

```
if( 表达式 )
    语句
else if( 表达式 )
    语句
else if( 表达式 )
```

```
        语句
    …
    else
        语句
```

其中，语句既可以是单条语句，也可以是用大括号括起来的复合语句(语句块)。

与 if-else 相比，else-if 语句的一头一尾是相同的，只是中间多出了若干个 else if(表达式)，而"多路"的条件判断正在于此。

在 C 标准中，最后的 else 部分可以省略，也可以用来检查错误，捕获不可能的条件。

## 6.1.2　switch 语句

switch 语句用于多分支的判定和选择，类似于一个多路开关，其格式如下：

```
switch (表达式)
{
    case  常量表达式: 语句序列
    case  常量表达式: 语句序列
    …
    default: 语句序列
}
```

如果某 case 的常量表达式与 switch 的表达式的值匹配(相等)，则从该分支开始执行。每个 case 的表达式起一个标号的作用，其值必须互不相同。如果没有哪一分支能匹配表达式，则执行 default 分支。如果 default 分支不存在，则 switch 语句不执行任何动作。

在 ISO C 中，default 分支是可选的，各分支及 default 分支的排列次序是任意的。

我们可以将 switch 语句与前面的 else-if 语句做个比较，它们具有许多相似之处，比如，都需要比较多次，都有多条可能的分支，都有一条最后的退路(else 或 default 分支)，因此它们都可以用于多项选择的逻辑设计，可以在一定程度上相互替代。

但这两种语句又有明显的不同：switch 语句中只有一个表达式，而 else-if 中有多个；else-if 的表达式必须是逻辑表达式，而 switch 则要求是整型表达式；else-if 中语句块必须用大括号包含，而 switch 各分支语句序列不需要，它们凭借 case 常量表达式的结构来自然分开。

switch 语句通常与 break 语句搭配，以便在分支执行完后从 switch 结构中跳出：

```
switch (表达式)
{
    case  常量表达式: 语句序列
    break;
    case  常量表达式: 语句序列
    break;
    …
    default: 语句序列
```

```
        break;
    }
```

**注意**：break 语句并不是强制要求的，没有 break 也不会导致语法错误，但会导致程序 "穿越"，即从一个 case 分支穿越到另一个 case 分支。因此，作为一种良好的编程习惯，应该在 switch 语句的每个 case 分支末尾都加上 break 语句。此外，default 分支后面也应加上一个 break 语句，这样做在逻辑上虽然没有必要，但当我们需要向该 switch 语句后添加其他分支时，这种防范措施会降低犯错误的可能性。

### 6.1.3　循环语句

C 语言中的循环控制语句有 while、do-while 和 for 三种，它们用于重复性的迭代操作。

#### 1. while 语句

while 语句的用法如下：

```
    while (表达式)
        语句
```

首先测试表达式，如果其值为 "真(非 0)"，则执行语句(循环体)；然后再次求该表达式的值，判断是否为 "真"……这一过程将一直进行下去，直到表达式的值为 "假(0)" 时结束。

循环体可以是单条语句，也可以是语句块。同样，语句块也要用{}括起来，构成复合语句。

#### 2. do-while 语句

do-while 语句的用法如下：

```
    do
        语句
    while (表达式);
```

首先执行语句(循环体)部分，然后测试表达式的值。如果表达式的值为 "真(非 0)"，则再次执行语句。当表达式的值变为 "假(为 0)" 时，循环结束。

相对来说，while 语句比 do-while 的使用要普遍一些。请注意 while 语句和 do-while 语句二者之间的区别：while 语句中的循环体有可能一次都不执行，而 do-while 语句中的循环体至少要执行一次。

#### 3. for 语句

for 语句的用法如下：

```
    for (表达式 1; 表达式 2; 表达式 3)
        语句
```

其中，语句部分为循环体，可以是单条语句，也可以是语句块。语句块要用{}括起来。

最常见的情况是：表达式 1 与表达式 3 是赋值表达式，用来给循环变量赋初值和改变循环变量的值；表达式 2 是关系表达式，用来测试是否满足循环条件，若满足，则循环继续，否则循环结束。

这 3 个组成部分中的任何部分都可以省略，但分号必须保留。

当程序需要迭代运算时，可以使用循环来实现，但使用循环的方式并不是唯一的。比如，将 for 循环中的三个表达式改写一下，可用以下 while 循环来代替：

```
表达式 1;
while (表达式 2)
{
    语句
    表达式 3;
}
```

### 4. 循环语句与 break、continue 语句

如前所述，break 语句可用于结束 switch 的一条分支，从 switch 语句中退出。但这并不是 break 的唯一用法，break 语句还可用于停止 for、while 和 do-while 循环的运行，从循环中提前退出。

continue 语句也用于循环语句，但与 break 不同的是，continue 语句并不停止整个循环操作，而是中止本次迭代，开始下一次迭代的执行。在 while 与 do-while 语句中，continue 语句的执行意味着忽略其后的语句立即执行对表达式的测试。在 for 循环语句中，continue 语句的执行则意味着使控制转移到递增循环变量部分(即执行 for 循环变量中的表达式 3)。

**注意**：continue 语句只用于循环语句，不用于 switch 语句。若循环中包含 switch 语句，又有 continue，则将导致进入下一次循环。

例如，处理数组 a 中的非负元素。如果某元素为负，则跳过不处理，可按下述语句来进行编程：

```
for ( i = 0; i < n; i++ )
{
    if ( a[i] < 0 )          /* 判断是否为负元素 */
        continue;            /* 若负，则跳过，转去判断下一元素 */
    ...                      /* 非负，开始处理... */
}
```

## 6.2　控制语句表达式

从本节开始，我们介绍 MISRA 中有关流程控制的规则。首先是有关控制语句中用到的表达式的规则，这些规则归属第 13 组，共 7 条。

### 规则 13.1【必需】

赋值运算符不能用在产生布尔值的表达式上。

本规则要求，任何具有布尔值的表达式都不能使用赋值运算符，包括简单赋值和复合赋值。但如果是把布尔值赋给布尔变量，则不受本规则限制。

或者说，在计算布尔表达式的过程中，不要把不相干的赋值操作夹带进来。如果布尔值表达式需要赋值操作，那么赋值操作必须在表达式之外进行。这样做可以有效避免"="和"=="混淆，帮助我们静态地检查错误。例如：

```
/* 经典错误 */
if(x = y)               /* == 误写成 = */
{
    foo ();
}
```

如果确实需要赋值，可另行操作：

```
x = y;                  /* 先赋值，再判断 */
if ( x != 0 )           /* 注意 if(x = y) 相当于 if ( x != 0 )*/
{
    foo ();
}
```

注意，以下写法也不正确：

```
/* 不正确 */
if ( ( x = y ) != 0 )
{
    foo ();
}
```

---

**规则 13.2【建议】**

测试一个操作数是否为 0 应该是显式的，除非该操作数是有效的布尔型。

---

**规则 13.3【必需】**

浮点表达式不能用来测试相等或不等。

---

这两条规则均与等值判断有关，我们一并介绍。

规则 13.2 建议，当要检测一个数是否等于 0 时，该测试要放在明面上，而不是在暗中进行。本规则的例外是操作数为布尔类型的值，尽管在 C 语言中布尔数实际上也是整数。本规则的着眼点是给出整型数和逻辑值之间的清晰划分。

如果 x、y 是整型数，那么

```
if ( x != 0 )        /* 合规，显式测试 */
if ( y )             /* 违规，隐式测试 y!=0。但如果 y 是布尔变量，则是合规的 */
```

无论是单精度还是双精度，浮点数在计算机中都具有近似的性质，这是浮点类型的固有特性。因此，对两个浮点数作等值比较通常计算结果不会为 "true"，即使它们应该相等。因为这种比较行为不能在执行前做出预测，它会随着实现的改变而改变，所以依赖于浮点数的等值判定是 "不靠谱" 的。故规则 13.2 拒绝这样的测试。

例如，下面代码中的测试结果就是不可预期的：

```
float32_t   x, y;
if ( x == y )        /* 违规 */
    …
if ( x == 0.0f )     /* 违规 */
```

**注意：**间接检测也同样是有问题的，在本规则内也是禁止的。例如：

```
if ( ( x <= y ) && ( x >= y ) )          /* 违规 */
    …
```

为了获得确定的浮点数之间的比较结果，MISRA 推荐的方法是写一个实现比较运算的库。这个库应该考虑浮点数的粒度(FLT_EPSILON，即能分辨的最小的浮点数变化，相当于浮点数 "颗粒" 的大小)以及参与比较的浮点数的量级。

## 规则 13.4【必需】

for 语句的控制表达式中不能包含任何浮点类型的对象。

规则 13.3 强调浮点数不能用于等值判定，本规则进一步要求浮点数不能用在 for 语句的控制表达式中，理由依然是浮点数等值比较的 "不靠谱" 特性。

控制表达式通常包含一个循环计数器，通过对计数器进行测试来决定循环的终止。浮点变量不能用于计数器，舍入误差和截取误差会通过循环的迭代过程累积并传播，导致循环变量的误差显著，并且在测试时很可能给出不可预期的结果。循环执行的次数可能随着实现的改变而改变，也是不可预测的(见规则 13.3)。例如：

```
f32_t   f32x;
int16_t  s16x = 0;
for ( f32x = 0.0f; f32x < f32a; f32x++ )          /*违规*/
{
        ++s16x;
}
```

## 规则 13.5【必需】

for 语句的三个表达式应该只关注循环控制。

## 规则 13.6【必需】

for 循环中用于循环计数的变量不得在循环体中修改。

规则 13.4~13.6 都与 for 循环有关。我们先回顾一下 for 循环的基本格式：

```
for ( 表达式 1; 表达式 2; 表达式 3 )
    语句
```

for 语句中有如下三个表达式(规则 13.5 要求，这三个表达式都应该只与循环控制有关，而不做其他事情)。

表达式 1：用来给循环变量赋初值，也就是初始化计数器，如 i = 0。

表达式 2：主要用来测试循环条件是否满足，应该包含对循环计数器和其他可选的循环控制变量(标志)的测试，如 i < 100。

表达式 3：用来改变循环变量的值，即使循环变量增或递减，如 i++。

本规则的意图是：避免无关的操作造成可读性和可维护性下降，防止程序流控制中出现混乱。

一般来说，采用形如 for( i = 0; i < 100; i++ )的循环控制方式是比较明智的，既简单明了，又不会被误读。

规则 13.6 强调，循环计数器(循环变量)不得在循环体中修改，而应该由第三个表达式来修改。但循环体可以修改其他的附加循环控制变量(通常表现为逻辑值)，如状态标志、结束标志或上限下限指示等。这些逻辑值常用于提前终止循环。

请看下面的例子：

```
flag = 1;
for ( i = 0; ( i < 5 ) && (flag == 1 ); i++)      /* flag 是另一个循环控制变量 */
{
    …
    flag = 0;                                    /* 合规，允许提前终止循环 */
    i = i + 3;                                    /* 违规，改变了循环计数器 */
}
```

MISRA C2 通过规则 13.4~13.6 告诉我们，应该如何使用 for 语句才能使循环控制清晰明了，不会导致程序出现混乱甚至失控。

## 规则 13.7【必需】

不允许进行结果始终不变的布尔运算。

布尔表达式常用于逻辑判定，因此要求其值必须是可以改变的，这样可以产生表达式的值为"真(true)"和"假(false)"两个控制流。

即使布尔表达式不用于逻辑判定，其值恒定也是没有意义的。例如，设 a、b 为布尔变量，以下表达式的结果将始终不变，从而使 a 失去作为变量的意义。

```
a = (u8a >= 0) || b;
a = (u16b < 0) && b;
a = b || !b;
```

如果布尔运算产生的结果始终为"真"或始终为"假"，那么这很可能是编程错误。本规则要求杜绝这样的编程错误。下面是一些违反本规则的例子：

```
enum ec { RED, BLUE, GREEN }    col;
...
if (u16a < 0)                   /* 违规，u16a 总是 >= 0 */
...
if (u16a <= 0xffff)             /* 违规，始终为 true */
...
if (s8a < 130)                  /* 违规，始终为 true */
...
if ( ( s8a < 10 ) && ( s8a > 20) )    /* 违规，始终为 false */
...
if ( ( s8a < 10 ) || ( s8a > 5 ) )    /* 违规，始终为 true */
...
if ( col <= GREEN )             /* 违规，始终为 true */
...
if (s8a > 10)
{
    if (s8a > 5)                /* 违规，s8a 不是易变型 */
    {
    }
}
```

# 6.3　控　制　流

控制流涉及控制语句的用法，以及和流程相关的设计方法。MISRA 关于控制流的规则共有 10 条，归属第 14 组。

## 规则 14.1【必需】

不允许有不可到达的(unreachable)代码。

不可到达的代码就是永远不可能执行的代码。如果从相关的入口到某部分代码之间不存在任何控制流路径，那么这部分代码就是不可到达的。对一个函数来说，如果不存在调用它的手段，那么这个函数将是不可到达的。

本规则是针对那些在任何环境中都不能到达的代码而言的，这样的代码在编译时就能被标识出来，但可以到达却可能永远不会执行的代码(如保护性编程代码)不在此列。不可到达代码理论上不会危害程序的正常运行，但它会占据更多的存储空间，降低了源程序的可读性、可维护性和可移植性。

例如，在无条件控制转移代码后的未标记代码就是不可到达的：

```
switch ( event )
{
case   E_wakeup:
    do_wakeup ();
    break;              /* 无条件控制转移 */
    do_more ();         /* 违规，不可到达的代码 */
    …
default:
    …
    break;
}
```

## 规则 14.2【必需】

所有非空语句应该：

(a) 无论如何至少有一个副作用(side-effect)发生；

(b) 导致控制流的改变。

只有一个分号(;)的语句是空语句(null statement)，那么非空语句(non-null statement)中除了分号之外，至少还有另外某些实在的东西存在。其实，非空语句就是正常的可执行语句。

前面已经介绍过，所谓副作用，就是改变执行环境本身，具体来说就是存在对变量"写入"的操作。任何非空语句，如果既没有副作用又不引起控制流的改变，就意味着语句没有实质性的动作，对环境不产生任何影响。这样的语句完全是无用的，执不执行其效果都一样。

没有人会故意编写无用语句，一旦出现无用语句，通常意味着编程错误，因此有必要对其进行静态检查。本规则不允许存在这种无用语句(空语句除外，因为编程者可能有另外的用途)，而要求语句必须是有用的，即要么产生副作用，要么改变控制流。

例如，下面的语句违反了规则 14.2：

```
uint16_t     x;
uint16_t     i;
…
x >= 3u;             /* 违规，x 与 3 比较，但比较结果丢弃了，没有发生副作用 */
…
```

在 MISRA C3 中，上述既不产生副作用又不改变控制流的无用语句或操作称为死代码 (dead code)。规则 R2.2 禁止存在任何死代码。

### 规则 14.3【必需】

预处理前，空语句只能单独占据一行，可以在其后间隔一个空白添加注释。

本规则是有关空语句的书写格式的。因为书写格式属于编程风格，应由软件开发者组织自行指定并管理，所以似乎没有必要在国际标准中做出硬性规定。但不管怎么说，MISRA C2 确实制定了这条独一无二的规则。

预处理前是指在编译器替换掉源代码中的预处理指令之前。

空语句通常是为了某种目的而有意为之的结果。本规则要求，在需要空语句的地方，它们应该像非空语句一样出现在单独的行上。也可以像非空语句一样，用空白来保持缩进和添加注释，但注释与分号之间至少要留一个空白。这样做的目的是给读者提供重要的视觉线索。

遵循本规则使得静态检查工具可以警告与其他文本出现在同一行上的空语句，因为这样的情形通常意味着某种忽视甚至差错，也可以提醒程序员检查本处是否误删了有效语句。

下面举例说明：

```
while ( ( port & 0x80 ) == 0 )
{
    ; foo ( );      /* ① */
    /* 等待引脚输入 ②*/  ;
    ; /* 等待引脚输入 ③ */
    ; /* 等待引脚输入 ④ */
}
```

由于循环体的编程还未完成，因此留下空语句及注释以便日后补遗。其中，①的问题是除了空语句外还有一条语句，违反了单独占据一行的要求；②的问题是空语句放在了注释之后，容易被忽视；③的问题是空语句与注释没用空白符隔开，同样在视觉上不够清晰；只有④符合本规则。

### 规则 14.4【必需】

不要使用 goto 语句。

### 规则 14.5【必需】

不要使用 continue 语句。

### 规则 14.6【必需】

对任何迭代语句，最多只能有一条 break 语句用于循环的结束。

规则 14.4～14.6 关乎一个共同的主题，那就是良好的编程结构。

goto 语句也称无条件跳转语句，其作用很简单，就是无条件跳转到 goto 所指定的标号处。goto 语句的跳转范围仅限于函数内部，不允许跨函数间跳转。

几乎是从诞生之日起，goto 语句就遭到了许多人的"嫌弃"，人们呼吁不要使用它的理由是 goto 语句使程序的静态结构和动态结构不一致，会使程序难以理解，难以查错。去掉 goto 语句后，可直接从程序结构上反映程序的运行过程。这样，不仅使程序结构清晰，便于理解，便于查错，而且也有利于程序的正确性证明。

仅限于循环语句内部，用于加速循环过程的 continue 语句待遇要好一点，但也备受"冷落"，原因是它与 goto 语句相似，也是直接跳转到特定的地方。

到现在为止，虽然业界还对 goto 语句和 continue 语句有争论，但大多数语言专家认为，这两条语句特别是 goto 语句的使用不利于程序的结构化，它们会使流程控制变得混乱，不利于理解和维护。况且，还有人从理论上证明了任何程序都可以用顺序、分支和循环结构表示出来。这个结论表明，从高级程序语言中去掉 goto 语句(以及 continue 语句)并不会影响其编程能力，而且编写的程序结构更加清晰。这就更加坚定了弃用者的信心。

显然，MISRA 是上述观点的支持者，规则 14.4 和 14.5 要求不要使用 goto 语句和 continue 语句。

规则 14.6 和前面两条规则一样，关心的也是良好的编程结构。

前文已经介绍过，break 语句用在循环中，可以直接终止循环的运行并退出程序。按理说，这也是一种"不讲理"的跳转方式，不利于程序的结构化。规则 14.6 之所以在循环中保留使用一条 break 语句，是因为这样可以使循环有两种结束方式(正常结束或中止)，有利于代码的优化。但过多的 break 会导致程序结构混乱，难以理解。

在新一代 MISRA C3 标准中，已经对 goto、continue、break 三条语句的使用规则作了修改，废除了规则 14.5(不要使用 continue 语句)，保留了规则 14.4(不要使用 goto 语句)，但将其降级为建议(见 MC3 规则 R15.1)。同时新设两条规则对 goto 语句的使用加以限制(见 MC3 规则 R15.2 和 R15.3)，规则 14.6 则降级为建议，其内容也修改为：最多只能有一条 break 或 goto 语句用于终结任何迭代语句(见 MC3 规则 R15.4)。

### 规则 14.7【必需】

函数在其结尾处应该有单一的退出点。

函数有单一的退出点即没有多个退出点，函数只能从同一个地点返回或退出。这有利于静态分析工具或人工的检查，也有利于软件的维护。

规则 14.7 意味着，对于"非 void 返回类型"的函数而言只能有一条带返回表达式的 return 语句，而 void 函数则无需返回语句。这里不考虑 abort()、exit() 等系统函数提供的退出功能，因为它们对嵌入式编程来说是不必要的(见第 8 章 8.3 及规则 20.11)。

对比第 5 章介绍的规则 16.8(非 void 返回类型函数的所有退出路径都应有带表达式的返回语句),我们发现规则 14.7 还要严格。因此,结合这两条规则以及规则 20.11,有关非 void 函数退出的正确做法是:在函数的结尾处设置唯一一条带返回表达式的 return 语句。

本规则遵循了 IEC 61508 标准中良好的编程风格的要求。

---

**延伸了解** **IEC 61508 标准**

IEC 61508 是一项用于工业领域的国际标准,即《电气/电子/可编程电子安全相关系统的功能安全》,其英文名为 *Functional Safety of Electrical/Electronic/Programmable Electronic Safety-related Systems* (简称 E/E/PE 或 E/E/PES)。

IEC 61508 由国际电工委员会发布,其目的是要建立一个可应用于各种工业领域的基本功能安全标准。包括:

- MISRA:汽车电子;
- ISO 26262:车辆的电机/电子系统;
- EN 50128:《铁路应用:铁路控制及保护软件》(欧盟标准);
- IEC 61511:制造业:炼油厂、石化、化工、制药、纸浆、造纸及电力;
- IEC 61513:《功能安全:核能工业的安全仪表系统》;
- IEC 62061:机械行业。

**规则 14.8【必需】**

switch、while、do-while 和 for 语句的主体必须是复合语句。

有关这些控制语句的基本用法请参阅 6.1 节。

规则中的复合语句是用大括号"{}"包含的由多条语句组成的语句块。在语法上,语句块视同一条语句,在视觉上也给人一种整体的感觉。

本规则强调,像循环语句的循环体、switch 语句的主体,都应该用大括号包含起来,即使该主体只有一条语句。

其道理是显而易见的。首先,循环语句中的循环体、switch 语句的各分支通常不是一条语句,而是语句序列。复合语句使用大括号可以明确界定语句序列的范围,从而避免可能的错误。其次,使用大括号是一种良好的编程习惯,有利于增强代码的可读性和可维护性。

请看下面的例子:

```
for ( i = 0 ; i < N_ELEMENTS ; ++i )
{
    buffer[i] = 0;              /* 合规,即使只有一条语句,也要用大括号 */
}
while ( new_data_available )
process_data ();               /* 违规,没有用大括号 */
service_watchdog ();           /* 随后的语句让人产生错觉,其实该语句并非 while 循环体的
                                  一部分而是在循环结束后执行 */
```

有一个比较好的书写复合语句的方法，那就是先用大括号把相应的空间"支"起来，形成一个框架，再在其中填写合适的语句。

---

**规则 14.9【必需】**

if(表达式)结构后面必须是一个复合语句，else 后面必须是一个复合语句或者另一个 if 语句。

---

规则 14.8 对 switch 语句和循环语句提出了复合语句的要求，其实，这一要求同样适用于条件语句。规则 14.9 要求，构成条件语句各分支的语句或语句序列，同样要用大括号"{}"包含起来成为复合语句。

我们知道，if 语句的首部是这样的：

```
if(表达式)
```

本规则告诉我们，if 语句首部之后的语句必须用大括号包含起来形成复合语句，哪怕只有一条语句也是如此，else 后面也必须同样是复合语句或者另一个 if 语句(其后仍须遵守本规则)。其形式如下所示：

```
if(表达式)                          if(表达式)
{                                   {
    …                                   …
}              或                   }
else                                else if(表达式)
{                                       …      /*此处仍要符合本规则*/
    …
}
```

这条规则意在避免一个经典错误，例如：

```
if (x == 0)                         if (x == 0)
{                                   {
    y = 10;                             y = 10;
    z = 0;                              z = 0;
}                                   }
else                                else
    y = 20;                         {
    z = 1;   /*z = 1;不属于 else。如果属于，*/      y = 20;
             /*则应与 y = 20;一道包含起来。*/    }
             /*正确的写法见右*/              z = 1;
```

**注意**：复合语句及其括号的布局可以参考 MISRA 的风格指南，或者根据开发组织自己的标准确定。遵从规则 14.8 和规则 14.9 有关复合语句的规定，可以使程序员养成良好的编程习惯，更重要的是可以降低犯错的概率。

**规则 14.10【必需】**

所有的 if-else-if 结构应该由 else 子句结束。

本规则仍然关注选择语句(条件语句)，不过这回关注的是 if 语句的结构。

规则 14.10 强调，无论何时，一条 if 语句中有一个或多个 else if 子句时，最后的 else if 必须有一条与之对应的 else 子句，以免遗漏"所有的条件都不满足"这一情况。

本规则适用于具有多个条件表达式以实现多路选择的 if-else-if 结构，而最简单的 if 语句不在本规则管辖之列。至于常用的 if-else 结构，由于语句中本来就有 else 分支，已经天然地符合了本规则的要求。

最后的 else 语句属于保护性编程(defensive programming)。当前面的各表达式都不为"真"时，最后的 else 子句将成为"最后的选择"，这就保证了整个 if 语句结构的完整。通常，最后的 else 语句或者要执行适当的动作，或者要通过注释说明为何没有执行任何动作。这与 switch 语句中要求有一个 default 子句(见规则 15.3)的道理是一样的。

例如，下面是最简单的 if 语句：

```
if ( x > 0 )
{
    log_error (3) ;
    x = 0 ;
}
                    /* 此处 else 不需要 */
```

而下面是 if-else-if 结构：

```
if ( x < 0 )
{
    log_error (3);
    x = 0;
}
else if ( y < 0 )
{
    x = 3;
}
else        /* 此处 else 必须有，即使程序员不希望到达，或没有任何动作*/
{
}
```

# 6.4　switch 语句

6.3 节介绍的规则主要是针对条件语句和循环语句的，另一种流程控制语句 switch 语句也有许多需要注意的地方，MISRA 将其归为第 15 组，共有 5 条规则。

　　switch 语句用于多路判定，使用起来既方便又灵活。C90 中 switch 语句的语法是比较弱的，允许复杂的非结构化的行为。为了让使用者更好地领会其规则的意图，MISRA 对 switch 语句的语法作了梳理，定义了一些在规则中要用到的术语。例如：

```
switch (表达式)
{
case 子句      ----------      case 标号----case 常量表达式:
case 子句                      └   case 语句序列(可选)
…                              └   break;
default 子句 ----------        dafault 标号-----default:
}                              └   default 语句序列(可选)
                                   └   break;
```

有关术语：
- case 标号：case 常量表达式:。
- default 标号：default:。
- switch 标号：或者是 case 标号，或者是 default 标号。
- case 子句：任何两个 switch 标号之间的代码。
- default 子句：default 标号和 switch 语句结尾之间的代码。
- switch 子句：或者是 case 子句，或者是 default 子句。

　　根据以上术语，我们可以说一条 switch 语句只包含 switch 标号和 switch 子句而没有其他任何代码。

　　**注意**：如果在一个 switch 子句中需要用到局部变量，那么它应该声明在该子句块内，不要声明在第一个 case 标号前(在第一个 case 前意味着它不属于任何一个 switch 子句)。

---

**规则 15.1【必需】**

　　switch 标号只能用在当最近外层的复合语句是 switch 语句主体的时候。

---

　　如上所示，switch 标号指 case 标号或者 default 标号，其作用范围应该是 switch 语句的主体(即 switch 关键词后用{}包含的复合语句)。所有 case 子句和 default 子句应该具有相同的范围。

　　C 语句中的层次是通过大括号来定义的。最近外层(the most closely-enclosing)是指离标号最近的外围大括号这一层。本规则的用意是指示 switch 标号的位置(层次)，应该在定义 switch 语句主体的大括号这一层，而不应该落入其下层。例如：

```
switch(i)
{
    case 1:     /*合规，标号最近外层的复合语句与语句主体相同*/
```

```
        i=3;
        break;
    {
    case 2:         /*违规，包含该标号最近外层的复合语句并非整个 switch 语句的主体*/
        break;
    }
    …
    }
```

应改为

```
switch(i)
{
    case 1:
        i=3;
        break;
    case 2:
        break;
    …
    }
```

---

**规则 15.2【必需】**

所有非空的 switch 子句都应该无条件地以 break 语句结束。

---

本规则要求，每个非空的 switch 子句(包括 case 子句和 default 子句)中的最后一条语句应该是 break 语句，或者如果 switch 子句是复合语句(如循环、条件或者另一个 switch 语句)，那么复合语句的后面应该跟一条 break 语句。

例如：

```
switch ( x )
{
    case 1 :
        a = b ;      /* 违规，缺 break */
    case 2 :
        a += 2 ;
        break ;
    case 3 :
        …
    }
```

规则 15.2 的用意是保证 switch 语句结构的完整性，一个 switch 子句执行完后能够正常退出。如果缺少 break 语句，switch 子句之间将会发生"穿越"，即从上一个子句的执行进入到下一个子句的执行，这通常不是程序员所期望的。

如果希望不同的 switch 子句完成相同的动作，则可以通过设计只包含 switch 标号的空子句，让多个子句共用一段代码的方法来实现，例如：

```
switch ( month )
{
    case 1 :         /* switch 空子句 */
    case 3 :
    case 5 :
    case 7 :
    case 8 :
    case 10 :
    case 12 :
        day = 31 ;
        break ;
    case 4 :
    case 6 :
        …
}
```

例子中，case 1、case 3 ... case 10 都是空子句(只有 case 标号，没有代码)，它们共用 case 12 子句的代码。在这种情况下，空子句中也就不需要 break 语句了。这也就是为什么本规则强调非空 switch 子句的原因。

## 规则 15.3【必需】

switch 语句的最后一个子句必须是 default 子句。

前面我们在介绍控制语句的时候曾提到，标准 C 语言不但允许 switch 语句的 default 分支是可选的，并且其排列次序也是任意的。这在 MISRA 标准中是不允许的，本规则要求，switch 语句必须要有 default 子句，且 default 子句必须放在子句的最后，属于最后一个子句。

类似于条件语句中最后的 case 分支，最后的 default 子句的存在也是出于保护性编程的目的。作为"最后的出路"，default 子句应该执行适当的操作，以处理"所有的 case 都不匹配"这一情况，通常是用来捕获可能的错误。如果 default 子句中没有包含任何语句，那么应该用注释来说明为什么会是这样。

## 规则 15.4【必需】

switch 表达式不应是有效的布尔值。

switch 语句的表达式是用来产生分支序号的，其值与各 case 的常量表达式进行比较，从而判定应该进入哪一条 case 子句(或者都不匹配进入 default 子句)。

switch 表达式要求必须是整型表达式，这样才可能产生若干整型数值来匹配 switch 标号。如果 switch 表达式的值是有效的布尔量(即逻辑值)，意味最多只能有两个分支，也就失去了 switch 语句作为多路开关的意义。

例如：

```
switch ( x == 0 )          /* 违规，布尔表达式 */
{
    ...
}
```

## 规则 15.5【必需】

每个 switch 语句至少应有一个 case 子句。

switch 语句用于多路判定，如果连一个 case 子句都没有，就说明没有要选择的路径或分支，也就无需判定。因此，此时的 switch 语句是多余的，无意义的。

例如：

```
switch (x)
{
    uint8_t var;            /* 违规，在第一个 case 前声明 */
case 0:
    a = b;
    break;                  /* 此处需要 break */
case 1:                     /* 空子句，不需要 break */
case 2:
    a = c;                  /* 如果 x 是 1 或 2，将从这里执行 */
    if ( a == b )
    {
case 3:                     /* 违规，case 不允许在这一层 */
    }
    break;
case 4:
    a = b;                  /* 违规，缺少 break 会"穿透" */
case 5:
    a = c;
    break;
default:                    /* default 子句是必需的 */
```

```
    errorflag = 1;        /* 如果可能，不要为空 */
    break;                /* 需要 break，以备将来修改，变成 case 子句 */

}
```

至此，有关流程控制的 MISRA C2 规则就全部介绍完了。

总之，好的代码，既要安全可靠，也要有很好的可读性和可维护性，这是软件质量的两个重要方面。虽然按照 MISRA C2 的标准来写代码可能会稍稍麻烦一点，但可以避免程序流程产生混乱和错误，可以排除其中的不确定因素，使程序真正按照程序员的设想去工作。同时，这样写出来的代码清晰易懂，保证了良好的可读性和可维护性。

# 本 章 小 结

1. C 基础知识回顾

(1) 条件语句：if-else、else-if。

(2) 循环语句：while、do-while、for。

(3) 多路判定：switch。

2. 流程控制规则

(1) 布尔表达式中不要有赋值运算符，不允许有结果不变的布尔运算(规则 13.1、规则 13.7)。

(2) 判断一个值是否为 0 应该是显式的，浮点表达式不能用来测试相等或不等(规则 13.2、规则 13.3)。

(3) for 语句的控制表达式不能包含浮点数，for 的 3 个表达式只能与循环控制相关，循环计数变量不得在循环体中修改(规则 13.4～13.6)。

(4) 不能有不可到达的代码，非空语句要么有副作用，要么可以改变流程，空语句要单独占一行，不要使用 goto 语句和 continue 语句，最多只能有一条 break 语句用于循环迭代的结束，函数应该有单一的退出点(规则 14.1～14.7)。

(5) 控制语句的主体必须是复合语句，if 语句的后面应该是复合语句，else 语句的后面也应该是复合语句或另一个 if 语句，所有的 if-else-if 结构应该由 else 子句来结束(规则 14.8～14.10)。

(6) 所有非空的 switch 子句都应该以 break 语句结束，switch 语句的最后一个子句必须是 default 子句，布尔表达式不可用作 switch 语句的表达式，每个 switch 语句至少应有一个 case 子句(规则 15.2～15.5)。

# 练 习 题

一、判断题

1. 根据 MISRA C2 标准，浮点型数据不可以直接用于等值判断，但可以用于比较大小。

（    ）

2. for 循环中用于循环计数的变量不得在循环体中修改,但在 while 循环中可以。(　　)

3. goto 语句和 continue 语句不利于程序的结构化,不应该使用。　　　　　(　　)

4. 循环语句和 switch 语句的主体必须是用大括号包含的复合语句,但若主体只有一条语句可以不用大括号。　　　　　　　　　　　　　　　　　　　　　　(　　)

5. switch 表达式可以是一个整型表达式,也可以是一个逻辑表达式。　　(　　)

6. 函数在其结尾处应该有单一的退出点。　　　　　　　　　　　　　　　(　　)

7. 可以执行但永远不会执行到的代码称为“不可到达代码”。　　　　　　(　　)

8. 判断一个操作数是否为 0 应该是显式的,除非该操作数是一个布尔值。(　　)

## 二、填空题

1. 所有非空语句应该要么具有(　　　　　),要么可以导致(　　　　　)。

2. 每个 switch 语句至少应有一个(　　　　　)子句,其最后一个子句必须是(　　　　)子句。

3. 所有的 if-else-if 结构应该由(　　　　　)子句结束,所有非空的 switch 子句都应该以(　　　　)语句结束。

4. break 语句在循环语句中可用于(　　　　　),但最多只能(　　　　　)。

## 三、单项选择题

(说明:代码中的变量遵循 MISRA C2 建议的命名方式,如:u8a 代表无符号 8 位整型、s16b 代表有符号 16 位整型,f32c 代表 32 位浮点型等其他未说明的变量均为无符号整型。)

1. 以下用于 if 语句的表达式中,正确的是(　　　)。

A. if(f32a ==f32b)　　　　　　　　B. if(f32a > f32b)

C. if(f32a = f32b)　　　　　　　　D. if(u32a >= u32b)

2. 以下用于 if 语句的表达式中,正确的是(　　　)。

A. if (s16a == s16b)　　　　　　　B. if(s16a)

C. if ((s16a = s16b)!=0)　　　　　D. if(u8a >= 0)

3. 以下有关空语句的写法中,正确的是(　　　)。

```
while ( ( u8p & 0x80 ) == 0 )
    {
        ;;  /* 等待信号输入        ……A */
        ;  /* 等待信号输入        ……B */
        /* 等待信号输入 */ ; /*    ……C */
        ;/* 等待信号输入        ……D */
    }
```

4. 以下有关循环语句的代码段中,正确的是(　　　)。

```
A. for ( i = 0; i < 5 ; i++)        B. for (f32c = 0; f32c < 10; f32c++)
    {                                  {
        ...                                f32b += 2.5 * f32c;
        i = i + 2;                         ...
    }                                  }
```

C. for ( i = 0; (u8a++)&&(i < 5) ; i++)　　　D. for ( i = 0; (u8a==1)&&(i < 5) ; i++)

 {             {

   ...              ...

 }             }

5. 以下语句中，符合 MISRA C2 规则 14.2 的是(　　)。

A. u8a + u8b;       B. (uint16_t)u32c;

C. u16c ++;        D. if(u8a == 0U)

              {

              }

6. 以下代码段中，符合 MISRA C2 标准的是(　　)。

A. while ( u8a < 100)     B. if ( u8f >= 0)

 {              x = func1( );

  func( u8a );        y = func2( ) ;

  ...           else

  ++ u8a ;         x = func2( );

 }             y = func1( );

C. switch ( x )        D. switch ( x )

 {              {

 case 1 :         case 1 :

  u8a = 1 ;        u8a = 1 ;

 case 2 :         break;

  u8a = 2 ;        u8b = 2;

  break ;        case 2 :

 default :         u8c = 3 ;

  u8c = 3;        break ;

  ...          default :

 }             ...

              }

## 四、简答题

1. 在 if 语句表达式中，将等值测试(==)写成赋值运算(=)会造成什么后果？

2. 将浮点型变量用于循环控制会有什么不良后果？

3. 简述 if-else-if 结构中最后 else 子句的作用和意义。

4. 为什么 MISRA 不允许使用结果始终不变的布尔运算？

5. 简述 break 语句在 switch 语句和循环语句中的作用。

# 第7章 安全正确的指向

 **内容提要**

本章介绍 MISRA C2 中与指针有关的规则，包括指针类型转换、指针与数组、结构体和联合体三个部分。指针类操作在 C 语言中灵活高效，功能强大，但在实践中不太好理解，也容易出错。MISRA 的有关规则对其作了某些限制，有助于降低使用指针的风险，使我们能够始终保持"安全正确的指向"。

在 C 语言中，虽然指针、数组、结构体和联合体的用法各不相同，但在访问对象元素的时候采用的都是某种间接的方式。它们具有一些共同的特性，也存在着相似的风险。因此本章将它们放在一起讨论。

指针这样的操作方式是 C 语言的精华之一，同其他方法比较起来，使用指针通常可以生成更高效、更紧凑的代码，有时还是实现某种操作的唯一选择。指针类操作在给程序员足够的发挥空间的同时，也给了程序员许多犯错的机会，如指针指向了无效的地方，或者发生了越界，就会差之毫厘，失之千里。所以，我们有必要关注指针以及结构体和联合体的实现细节，看看应如何规范编程的行为，以保障此类应用的安全性。

与前几章的安排一样，我们还是先来回顾一下有关指针、数组、结构体和联合体的基本概念和基本用法。

## 7.1 C 指针类操作回顾

指针是一种保存对象地址的变量，通过地址间接访问对象；数组类似于数学中的数列，是若干同类型数据元素的集合，要访问某个数组元素，必须通过下标索引；结构体和联合体也是若干成员的集合，形成一个"集体"，可以通过集体名或指针访问其成员。数组、结构体、联合体都属于构造体，其形态、成员数量都不是固定的，但访问它们中某个成员的操作方式都是间接的，理解时需要有一定的想象力，我们将其统称为指针类操作。

### 7.1.1 指针

指针是一种整型变量，其值是某个对象的地址。这种关系我们称为指针指向某对象。要访问某对象，必须先索取该对象的指针，再由指针指向过去，这是一种间接寻址的方式。

因为这里所说的对象可以是变量、常量、数组及函数，而对象又可以区分为不同的数据类型，所以就有不同用途、不同类型的指针。

### 1. 指针的基本概念

要弄清楚一个指针，需要了解指针的以下属性：

#### 1) 指针的底层类型

指针是一个变量，用来存放某个对象的地址。变量应该有类型要求，而地址在计算机中都是以整型数来表示的，因此指针的底层类型就是整型(这里借用底层类型的概念来说明指针本身的形态)。比如，在 32 位的 ARM Cortex-M 系统中，所有的指针都是 32 位的整型(对应地址范围为 0x00000000~0xffffffff)。然而，作为整型的指针与普通的整型变量之间有很大的区别，这和地址这个整型数的特殊性(字长、有效范围和对齐要求)有关，这一点在后面的指针运算中再作介绍。

#### 2) 指针所指向的类型

我们在定义一个指针的时候，需要说明的并不是上述底层类型，而是指针所指向的类型或指针所指对象的类型。指针本身的底层类型反而无须关心，因为在确定的计算机系统中，描述地址的方式也是确定的。

指针所指向的类型说明了指针所指的是什么样的对象，是整型、字符型还是浮点型，抑或是数组、结构体、函数等。指针所指向的类型决定了编译器把对象所在内存区的内容当作什么来看待，这一点在编程的时候是非常重要的，也是我们掌握指针这一概念的关键所在。

和普通变量一样，指针在使用前必须先声明，指针所指向的类型在声明的时候给定。例如：

```
int *p1;        /* p1 所指向的是 int 型 */
char *p2;       /* p2 所指向的是 char 型 */
float *p3;      /* p3 所指向的是 float 型 */
int **p4;       /* p4 所指向的是另一个指针，其指向的类型是 int 型 */
```

从上述示例中我们可以看出，指针声明和普通变量声明基本相同，只是要在指针名前加上一个*号，以标示这是一个指针变量。从语法上讲，声明中的 int、char、float 等就是指针所指向的类型，指针变量的类型则以 int *、char *、float *等来表示(去掉指针名后剩下的部分)，其含义就是：(指针本身的)整型 + 对象所属类型的地址运算。

上例中第 4 行声明还告诉我们，指针所指的对象还可以是另一个指针(多级指针)，这就是指向指针的指针。

*在这里除了告诉我们后面是指针名外，还是一个一元运算符。它代表取内容(dereference)的操作，意思是提取指针所指对象的内容。例如：

```
x = *p1 + 1        /* p1 所指对象(的内容)+ 1，再赋给 x */
```

事实上，后面凡是要用到 p1 所指对象的值，都可以用*p1 来代替。

#### 3) 指针的值

指针的值是指针所指对象的地址，也就是对象所在的内存区。这个值被编译器当作一个地址，而不是一个普通的整数。指针所指向的内存区就是从指针的值所代表的那个内存地址开始的一片内存区，其长度由指针所指向的类型所决定，可以是 1 字节、2 字节、4 字节等。一个指针的值是 0x2000，就相当于该指针指向了以 0x2000 为首地址的一片内存区。

指针的值可以通过对所指对象进行取地址(reference)运算而获得，使用的是一元运算符&。例如：

```
char a;
char *pointer;              /* 声明指针 pointer，指向字符型 */
pointer = &a;              /* pointer 初始化，取 a 的地址并赋给 pointer，使其指向字符变量 a */
```

以上指针的初始化也可以在声明的时候一次完成：

```
char *pointer = a;          /* 声明 pointer 是一个指针，指向字符变量 a */
```

由以上可知，取地址(reference)和取内容(dereference)互为逆运算，这从它们对应的英文单词也可以看出。如果指针 pointer 指向了变量 a，那么就有以下等式(此处 "=" 不是赋值操作)成立：

```
pointer = &a
a = *pointer
```

在一些教科书或有关技术文章中，reference 通常翻译为引用，dereference 翻译为解引用或间接引用。本书采用更直接、更浅显的说法：

```
&a：取地址(reference)，其操作对象 a 是各种对象或函数，包括指针变量。
*pointer：取内容(dereference)，其操作对象 pointer 一定是指针变量。
```

4) 指针所在的地址

指针本身也是一个变量，系统需要为其分配存储空间，这就是它所在的地址。指针的地址和指针的值(所指对象的地址)是完全不同的概念，尽管它们具有相似的特性。要获取指针的地址，同样是使用一元运算符 &。例如：

```
x = & ptr;                 /* 取指针 ptr 的地址赋给(指针)变量 x */
```

**2. 指针的种类**

C 语言中的指针可以归为如下几类：

1) 指向对象的指针

指向对象的指针(pointer to object)也称为对象指针。前面的例子介绍的指针就是指向对象的指针。这些对象可以是普通变量、数组、结构体、函数的参量等，它们都具有特定的数据类型，也就是指针声明中的指针所指向的类型。指向对象的指针是 C 语言中应用比较多的一种。

2) 指向函数的指针

指向函数的指针(pointer to function)也称为函数指针。一个函数在编译时会分配一个入口地址，如果将该地址赋给一个指针，那么该指针就是指向函数的指针，指针的值就是函数的入口地址。因此，我们可以定义一个指向函数的指针，然后通过指针来调用这个函数。例如：

```
int max ( int x, int y );        /*声明一个函数*/
int ( *pf )( int x, int y );     /*声明一个指向函数的指针*/
int a=5, b=8, c;
pf = &max                        /*将 max 函数的首地址赋给指针 pf */
c = (*pf) (a, b);                /*通过指针调用函数 max*/
```

上述第 2 行声明中 pf 是一个指向函数的指针，该函数有两个 int 型参数，返回值是 int 型。具体来说，*与 pf 结合表明这是一个指针，后面包含 int x、int y 的括号()是函数的标志，表明指针是指向函数的，最前面的 int 表明函数的返回值为整型。我们前面曾讲到，函数的类型就是函数返回值的类型，因此函数指针的类型也即函数的类型，也就是函数返回值的类型，即

函数指针的类型 = 指针所指函数的类型 = 函数返回值的类型

**注意**：*pf 两边的括号不能少，这是为了保证优先级。如果写成：

```
int *pf (int a, int b);          /*声明返回指针的函数*/
```

那它的意思就变成了声明一个函数 pf，该函数有两个 int 型参数，函数的返回值是指向 int 型的指针！

指向函数的指针的类型如何表示呢？方法仍然是将声明中的指针名去掉，如上面定义的 pf，其类型就是：

```
int ( * )( int x, int y )        /*函数指针的类型*/
```

**注意**：*两边的括号不能少，作为函数标志的括号也不能少。

3) void 指针

void 指针(pointer to void)即无类型指针，它指向的是任意类型的对象或者类型未知的对象，用 void *来声明。当我们声明一个指针，而指针所指向的类型不确定的时候，就可以声明其为 void 指针。void 用在函数定义中可以表示函数没有返回值或者没有形式参数，用在这里表示指针所指数据的类型是未知的。一旦给 void 指针赋值或指定了对象，void 就变成了特定的类型。

4) 空指针常量

空指针常量(NULL pointer constant)也称 NULL 指针、空指针。空指针常量是由数值 0 强制转换成的 void 指针，或者说，这是一个常指针，其值为 NULL，指向 void 对象。NULL 的真实值约定为 0，那是不是可以说，空指针常量所指对象的地址为 0 呢？并不是这样。

NULL 是 C 语言中的一个特殊标识符，其值在 stdio.h 中是这样定义的：

```
#define NULL   ((void *)0)       /* 将数值 0 强制转换为 void 指针型 */
```

NULL 是零值、等于零的意思，在 C 语言中表示"空"或"无效"。使用 NULL 是计

算机系统的约定，因为它是如此特殊，不仅易于分辨，而且几乎不会被用作实际地址。因此，空指针是不指向任何对象的指针，是无效指针，程序使用它不会产生任何实际效果。很多库函数都会对传入的指针做判断，如果是空指针就不做任何操作，或者不给出提示信息。

这里再强调一下 void 指针和 NULL 指针的区别。void 指针表示一个有效指针，它指向实实在在的对象，只是对象的类型尚未确定，在后续使用过程中通常要进行强制类型转换以确定其类型。而 NULL 指针是无效指针，不指向任何对象。当不清楚要将指针初始化为什么地址(即没有确切对象)时，请将它初始化为 NULL(即无效)。另外，在对指针进行取内容(dereference)操作时，应先检查该指针是否为 NULL 指针，否则会得到一个错误信息。

### 3. 指针的运算

指针的值是所指对象的地址，而地址从表面上看像无符号整型，但其分配在计算机中是有规则的，并非任何整型都可以看作地址。例如，uint_16 型是 16 位的，每个单元占 2 字节，其地址只能是 0、2、4 等 2 的倍数，不可以是其他值；而 uint_32 型是 32 位的，每个单元占 4 字节，其地址只能是 0、4、8 等 4 的倍数，其他值均非法。

上述地址必须为 2 的倍数或 4 的倍数的要求，称为地址的对齐(alignment)，每个单元所占字节数为 2 或 4，称为字长(size)，也就是对类型 uint_16 或 uint_32 使用 sizeof 运算的结果。C 语言中凡是涉及地址的操作都应遵从对齐和字长的规定。

有效的指针运算包括：

1) 指针加/减一个整数

指针加/减一个整数是指指针与整数之间的加法或减法运算，如 p++、p--、p + n、p-n、p += n、p-= n 等(其中，p 为指针，n 为整数)。以 p+3 为例，设 p 的值为 2000，p 指向的类型是 16 位的，那么 p+3 代表指向其后的第 3 个单元，其结果不是 2003，而是 2000 + 2 * 3 = 2006，即指针每加/减 1，其值就加/减 1 个字长。

2) 指针的相减和比较

如果两个指针 p 和 q 指向同一个数组的不同元素，那么 p-q 就是有意义的，其代表的是两个指针之间相差的元素个数。同理，p 和 q 进行诸如==、!=、>、>=、<、<=等比较操作也是有意义的，如 p<q 为真，代表 p 所指的元素在 q 所指的元素位置之前。

3) 指针赋值(转换)

可以将一个对象或函数的地址赋给一个指针，这属于正常的取地址操作，赋值号两边的类型要一致。例如：

```
p = &a;              /*将变量 a 的地址赋给指针 p*/
p = &array[2];       /*将数组元素 array[2]的地址赋给指针 p*/
p1 = p2;             /*将指针 p2 的值赋给指针 p1*/
```

上述第 3 行(p1 = p2;)是将一个指针赋值给另一个指针，称为指针类型转换。如果两个指针的类型完全相同，这种转换总是允许的；如果指针类型不同，转换是受到限制的。void 指针和其他类型的指针之间可以互相转换。指针和整型变量之间，指针和整型常量之间不可转换。有一个例外就是整型常量 NULL，它可以赋给任何类型的指针。

其他所有形式的指针运算都是非法的，如两个指针间的加法、乘法、除法、移位等运算，指针同 float 或 double 类型之间的加法运算，不经强制类型转换而直接将一种类型的指针赋值给另一种类型的指针(两个指针之一是 void *类型的情况除外)。

总的来说，C 语言中允许指针类型转换的情况比较少，有些转换是有意义的，有些是无意义的或者是实现定义的。因此，不当的指针类型转换可能带来难以意料的风险。

## 7.1.2　指针与数组

在 C 语言中，指针和数组之间的关系十分密切。通过数组下标所能完成的任何操作都可以通过指针来实现。一般来说，用指针索引比用数组下标索引执行的速度更快，但另一方面，用指针实现的程序理解起来稍微困难一些。

### 1. 指向数组的指针

我们先来看看如何声明一个数组。

```
int a[10];
int b[10] = {0};
```

第一行定义了一个长度为 10 的数组 a，它由 10 个元素(成员)组成(a[0], a[1], …, a[9]，注意没有 a[10]这个元素！)，没有指定初始值，存储在相邻的内存区域中。第二行也是一个有 10 个元素的数组 b，不过其初始值全部为 0。

下面声明一个指针 pa，并令其指向数组 a：

```
int *pa;              /*pa 为指向整型对象的指针*/
pa = &a[0];           /*指针 pa 指向数组 a 的第 0 个元素*/
```

此后，数组元素就可以通过指针来引用。需要说明的是，pa 指向元素 a[0]就意味着 pa 指向数组 a，因为 a[0]的地址就是数组 a 的地址。

### 2. 通过指针引用数组元素

通过指针来引用数组元素的方法有以下三种形式：

1) 形式 1：“指针+偏移量，再取内容”

```
*( pa+i )
```

如果 pa 指向 a[0]，那么*pa 引用的是 a[0]的内容，pa+1 将指向下一个元素 a[1]，*(pa+1)代表的就是 a[1]，依此类推，pa+i 将指向其后第 i 个元素 a[i]，*(pa+i)就是 a[i]。一个通过数组和下标实现的表达式可等价地通过指针和偏移量实现。

2) 形式 2：“数组名+偏移量，再取内容”

```
*( a+i )
```

C 语言中，数组名所代表的就是该数组的地址，因此赋值语句 pa = &a[0]也可以写成 pa = a。那么，对数组元素 a[i]的引用也可以由*(pa+i)改写成*(a+i)这种形式。

但要注意数组名和指针的区别。指针是一个变量，因此，语句 pa = a 和 pa++都是合法的；而数组名不是变量，因此，类似于 a = pa 和 a++形式的操作是非法的。

3) 形式 3："指针数组索引，偏移量为下标"

```
pa[i]
```

即给指针配上下标进行索引，同常规的数组索引。既然 pa 等价于 a，那么 pa[i]也等价于 a[i]。

**总结**：设指针 pa 指向数组 a(即指向 a[0])，那么以下表达式中，x 引用的都是同一个对象 a[i]，其中第 1 个是直接引用，其他 3 个是通过指针引用。

```
x = a[ i ];
x = *( pa + i );
x = *( a + i );
x = pa[ i ];
```

### 3. 数组名用作函数参数

根据上述表示数组和数组元素的形式，如果将整个数组作为函数的形式参数，则函数调用时就有不同的传递函数参数的方法。

**注意**：当把数组名传递给一个函数时，实际上传递的是该数组的地址。在被调用函数中，该参数是一个局部变量，因此，数组名参数必须是一个存储地址值的指针。

以下示例中，左侧是 main 函数，需要调用一个带有数组形参的函数，右侧是被调函数 func()，它们有着不同的函数原型定义(主要是数组形参不同)。

1) 实参和形参都用数组名

例如：

```
main ( )                                void func ( int x[ ], int n)
{                                       {
    int a[10];                              ...
    func (a, 10);                       }
    ...
}
```

2) 实参用数组名，形参用指针

例如：

```
main ( )                                void func ( int* x, int n)
{                                       {
    int a[10];                              ...
    func (a, 10);                       }
    ...
}
```

由上可知，在参数列表中，x[ ]和*x 是等效的。

3) 实参和形参都用指针

例如：

```
main ( )                              void func ( int* x, int n)
{                                     {
    int a[10], *pa;                       …
    pa = a
    func (pa, 10);                    }
    …
}
```

4) 实参用指针，形参用数组名

例如：

```
main ( )                              void func ( int x[ ], int n)
{                                     {
    int a[10], *pa;                       …
    pa = a
    func (pa, 10);                    }
    …
}
```

### 7.1.3　结构体与联合体

#### 1. 结构体

结构体是两个或多个变量的集合，这些变量可能为不同的类型，但它们之间具有某种内在联系。为了便于处理而将这些变量组织在一起，存放在一片连续的区域中，称为结构体。

结构体属于 C 语言中的构造体之一，它和前面介绍的数组有相似的地方，都是多个成员(元素)构成的集体。二者的区别是：数组是同类型元素的集合，而结构体的成员可以是不同的类型。因此在声明一个数组时，我们只需用一个类型说明符来描述，再声明数组的长度(元素个数)就可以了；而结构体由于其成员可能各不相同，因此需要对每个成员分别声明其类型，必要时还要为整个特定的结构命名，这种结构命名就是标签(tag)。

1) 结构体的声明

结构体也是一种变量类型，它通过关键词 struct 来声明，有下述四种不同的方法：

• 先声明结构体，再声明结构体变量：

```
struct point                /* 结构体声明，坐标值取平面上的整数点*/
{
    int x;
    int y;
};
struct point pt1, pt2;      /* 声明结构体变量 pt1、pt2 */
```

其中，point 是为所定义的结构体取的名字，即结构体标签，它代表了"坐标值取整数的平面上的点"这种结构；x、y 称为成员，每个成员拥有各自的存储空间，互不重叠。结构体成员、结构体标记和普通变量(即非成员)可以采用相同的名字，它们之间不会冲突，因为它们归属不同的命名空间。

上述结构体声明好后，就可以用 struct point 作为类型说明符来定义此种类型的结构体变量，如上述程序的最后一行，也可以在声明结构体变量的同时初始化，例如

```
struct point maxpt = { 320, 240 };
```

- 在声明结构类型的同时定义结构体变量：

```
struct point            /* 结构体声明，坐标值取平面上的整数点*/
{
    int x;
    int y;
} pt1, pt2;             /* 结构体变量 pt1、pt2 在结构体声明的同时给出*/
```

- 直接定义结构体变量：

```
struct                  /* 结构体声明，坐标值取平面上的整数点，没有结构体标签*/
{
    int x;
    int y;
} pt1, pt2;             /* 结构体变量 pt1、pt2 在结构体声明的同时给出*/
```

这种方式与前两种方式的区别在于省去了结构体名(标签)，直接定义结构体变量。这样定义的结构体只能用一次，以后再无法定义该结构体变量。即使再声明与此完全相同的结构体，编译器也认为它们属于不同的类型。

- 通过 typedef 来定义某一结构体类型，再用定义的类型来声明结构体变量：

```
typedef struct          /* 用 typedef 定义结构体，坐标值取平面上的整数点*/
{
    int x;
    int y;
} dot;                  /* 将该结构体定义为 dot 类型 */
dot pt1, pt2;           /* 使用 dot 来声明结构体变量 pt1、pt2 */
```

2) 结构体的引用

对于一个数组，不可以笼统地加以引用，只能一个一个地访问数组的元素。结构体也是一样，不可以作为一个整体来访问，只能访问其成员。结构体成员的访问方法有以下两种：

- 直接访问：结构体变量名 . 成员名。
- 间接访问：结构体指针 -> 成员名。

直接访问中，运算符"."称为成员运算符；间接访问中，运算符"->"称为指向运

算符。

仍考虑上面的例子，用直接访问方法：

| | |
|---|---|
| s = pt1 . x * pt1 . y ; | /* 结构体 pt1 成员 x 乘以 pt1 成员 y，使用结构变量名.成员名 */ |

我们也可以定义指向结构体的指针，再通过指针来访问结构体成员。这就是间接访问方法。

| | |
|---|---|
| struct point xy, *pp; | /* 声明结构体 xy 和结构指针 pp */ |
| p_xy = & xy; | /* pp 指向结构体 xy */ |
| a = (*pp).x ; | /* 通过指针 pp 引用成员 x，注意()不可少 */ |
| b = pp -> y | /* 通过指针 pp 引用成员 y，该写法更直观 */ |

### 2. 联合体

联合体(又称共用体、共同体)同样属于构造类型。与结构体一样，联合体也是多个不同类型变量的集合，不过这些变量(即成员)共用一块存储区域，编译器负责跟踪各成员的长度和对齐要求。那么多个成员共用一块存储区不会造成冲突吗？问题的关键在于各成员是分时使用的，它们不会同时出现。联合体提供了一种方式，实现在单块存储区中管理不同类型的数据，而不需要在程序中嵌入任何同机器有关的信息。

联合体与结构体的区别是：结构体如同一个大家庭，其成员块头有大有小，都住在一起，但各有各的房间(存储单元)，互不相扰；联合体也是一个大家庭，成员也是住在一起，但只有一个房间，各成员分时来住，不可以同时出现，因此也是互不干扰。房间的大小，即存储单元的长度以块头最大的成员为准。

联合体类型通过关键词 union 来声明，其方法与结构体类似。例如：

| | |
|---|---|
| union u_tag | /* 声明联合体，u_tag 为联合体标签 */ |
| { | |
|     int ival; | /* 声明成员，可以是不同类型的变量 */ |
|     float fval; | |
|     char *sval; | |
| } u ; | /* u 为联合体变量 */ |

变量 u 的类型为 union u_tag，可用于声明同类型的其他联合体变量。u 必须足够大，以保存联合体 union u_tag 中 int ival、float fval、char *sval 这 3 个类型中长度最大者，具体长度同具体程序的实现有关。这些类型中的任何一种类型的对象都可赋值给 u，且可使用在随后的表达式中，但必须保证类型是一致的，即读取的类型必须是最近一次存入的类型。程序员负责跟踪当前保存在联合体中的类型，如果保存的类型与读取的类型不一致，其结果取决于具体程序的实现。

同样，联合体也不可以作为一个整体来访问，而应访问其成员。访问联合体成员的方法与访问结构体相似，也有以下两种：

- 直接访问：联合体变量名 . 成员名。
- 间接访问：联合体指针 -> 成员名。

具体用法和含义请参考前面内容，此处不再赘述。

# 7.2　指针类型转换

涉及指针类型的转换都需要显式强制转换，除非是以下情况：

• 转换发生在对象指针和 void 指针之间，而且目标类型承载了源类型的所有类型标识符。

• 当空指针常量(NULL)被赋值给任何类型的指针或其他指针与其做等值比较时。此时空指针常量被自动转化为特定的指针类型。

C 语言中只定义了一些特定的指针类型转换，其他转换行为是实现定义的。MISRA C2 为指针类型转换制定了 5 条规则，编为第 11 组。

> **规则 11.1【必需】**
>
> 不得在函数指针与任何非整型类型之间进行转换。

函数指针即指向函数的指针。非整型类型指除了整型之外的任何类型，包括浮点型、各种指针类型等。

本规则的意思是：指向函数的指针可以转换为整型变量。除此之外，函数指针与其他任何类型(包括不同的函数指针)之间都不可以转换，因为这种转换会导致未定义行为。本规则禁止以下类型的指针转换：

• 函数指针与浮点型之间的转换。

• 函数指针与对象指针之间的转换。

• 不同类型的函数指针之间的转换。

整型变量保存的是整型数，指向函数的指针保存的是函数的入口地址，而地址就是整型数。因此，将函数指针转换为整型变量，其实就是将函数的入口地址赋给整型变量，这显然是合理的。但将函数的入口地址赋给一个浮点型变量是不合理的，因此本规则禁止这样的转换。

上面的讨论针对的是函数指针和整型变量之间的转换。除此之外，函数指针与其他指针类型之间都不可以转换。比如，函数指针与指向对象的指针之间进行转换，意味着把函数看作某种对象(如整型变量、浮点型变量等)，或者把某种对象当作函数来对待，这显然都是没有道理的。除非两个函数指针的类型完全一样，否则函数指针之间也不可以转换，因为这意味着一个函数要按另一个函数的格式和要求去执行。请看下面的示例：

```
typedef   int32_t ( *pif1 )( void );      /* 定义两种函数指针类型 pif1 和 pif2 */
typedef   int16_t ( *pif2 )( void );      /* 之后可用 pif1 和 pif2 来声明函数指针 */


extern int16_t   test_1101( void )
{
```

```
    pif1 pif32a = 0;                    /* 声明函数指针 pif32a，并赋初值 NULL */
    pif2 pif16a;                        /* 声明函数指针 pif16a */
    int32_t *pi;                        /* 声明指向 int32_t 类型的指针 pi(对象指针) */

    f64a    = (f64_t) pif32a;           /* 违规，函数指针转换为浮点型 */
    pif32a = (pif1) f64a;               /* 违规，浮点型变量转换为函数指针 */
    pi      = (int32_t *) pif32a;       /* 违规，函数指针转换为对象指针 */
    pif32a = (pif1) pi;                 /* 违规，对象指针转换为函数指针 */
    pif16a = (pif2) pif32a;             /* 违规，函数指针转换为不同的函数指针 */
    pif32a = (pif1) pif16a;             /* 违规，函数指针转换为不同的函数指针 */

    return 1;
}
```

本规则与 ISO C 的未定义行为 27、28 有关。

---

## 规则 11.2【必需】

对象指针与除整型、另一对象指针或 void 指针之外的其他类型之间不得转换。

---

规则 11.1 关注的是函数指针，规则 11.2 关注的是另一种指针——对象指针，即指向各种对象(不包括函数)的指针。

本规则的意思是：对象指针可以转换为整型、另一种对象指针或 void 指针，转换为其他的就不可以了。具体来说，以下转换是允许的：

- 对象指针到整型变量。
- 两个对象指针之间。
- 对象指针与 void 指针之间。

除此之外，对象指针与任何其他类型之间的转换都是未经定义的，应该禁止。这意味着以下转换均在禁止之列：

- 对象指针与浮点型之间。
- 对象指针与函数指针之间(参见规则 11.1)。

对象指针转换为整型变量，其道理和函数指针转换为整型一样，相当于取对象的地址赋给整型变量，因此是合理的。但对象指针转换为浮点型变量是不合理的，应该禁止。

两个相同的对象指针之间可以相互转换，这意味着两个指针指向同一个对象，并具有相同的地址运算规则。标准 C 允许不同类型的对象指针之间的转换，但这种转换意味着一个对象要以另一个(不同的)对象的方式去处理，这是不太合理的，MISRA 建议最好不要这么做(参见规则 11.4)。

void 指针是一个特殊的对象指针，它指向的是无类型对象，或者说是任何类型的对象，因此 void 指针可以和任何对象指针进行转换。void 指针也可以转换为整型数值(任何地址本质上都是整型)，但不可以转换为浮点型。

本规则与 ISO C 的未定义行为 29 有关。

---
### 规则 11.3【建议】

不应在指针类型和整型之间进行强制转换。

---

这是一条建议规则。规则 11.1 和 11.2 虽然允许函数指针和对象指针转换为整型，但这种转换仅发生在需要准确定位函数或对象地址的时候。

指针转换到整型时所需要的整型的大小是实现定义的。比如，在 ARM 嵌入式系统中，地址是 32 位的，如果要将指针转换到整型，则要求整型也必须是 32 位的。但在一个 16 位的系统中，整型变量是 16 位的，而地址可能是 16 位的，也有可能是更多的位数，那么从指针(地址)到整型的转换就潜藏着风险。

由于指针的表达格式因编译器而异，故转换出的整型数值也有所不同。为了保证程序的可移植性，应尽可能地避免使用指针和整型之间的转换。本规则是比规则 11.1 和 11.2 更严格的限制，故为建议规则。

不过，嵌入式系统在访问内存映射寄存器或某些硬件特性时，往往需要绝对地址，在这种情况下转换可能无法避免。比如，在 ARM Cortex-M3/M4 内核的嵌入式微处理器中，各种片上外设(GPIO、串行口、定时器等)的寄存器都是统一按存储空间编址的，要对这些寄存器进行操作，就必须要知道其绝对地址，再将地址转换为指针来操作。事实上，通用的做法是，将一个外设的所有相关寄存器定义为一个结构体，再声明一个指针指向这个结构体。然后，通过这个指针就可以访问外设的每一个寄存器了。

本规则与 ISO C 的实现定义行为 24 有关。

---
### 规则 11.4【建议】

不应在不同类型的对象指针之间进行强制转换。

---

这也是一条建议规则。规则 11.2 暗含了不同类型的指针之间可以转换。但是，当新的指针类型需要更严格的对齐(alignment)时，这样的转换可能是无效的。事实上，只有当两个对象指针的类型完全相同时，这样转换才是安全的。因此，MISRA C2 建议限制不同类型的对象指针之间的转换。

我们来看一个例子：

```
uint8_t * p1;              /* p1 指向无符号 8 位整型的指针 */
uint32_t * p2;             /* p2 指向无符号 32 位整型的指针 */
p2 = (uint32_t *) p1;      /* 违规，不兼容的对齐方式 */
```

上述指针转换的意图，是希望从 p1 所指的单元开始引用 4 个字节，将其按照 32 位整型(即 p2 所指的类型)的方式来参与运算。如果处理器允许各种数据对象存放在任意的地址，以上的转换就没有问题。但现实情况是，处理器对不同的数据类型有不同的对齐限制，比如，要求 32 位(4 字节)整型存放在 4 的整数倍地址上，16 位(2 字节)整型存放在 2 的整数倍地址上，只有 8 位的整型其地址可以是任意的地址。因此，如果 p1 一开始指向的是 0x0003 单元，那么在执行这样的指针转换后，p2 就因无法满足 32 位的地址对齐要求而变为无效。如果是在 ARM 嵌入式处理器中，这将会导致一个异常。

但如果上述例子中，最后一行改为

```
p1 = (uint8_t *) p2;          /*不同类型的对象指针转换*/
```

是否就可行呢？上述转换意味着从 32 位整型所在地址取一个 8 位整型，指针转换本身不会有问题，p1 可以接受任意地址，但通过 p1 取的内容就不好说了，因为这属于断章取义，能否得到我们想要的结果是不确定的。因此，这样的指针转换也在不应该之列。

## 规则 11.5【必需】

不允许去除 const 或 volatile 限定符的指针转换。

我们曾在第 4 章 4.1 节中简单地介绍过 const 和 volatile 两个访问限定符，在规则 16.8 中也曾涉及 const。现在我们需要对它们稍微多了解一点。

### 1. const(不变的)

const 用来描述某种不变的情况。当使用带有 const 的指针时，有以下两种情况。

其一，不能修改指针所指对象的值(称为指向 const 的指针)，或者说对象是只读的。但指针本身的值(即对象地址)是可以修改的，即可以指向别的对象。

其二，不能修改指针本身的值(称为 const 指针或常指针)，即指针只能指向固定的对象，但所指对象的值是可以修改的。

• 指向 const 的指针，必须在声明时加上 const 限定符。例如：

```
const int* p;          /* p 为指向 const 的整型对象的指针*/
```

• const 指针(常指针)，本身的值不能被修改，在声明时必须初始化，也要有 const 限定符。

```
int* const p = &a;          /* p 为 const 指针，其值是变量 a 的地址*/
```

请注意二者在声明时的区别：指向 const 的指针，const 关键字总是出现在*的前面(左边)；而 const 指针，const 关键字总是出现在*的后面(右边)。我们可以这样来理解：const 在*的前面，限制的是*，也就是指针所指对象的内容，因为*就代表取内容；const 在*的后面，就不能限制*了，只能限制其身后的指针本身。

我们这里讨论的主要是(1)，即指针所指对象是不变的(const)的情况。

### 2. volatile(易变的)

volatile 与 const 的意思相反，用来描述某种易变的情况。或者说，如果变量的值随时可能发生变化，它具有某种即时性或实时性(这在嵌入式系统中更为常见)，就属于 volatile。一般说来，volatile 用在如下的几个地方：

• 中断服务程序中修改的供其他程序检测的变量需要加 volatile。

• 在多任务环境下各任务之间共享的标志应该加 volatile。

• 存储器映射的硬件寄存器通常也要加 volatile，因为每次对它的读写都可能有不同的意义。

对象的类型如果有 volatile 限定符，则说明可能会被其他执行程序或事件所修改。volatile 关键字告诉编译器在每次使用此对象的值时都要刷新，也就是重新读取，即使程序本身并没有修改它的值。编译系统对这种变量的操作(即每次需要刷新)不做代码优化，以保留设计者对时序的要求。

在语法上，volatile 的用法和 const 的用法类似。变量和指向变量的指针都可以是 volatile 型，如果对指针使用 volatile，则意味着指针所指的对象是易变的，而不是指针本身(指针通常不会易变到随时指向不同的对象)。

本规则的意思是，如果指针转换前具有 const 或 volatile 类型限定符，那么转换后也必须有。任何通过强制转换移除此类限定的企图都是对本规则的违背。注意：这里所指的限定符是指针所指对象的限定符，而不是应用在指针本身的限定符(如常指针中的 const)。

丢失 const 属性将有可能导致对只读对象进行写入操作，编译器不会发出警告，因此错误不易发现；丢失 volatile 属性，编译器将对不具有 volatile 属性的变量进行优化，这种优化可能会导致程序员预先设计的硬件时序操作失效，这样的错误也很难被发现。

例如，有如下指针声明：

```
uint16_t x;
uint16_t * const cpi = &x;      /* const 指针(常指针) */
unit16_t * const *pcpi ;        /* 指向 const 指针的指针 */
const uint16_t **ppci ;         /* 指向 const 整型指针的指针 */
uint16_t * * ppi;               /* 指向整型的指针的指针 */
const uint16_t * pci;           /* 指向 const 整型的指针 */
volatile uint16_t * pvi;        /* 指向 volatile 整型的指针 */
unit16_t *pi;                   /* 指向 unit16_t 整型的指针 */
```

则以下指针转换是允许的：

```
pi = cpi;      /* cpi 是 const 指针，const 是对指针本身而非对象的约束。cpi 的值是不变的，
                  将其赋给一个同类型指针 pi，这是没有问题的 */
```

以下指针转换是不允许的：

```
pi = (uint16_t *) pci;          /* 丢失 const */
pi = (uint16_t *) pvi;          /* 丢失 volatile */
ppi = (uint16_t **)pcpi;        /* 丢失 const */
ppi = (uint16_t **)ppci;        /* 丢失 const */
```

本规则与 ISO C 的未定义行为 39、40 有关。

# 7.3　指针与数组

前面曾介绍，C 语言中的指针和数组关系十分密切，通过数组下标所能完成的任何操

作都可以通过指针来实现。C90 标准中，对指向数组元素的指针运算(包括算术运算、比较等)作了定义，除此之外的指针运算都属于未定义行为的范畴。

为防范其风险，MISRA 制定了有关指针运算的规则，共计 6 条，归属第 17 组。

---
**规则 17.1【必需】**

　　只有指向数组或数组元素的指针才适用指针算术运算。

---

这里指针算术运算指的是指针的加法和减法(有关指针的比较运算在规则 17.3 中体现)，具体来说就是：指针加一个整数(包括自增)和指针减一个整数(包括自减)。其他算法都是非法的、无效的。

本规则要求，指针的上述加减算法只能适用于指向数组或数组元素的指针。对不是指向数组或数组元素的指针做整数加减运算(包括自增、自减)会导致未定义行为。

本规则之所以强调数组指针，是因为数组是同类型元素的集合，其格式相同且存放是有规律的，可以很方便地用基地址±偏移量的方法来访问，而其他对象如结构体、联合体等没有这种规律性，故不适用指针算术运算。

例如，设 p 是指向数组 a 的指针，p 当前的值是指向元素 a[5]，那么 p + 3 将指向 a[8]，p − 2 将指向 a[3]。需要注意的是，在数组指针的加减运算中，不可以数组越界，即不能超出数组所声明的正常范围。

以下是违反或遵从规则 17.1 的一些示例：

```
extern int16_t test_1701( void )
{
    PC arr[] = "text";          /*字符串数组(假设类型名 PC 在头文件中定义)*/
    PC *ch    = arr;            /*指向数组 arr 的指针 ch */
    int32_t a = 1;             /*整型变量 a */
    int32_t * p_a = &a;         /*指向变量 a 的指针  */
    typedef struct             /*类型定义：结构体 st_t */
    {
        int16_t x;
        int32_t y;
    } st_t;
    st_t b;                    /*结构体变量声明：b */
    st_t *p_b = &b;             /*指向结构体的指针：p_b */

    ++ch;                      /*合规，数组指针自增*/
    --ch;                      /*合规，数组指针自减*/
    ch += 3;                   /*合规，数组指针加运算*/
    ++p_a;                     /*违规，对象指针自增*/
    --p_a;                     /*违规，对象指针自减*/
```

```
    ++p_b;                    /* 违规, 结构体指针自增 */
    p_a = &b.y;
    ++p_a;                    /* 违规, 指向结构体成员的指针自增 */
    return 0;
}
```

本规则与 ISO C 的未定义行为 30 有关。

## 规则 17.2【必需】

只有指向同一数组中元素的指针才适用指针减法。

## 规则 17.3【必需】

只有指向同一数组的指针才适用指针比较运算(>、>=、<、<=)。

相减运算和比较运算本质上是一样的, 故我们将这规则 17.2、17.3 放在一起讨论。

如果两个指针没有指向同一个数组, 那么试图对指针做相减运算或比较运算是没有意义的, 将导致未定义行为。如果出现这种情况, 那就要小心了, 因为这很可能是编程错误。

只有当两个指针指向(或至少好像是指向了)同一数组内的元素时, 指针相减和指针比较才能给出良好定义的结果。也就是说, 指针的相减和比较只有在同一个数组内进行时才有意义。

比如, 两个指针 p 和 q 指向同一数组的不同元素, 那么 p-q 代表的是两个指针之间相差的元素个数(即偏移量)。如果 p<q 为真, 则代表 p 所指的元素在 q 所指的元素位置之前。

**注意**: 这两条规则没有涉及等值比较(==和!=), 故指针的相等或不等测试不受规则 17.3 的约束。也就是说, 不仅指向同一数组的指针之间可以做等值比较, 其他的相同类型的指针之间, 甚至不同类型的指针之间、指针与空指针常量(NULL)之间也可以做等值测试。等值比较本质上是判断两个指针是不是指向了同一个对象, 这显然是合理的。

需要指出的是, 数组指针在相减和比较过程中其结果可能会超出数组元素的范围(比如两个指针相减为负数), 即出现越界, 这是允许的, 但对越界元素的访问是禁止的, 即指针可以越界, 但访问不可以越界。

规则 17.2、17.3 与 ISO C 的未定义行为 31、33 有关。

## 规则 17.4【必需】

数组索引应当是指针数学运算唯一可行的方式。

规则 17.1~17.3 告诉我们, 只有指向数组的指针才能进行指针运算, 且算法只能是加/减一个整数、同组指针相减或比较。下面我们再来看看, 指针在访问数组元素时应该以什么样的形象出现。

前面我们曾介绍访问数组元素共有以下几种方式(假设指针 pa 指向数组 a)：

① 指针+偏移量，再取内容：*( pa+i )。

② 数组名+偏移量，再取内容：*( a+i )。

③ (指针)数组索引：　pa[ i ]。

④ (常规)数组索引：　a[ i ]。

其中，①、②和③是通过指针方式引用，④是常规的数组索引，没有用指针(但本质上同③)。

本规则告诉我们，如果要通过指针访问数组元素，方式③也就是数组索引的方式，是指针数学运算的唯一可行的方式。换句话说，只有"指针+下标"才是指针运算唯一可接受的形象。

(指针)数组索引比其他的指针操作更为清晰，并由此具有更少的错误倾向。本规则禁止指针数值的显式计算(即直接对指针操作而不是通过下标)，任何显式计算的指针值会潜在地访问不希望访问的或无效的内存地址。

**注意：**数组索引只能应用在定义为数组类型的对象上。指针可以超出数组结构的范围，或者甚至可以有效地指向任意位置(见规则 21.1)。

例如，有如下方式定义的数组和指针。

```
uint8_t    a[10];
unit8_t    *p;
p = a;                /*或 p = &a[0]; */
*(p+5) = 0;           /*⑤*/
p[5] = 0;             /*⑥*/
```

⑤是不允许的，而⑥属于数组索引，是允许的，尽管就这段程序而言，二者等价。

下面再给出一段例子代码，大家可以仔细领会其中的违规或合规。

```
void my_fn (uint8_t * p1, uint8_t p2[ ] )
{
    uint8_t index = 0 ;
    uint8_t *p3 ;
    uint8_t *p4 ;
    *p1 = 0 ;
    p1 ++ ;                   /* 违规，(对象)指针自增 */
    p1 = p1 + 5 ;             /* 违规，(对象)指针加法 */
    p1[5] = 0 ;               /* 违规，p1 不是数组 */
    p3 = &p1[5];              /* 违规，p1 不是数组 */
    p2[0] = 0;                /* 合规，数组索引 */
    index ++;
    index = index + 5;
    p2[index] = 0;            /* 合规，数组索引 */
    *(p2+index) = 0;          /* 违规，非数组索引 */
```

```
    p4 = &p2[5];                   /* 合规，数组索引 */
}
```

### 规则 17.5【建议】

对象声明所包含的指针间接不得多于 2 级。

指针操作是先通过指针得到一个地址，再通过这个地址找到所指的对象。这是一种间接的方式，不是那么直观，理解的时候需要有一定的想象力。根据指针的这种特性，我们还可以声明指针的指针，即通过指针得到一个地址，再把这个地址看作指针获得另一个地址，最后才定位到所指的对象。这种情况也就是"间接的间接"，理解起来就需要多一点想象力。但如果是"指针的指针的指针"呢？由于间接的级次过多，恐怕就很难想象了。

MISRA 认为，多于 2 级的指针间接(也称指针嵌套)会严重削弱代码的可读性，让人很难理解，也容易出错，因此应当尽力避免。于是才有了这条建议规则。

下面是一些多级指针的例子：

```
    typedef int8_t *     INTPTR;    /* 类型定义，用 INTPTR 代替 int8_t *，后面会用到 */
    struct  s {                     /* 声明结构体 s，其成员均为指向 int8_t 的指针*/
        int8_t  * s1;               /* 合规 */
        int8_t  * s2;               /* 合规 */
        int8_t  * s3;               /* 合规 */
    };
    struct  s *      ps1;           /* 合规，声明指向结构体 s 的指针 */
    struct  s **     ps2;           /* 合规，声明指向结构体 s 的二级指针 */
    struct  s ***    ps3;           /* 违规，声明指向结构体 s 的三级指针 */
    int8_t  **  (*pfunc1)();        /* 合规 */
    int8_t  **  (**pfunc2)();       /* 合规 */
    int8_t  **  (***pfunc3)();      /* 违规 */
    int8_t  ***  (** pfunc4)();     /* 违规 */
    void  function  (int8_t  *   par1,
                      int8_t  **  par2,
                      int8_t  *** par3,                /* 违规 */
                      INTPTR *    par4,
                      INTPTR *    const * const par5,  /* 违规 */
                      int8_t  *   par6[],
                      int8_t  **  par7[])              /* 违规 */
    {
        int8_t * ptr1 ;
        int8_t ** ptr2 ;
        int8_t *** ptr3 ;                              /* 违规 */
```

```
    INTPTR *      ptr4 ;
    INTPTR *      const * const   ptr5 ;                    /* 违规 */
    int8_t *      ptr6[10];
    int8_t **     ptr7[10];
}
```

上述部分指针的解释如下:

• par1 和 ptr1 是指向 int8_t 的指针。

• par2 和 ptr2 是指向 int8_t 的指针的指针。

• par3 和 ptr3 是指向 int8_t 的指针的指针的指针。这是三级指针,因此不适合本规则。

• par4 和 ptr4 扩展开是指向 int8_t 的指针的指针(参考 INTPTR 的定义)。

• par5 和 ptr5 扩展开是指向 int8_t 的指针的 const 指针的 const 指针。这是三级指针,因此不合适本规则。

• par6 是指向 int8_t 的指针的指针,因为作为参数的数组本身就相当于指针(指向数组初始元素的指针)。

• ptr6 是指向 int8_t 类型的指针数组(注意,不是数组指针)。

• par7 是指向 int8_t 的指针的指针的指针,因为作为参数的数组本身就相当于指针。这是三级指针,因此不合适本规则。

• ptr7 是指向 int8_t 的指针的指针数组。这是合适的。

相信有人即使看完这些解释也依然会觉得难以理解。因此,指针虽好,却不是那么好驾驭的,MISRA 将其限制在容易理解的范围是合情合理的。

## 规则 17.6【必需】

自动对象的地址不应赋给另一个在该对象消失后仍然存在的对象。

自动对象即具有自动存储期的局部对象,在声明时用 auto 关键词来描述,但 auto 可以省略,因此很少有人用它。

自动对象具有“块”作用域,其地址分配是动态的、临时的,使用完后即释放(其地址成为无效)。因此,如果一个自动对象的地址在其消亡后依然保留(在另一个对象),是没有意义的,将其赋值给另一对象会导致未定义行为。

本规则的目的就是为了防止上述未定义行为的发生。“自动对象消失后仍然存在的对象”意味着它的“寿命”(生存期)比自动对象更长。因此,本规则的意思就是,自动对象的地址不应赋给生存期更长的对象。

这里需要指出的是,自动对象的地址不应保留下来,但自动对象的值是可以保留下来的。

C 语言中提供了由 auto、register、extern 和 static 关键词说明的四种存储类别。四种存储类别说明符有两种存储期,即自动存储期和静态存储期。其中 auto 和 register 对应自动存储期,而 extern 和 static 对应静态存储期。显然,具有静态存储期的对象要比自动存储期的对象更“长寿”,因为静态对象是在程序一开始就创建,直到程序结束。另一方面,

即便都是自动对象,它们的生存期也可能不同。总之,比自动对象生存期更长的对象包括:

• 具有更大作用域的对象。比如用{}包含起来的复合语句,其外部的自动变量相比内部的自动变量具有更长的生存期。

• 静态对象,如全局变量。

• 从一个函数返回的对象。

例如,以下代码返回自动变量 local_auto 的地址,违反了本规则:

```
int8_t * foobar (void)
{
    int8_t   local_auto;
    return (&local_auto);           /*违规*/
}
```

我们再看下面这段代码:

```
#include "stdio.h"
char * getm(void)
{
    char p[] = "hello world";       /*数组 p 在函数中定义,属自动对象*/
    return p;                       /*返回数组 p 的地址*/
}

int main()
{
    char *str = NULL;
    str = getm();                   /*试图通过函数调用获取数组指针*/
    printf(str);
}
```

程序员希望最后的输出结果是“hello world”这个字符串,然而实际运行时,却出现乱码(具体内容依赖于编译运行环境)。

简单分析一下,由于 char p[] = "hello,world" 这条语句中,p[]是自动对象,因此系统是在栈中为其分配空间存储“hello world”字符串,当函数 getm()返回的时候,已分配的空间将会被释放(但内容并不会被销毁),而 printf(str)涉及系统调用,有数据压栈,会修改之前分配给数组 p[]存储空间的内容,导致程序无法得到预期的结果。

倘若将 getm() 函数体中的 char p[] = "hello world" 语句改成 char *q = "hello world",相应地返回值也是指针 q(注意是 q 的内容而非地址!),则执行 main()的时候就可以正确输出“hello world”。这是因为指针变量 q 指向的是静态数据区,而非栈中的某个单元,也就是说“hello world”分配到了 BSS 区(block started by symbol)而不是栈中。

此例还说明,数组名与指向数组的指针在实现细节上有很大的差异,程序员应该小心使用。

本规则与 ISO C 的未定义行为 9、26 有关。

# 7.4　结构体与联合体

结构体和联合体是 C 语言中比较复杂的数据结构，它们虽然给我们编程带来了很大的便利，但也是错误频发的危险领域，其中隐藏着较大的风险。MISRA C2 中为此制定了 4 条规则，编为第 18 组。

---

**规则 18.1【必需】**

所有结构体与联合体的类型应该在翻译单元的末尾是完整的。

---

翻译单元或称编译单元(translation unit)指自然形成的源文件(包括其包含的头文件)，是程序代码的基本存放单位。因此可以认为，完整的程序是由一个一个的翻译单元构成的，各翻译单元被单独编译后相互链接形成完整的可执行文件。

对于一个结构体或联合体，在一个翻译单元中可以有多个不完整声明，但必须有且只能有一个完整定义，否则可能导致未定义行为。

所谓不完整声明，是指在声明的时候，有一些细节如对象的大小、内存布局和对齐方式等不清楚，使编译器无法为该声明做准备。例如，下面是有关结构体的代码：

```
struct   tnode * pt;              /* 此处 tnode 是不完整的 */
struct   tnode                    /* 声明结构体类型 tnode */
{
    int       count;
    struct    tnode * left;
    struct    tnode * right;
};                                /* tnode 类型现在完整了 */
```

单看上述第一行 struct  tnode * pt ，我们只知道声明了一个指向 tnode 结构体的指针，至于这个 tnode 的具体构成，即有哪些成员，各是何种类型，如何排列等都不清楚，这就是不完整声明。显然，就这样交给编译器去处理是不可行的。

从第二行开始是对结构体 tnode 的声明。有了这个声明，tnode 的构成就完整了：它有 3 个成员，1 个是整型，2 个是结构体指针……那么问题来了，既然此时可以完整声明，那还要第一行的不完整声明干什么？直接接着声明那个 tnode 结构体指针不就行了吗(如果需要的话)？

问题的关键在于 tnode 结构体中的两个成员，都是指向 tnode 结构体的指针！这种情况称为"自引用"，即一个结构体中包含了指向该结构体的指针。还有一种情况称为"互引用"，即结构体 A 中包含了结构体 B 的指针，而结构体 B 中又包含了结构体 A 的指针。

在声明结构体时，要求其成员类型(其实是长度 size)都是确定的。因此，如果直接声明 tnode 结构体，其中的 tnode 指针成员就会报错。因为 tnode 声明此时尚未完成，编译器还不认识它们！这看起来就像一个互为因果的无限循环。

解决的办法就是先来一个"不完整声明"，如例子中的第一行，告诉编译器后面要用到 tnode 结构体指针。虽然此时还不清楚该结构体的具体构成，但指针代表的是地址，其长度(size)在具体的机器平台和编译器环境中都是已知的(如 32 位)，这就使得在随后的 tnode 声明中，两个指针成员都得以确定，从而完成整个 tnode 结构体的声明。

以上讨论的是结构体，对于联合体也有类似的情况，此处不再赘述。

总结一下，本规则的意思是，结构体或联合体的类型声明在涉及该结构的翻译单元结束之前必须保持完整。

本规则与 ISO C 的未定义行为 35 有关。

---

### 规则 18.2【必需】

对象不应赋值给一个重叠的对象。

---

当两个对象创建后，如果它们拥有重叠的内存空间，那么把其中一个对象的值赋给另外一个时，会导致未定义行为。如图 7.4-1 所示，对象 A 和 B 的存储空间有一部分是重叠的(C)，那么当把 A 赋给 B 或者把 B 赋给 A 时，由于 C 的存在，其后果将难以预料。

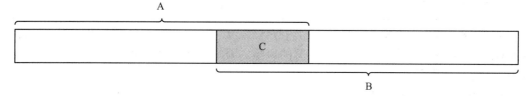

图 7.4-1  重叠对象

我们再看下面的例子，是将 Buffer [] 中的部分内容赋给其内部的重叠部分(为便于理解，我们以注释的形式来标注每个字符在字符串中的位置):

```
                    /*          111111111 */
                    /* 0123456789012345678 */
char_t Buffer[] ="The quick brown fox";
...
memmove ( &Buffer[4], &Buffer[10], 10 );        /* 得到 \"The brown fox\" */
memcpy ( &Buffer[4], &Buffer[10], 10 );         /* 可能得到 \"The foxwn fox\" */
```

本规则的意思是，将一个对象赋值给另一个对象时，如果它们的内存空间有所重叠，便不可行。上述 memmove 和 mencpy 操作都是违背 MISRA 规范的。

本规则与 ISO C 的未定义行为 34、35 有关。

---

### 规则 18.3【必需】

不能为了不相关的目的重用一块内存区域。

---

　　设想一下，在内存中开辟一块区域用来存储一批数据，然后在不同的时刻又用来存储另一批数据，这样重复利用，内存共享，大大提高了内存的利用率。事实上，确实存在这样的内存重用技术。要实现这种重用，两段不同的数据块需要存储于程序运行期间不相连的时间段，而且从来不会被同时请求。

　　对于安全相关的系统，不建议使用这样的重用技术，因为它会带来许多风险。比如：一个程序可能试图访问某个区域的某种类型的数据，而当时该区域正在存储其他来源的数据(如由中断服务程序引起的)。这两种类型的数据在存储上可能不同而且可能会侵占其他数据。这样在每次切换使用时，数据可能不会正确初始化。这样的做法在并发系统中是尤其危险的。

　　然而，有时出于效率的原因可能会要求这样的存储共享。这时就非常需要采用检测手段以确保错误类型的数据永远不会被访问，确保数据始终被适当地初始化了，以及确保对其他部分数据(如由分配不同引起的)的访问是不可能的。所采取的检测手段应该文档化，并且给出在违背本规则的情况下依然是正确的证据。

　　可以使用联合体(虽然 MISRA 不赞成使用，见规则 18.4)或其他手段做到这一点。

## 规则 18.4【必需】

不要使用联合体。

　　规则 18.3 禁止为不相关的目的重用内存区域。然而，即使内存区域是为了相关目的而重用(比如联合体)，仍然存在数据被误解的风险。因此，MISRA 干脆提出本规则，禁止使用联合体。

　　联合体某个成员写入了一个数据，随后该成员也能够以定义良好的方式读回。然而，如果联合体某成员写入数据后，再由不同的成员读回，其行为将取决于相关成员的大小(size)。

- 如果读出成员的类型宽于写入的成员，读回的值是不确定的(unspecified)。
- 否则，读回的值是实现定义的(implementation-defined)。

　　例如，以下代码中，一个 16 位的数据保存在联合体中，但读出的是 32 位，这会导致不确定的结果：

```
uint32_t zext ( uint16_t s )
{
    union
    {
        uint32_t ul;
        uint16_t us;
    } tmp;

    tmp.us = s;
    return tmp.ul;              /* unspecified value */
}
```

标准 C 语言允许联合体一个成员的内容可以由另一个类型为 unsigned char 的数组来访问,意在以字节为单位实现完整的读写。然而,鉴于这种访问依然会导致不确定的值,MISRA 主张联合体不应该被使用。

尽管如此,人们认识到,有时为了高效的目的小心使用联合体是可取的。在这种情况下,只要所有相关的实现定义行为都被记录存档,对本规则的背离就被认为是可接受的。在实践中这可以通过引用编译器手册的实现部分来解决。可能相关的实现定义行为包括:

- 填充(padding):在联合体的尾部填入了多少内容。
- 对齐(alignment):联合体的成员是如何对齐的。
- 存储次序(endianness):数据字中高位字节是存储在低地址还是高地址,即端模式(大端模式还是小端模式)。
- 位次序(bit-order):字节中的位是如何计算的以及如何分配在位域中的。

对如下情况,背离本规则是可以接受的:

- 数据打包和解包(packing and unpacking),如在发送和接收消息时,经常要使用。
- 变体记录(variant records),如果变体是由通用域区分的,没有区分的变体记录在任何情况下都是不合适的。

### 1. 数据打包和解包

在下面的例子中,使用联合体访问一个 32 位的数据字,其各字节是以高字节优先的顺序通过网络接收到的。现假设该特殊实现依赖于:

- uint32_t 类型占据 32 位数据字。
- uint8_t 类型占据 8 位数据字。
- 数据字的最高有效字节存储在最低内存地址(大端模式,即 big endian)。

实现接收和打包的代码可能如下:

```
typedef union {                          /* 声明联合体类型 */
    uint32_t      word;                  /* 32 位的字 */
    uint8_t bytes[4];                    /* 8 位的数组 */
} word_msg_t;

uint32_t      read_word_big_endian (void)   /* 接收打包函数 */
{
    word_msg_t  tmp;                     /* 声明一个联合体变量 */
    tmp.bytes[0] = read_byte ();         /* 第一个字节(最高字节)保存在元素 0 */
    tmp.bytes[1] = read_byte ();
    tmp.bytes[2] = read_byte ();
    tmp.bytes[3] = read_byte ();
    return (tmp.word);                   /* 以 32 位数据字的形式返回 */
}
```

以上代码使用了联合体,先将数据字逐个 byte 接收到联合体的数组中,按要求的存放次序排列好,再用联合体另一成员以 32 位数据字的形式读取并返回。值得注意的是上面的函数体可以写成如下可移植的形式：

```
uint32_t read_word_big_endian (void)
{
    uint32_t   word;
    word =         ( ( uint32_t ) read_byte () ) << 24;
    word = word | ( ( ( uint32_t ) read_byte () ) << 16 );
    word = word | ( ( ( uint32_t ) read_byte () ) << 8 );
    word = word | ( ( uint32_t ) read_byte () ) ;
    return (word);
}
```

不幸的是，在面临可移植的编码实现时，大多数编译器产生的代码效率要低得多。当程序对高执行速度或低内存使用的要求超过可移植性时，使用联合体来实现是可以考虑的。

### 2. 变体记录

联合体通常用于实现变体记录(variant records)。变体记录中的每个变体共享公共域(共用字段)并具有各自私有的附加域(私有字段)，是一种特殊的联合体架构。

下面的例子基于 CAN 总线校准协议(CAN Calibration Protocol，CCP)，其中每个发送给 CCP 客户端的 CAN 消息共享两个通用的域，每个域占一个字节。其后最多可附加 6 个字节，这些字节的解释依赖于第一个字节中的消息类型。

这个特定实现依赖于如下假设：

- uint16_t 类型，占据 16 位。
- uint8_t 类型，占据 8 位。
- 排列和打包的规则是，uint8_t 和 uint16_t 类型的成员之间不存在间隙。

为了简化，本例中只考虑两种消息类型。这里给出的代码是不完整的，只是用来描述变体记录而不是作为 CCP 的实现模块。

```
/* 所有 CCP 消息的公共域 */
typedef struct
{
    uint8_t msg_type;
    uint8_t sequence_no;
} ccp_common_t;
/* 类型定义：CCP 连接消息 */
typedef struct
{
    ccp_common_t    common_part;
    uint16_t        station_to_connect;
} ccp_connect_t;
/* 类型定义：CCP 断开消息 */
```

```
typedef struct
{
    ccp_common_t        common_part;
    uint8_t disconnect_command;
    uint8_t pad;
    uint16_t        station_to_disconnect;
} ccp_disconnect_t;
/* 变例声明 */
typedef union
{
    ccp_common_t        common;
    ccp_connect_t        connect;
    ccp_disconnect_t    disconnect;
} ccp_message_t;

/* CCP 消息处理函数 */
void process_ccp_message (ccp_message_t    *msg)
{
    switch (msg->common.msg_type)
    {
    case ccp_connect:
        if (MY_STATION == msg->connect.station_to_connect)
        {
            ccp_connect ();
        }
        break;
    case ccp_disconnect:
        if (MY_STATION == msg->disconnect.station_to_disconnect)
        {
            if (PERM_DISCONNECT == msg->disconnect.disconnect_command)
            {
                ccp_disconnect ();
            }
        }
        break;
    default:
        break;    /* 此处略去 default 时的命令 */
    }
}
```

顺便提一下，规则 18.4 在 MISRA C2 中是必需规则，体现了 MISRA 对联合体的不信任，但在 MISRA C3 中，不信任的程度有所减轻，规则虽然保留，但降级成了建议规则(见 MC3 规则 R19.2)。

# 本 章 小 结

1. C 基础知识回顾

(1) 指针的概念：指针的底层类型、指针所指向的类型、指针的值、指针所在的地址。

(2) 指针的类型：指向对象的指针、函数指针、void 指针、空指针。

(3) 指针的运算。

(4) 指针与数组。

(5) 结构体与联合体。

2. 指针转换规则

(1) 函数指针与任何非整型的类型之间不可转换；对象指针，与除整型、另一对象指针或 void 指针之外的其他类型之间，不得转换(规则 11.1、11.2)。

(2) 不应在指针类型和整型之间进行强制转换；不应在不同类型的对象指针之间进行强制转换(规则 11.3、11.4)。

(3) 不允许去除 const 或 volatile 限定符的指针转换(规则 11.5)。

3. 指针与数组规则(指针运算规则)

(1) 只有指向数组或数组元素的指针才适用指针算术运算；只有指向同一数组中元素的指针才适用指针减法；只有指向同一数组的指针才适用指针比较运算(规则 17.1～17.3)。

(2) 数组索引应当是指针数学运算唯一可行的方式；对象声明所包含的指针间接不得多于 2 级(规则 17.4、17.5)；

(3) 自动对象的地址不应分配给另一个在该对象消失后仍然存在的对象(规则 17.6)。

4. 结构体与联合体规则

(1) 所有结构体与联合体的类型应该在翻译单元的末尾是完整的；对象不应赋值给一个重叠的对象；不能为了不相关的目的重用一块内存区域(规则 18.1～18.3)。

(2) 不要使用联合体(规则 18.4)。

# 练 习 题

一、判断题

1. 指针存储的是地址，属于整型值，因此指针类型就等同于整型。　　　　　(　　)

2. MISRA 建议，不应在指针类型和整型之间进行强制转换。　　　　　(　　)

3. 任何两个指针都可以进行相等或不等测试。　　　　　(　　)

4. 只有同类型的指针才可以比较大小。　　　　　(　　)

5. 如果指针 p 和 q 指向了同一数组中的元素，那么 p－q 是有意义的，否则是无意

义的。　　　　　　　　　　　　　　　　　　　　　　　　　　　　　　　　　( 　　 )

　　6. 无论如何，两个指针相加是没有意义的。　　　　　　　　　　　　( 　　 )

　　7. 必要时，自动对象的地址在其释放后应该保留下来。　　　　　　　( 　　 )

　　8. MISRA 认为，联合体不利于安全相关系统，不应使用。　　　　　　( 　　 )

## 二、填空题

　　1. 只有指向数组或数组元素的指针才适用指针算术运算，即( 　　　　　　 )或( 　　　　　　 )。

　　2. 只有指向同一数组元素的指针才适用( 　　　　　　 )运算和( 　　　　　 )运算。

　　3. 所有( 　　　　 )与( 　　　　　　 )的类型在翻译单元的末尾应该是完整的。

## 三、单项选择题

　　1. 函数指针可以转换为以下类型中的( 　　 )。

　　A. 整型　　　　　　 B. 对象指针　　　 C. 浮点型　　　　　 D. 其他函数指针

　　2. 对象指针不可以转换为以下类型中的( 　　 )。

　　A. 整型　　　　　　 B. 对象指针　　　 C. void 指针　　　　 D. 函数指针

　　3. 设 p1、p2 为同类型指针，以下表达式中不正确的是( 　　 )。

　　A. p1 = p2　　　　 B. p1 == p2　　　 C. p1 != NULL　　 D. p1 + p1

　　4. 已知指针 pa 指向数组 arr[]，以下表达式中不是通过指针引用的是( 　　 )。

　　A. pa[i]　　　　　 B. arr[i]　　　　 C. *(pa + i)　　　 D. *(arr + i)

　　5. 已知指针 pt1 和 pt2 均指向同一数组，以下指针运算中不合法的是( 　　 )。

　　A. pt1 – pt2　　　 B. pt1 >= pt2　　 C. pt1 * 2　　　　 D. pt2 ++

　　6. 以下说法中，不符合 MISRA C2 标准的是( 　　 )。

　　A. 数组索引应当是指针数学运算唯一可行的方式

　　B. 指针嵌套最多不得超过 3 级

　　C. 重用一块内存区域通常不利于安全相关系统，不应使用

　　D. 如果两个对象存在重叠的存储区域，则不可以相互赋值

## 四、简答题

　　1. 为什么 MISRA 建议不应在不同类型的对象指针之间进行强制转换？

　　2. 简述类型限定符 const 的意义，如果在指针的强制转换中丢失了 const，会有什么风险？

　　3. 简述类型限定符 volatile 的意义，如果在指针的强制转换中丢失了 volatile，会有什么不良后果？

　　4. 试总结一下指向同一数组元素的指针所有可行的指针运算方式。

# 第 8 章　打造安全的编译环境

 **内容提要**

随着软件集成开发环境(IDE)的广泛使用,许多软件工程师习惯于点击一下按钮便将自己的代码全盘托付给编译环境,并没有认真思考该如何恰当地使用编译器的指令和编译器的资源,以及编译工具与代码的安全性有什么关联。好在 MISRA 考虑到了这一问题,制定了有关预处理、宏定义、库函数的规则,使得我们不至于因编译器使用不当而增大了代码的风险。

编译器是软件开发必不可少的工具,它通常包含在集成开发环境(IDE)当中,使用也越来越简单。比如,μVision 是一款用于 ARM 嵌入式开发的流行 IDE,除了软件工程管理和代码编辑,有关编译器和调试工具也包含在其中。IDE 的使用也非常方便简单,只需交互界面上点击鼠标就行了,通常不必深入到编译工具当中。

许多工程师在开发软件的过程中,早已习惯于将代码无条件地交给编译器去处理。很少有人会思考,编译器远非我们想象的那么完美无缺,可以帮我们搞定一切。如果编译器以及编译器附带的资源使用不当,同样会给代码带来风险,甚至使我们在编码上的努力毁于一旦。

在 MISRA C2 中专门为使用编译器指令、库函数等制定了两组规则,使我们能够有法可依,构建安全可靠的编译环境,及时防范上述风险。

为了很好地理解、掌握这些规则,我们先来了解一些编译器的基础知识。

## 8.1　编　译　器

### 8.1.1　编译器的作用

编译器(compiler)是将一种语言(通常为高级语言)翻译为另一种语言(通常为可执行代码)的工具软件。其实,我们通常所说的编译器是一个工具套件,包括预处理器、编译器、链接器,还有汇编器等,其典型工作过程如图 8.1-1 所示。

图 8.1-1　编译器典型的工作过程

编译器首先要做一些准备工作(预处理)，然后进行语法分析，也就是要把那些标识符、关键词等字串分离出来，再进行语义分析，就是把各个由语法分析分析出的语法单元的意义搞清楚，得到目标文件(obj 文件)，最后经过链接器的链接就可以生成可执行代码文件了。有些时候需要把多个文件产生的目标文件进行链接，产生最后的代码，这一过程称为交叉链接。

当然，编译器还有一些其他功能，如查错(检查源程序是否符合语法、是否有效)、优化(即让可执行代码在空间或时间方面表现更佳)等。

不同的编译器提供大致相同的功能和资源，却有着不尽相同的使用方法，包括五花八门的编译选项或开关、预处理指令以及各种库函数。其中，编译选项用于对编译器或编译对象的属性进行选择或参数设置，库函数提供了现成的标准函数的实现，使用者可尽情地纳为己用而不必自己去写代码，而预处理指令则用于对源代码进行"预处理"，为正式编译做准备，包括文件包含、宏定义、条件编译等。

上述编译选项、预处理、库函数三个方面都会对最终的代码质量产生影响，尤其是预处理和库函数，前者会对编译过程及结果产生影响，后者则是将外来因素直接加入到源代码当中。

## 8.1.2　预处理

编译器的预处理功能是通过在源代码中插入指令来实现的，这些指令称为预处理命令。虽然它们不是 C 语言的一部分，但扩展了 C 程序设计的环境。合理使用预处理功能编写的程序便于阅读、修改、移植和调试，也有利于模块化程序设计。标准 C 中定义的预处理指令并不多，主要如表 8.1-1 所示。

表 8.1-1　标准 C 预处理指令

| 序号 | 指令 | 用　　途 |
|---|---|---|
| 1 | #include | 文件包含 |
| 2 | #define | 宏定义 |
| 3 | #undef | 取消宏定义 |
| 4 | #ifdef | 条件编译：如果宏已经定义，则编译下面的代码 |
| 5 | #ifndef | 条件编译：如果宏没有定义，则编译下面的代码 |
| 6 | #if | 条件编译(类似于 if…else if…else 语句)： |
| 7 | #else | 如果#if 后面的表达式为 true，则编译下面的代码，否则编译#else 下面的 |
| 8 | #elif | 代码(或检查#elif 后面的表达式再决定编译块)。 |
| 9 | #endif | #endif 用于结束该条件编译 |
| 10 | #line | 改变当前行数和文件名称 |
| 11 | #error | 停止编译并输出一个错误信息 |
| 12 | #pragma | 没有正式的定义。编译器厂商可以自行定义其用途，允许传送各种指令或信息 |

预处理指令一定是以#开头，后跟指令关键词和参数(表中仅列出 # 和关键词)，且以单行作为书写单位，即一行就是一条预处理指令，末尾不需要添加分号(与 C 语句不同)。

下面对表中常用的预处理指令做一个简要说明。

## 1. 文件包含(#include)

#include 用来引入相应的头文件(.h 文件)。#include 的处理过程很简单，就是将头文件的内容插入到该命令所在的位置，从而把头文件和当前源文件合成一个源文件，这与复制粘贴的效果是一样的。

#include 的用法有如下两种：

```
#include   <文件名>
#include   "文件名"
```

使用尖括号<>和双引号" "的区别在于头文件的搜索路径不同：

- 使用尖括号<>，编译器会到系统路径下查找头文件。
- 而使用双引号" "，编译器首先在当前目录下查找头文件，如果没有找到，再到系统路径下查找。也就是说，使用双引号比使用尖括号多了一个查找路径，它的功能更为强大。

**注意：**一个#include 命令只能包含一个文件，若有多个文件要包含，则需用多个#include 命令。另外，文件包含允许嵌套，即在一个被包含的文件中又可以包含另一个文件。

在程序设计中，文件包含是很有用的。一个大程序可以分为多个模块，由多个程序员分别编程。有些公用的符号常量或宏定义等可单独组成一个文件，在其他文件的开头用包含命令包含该文件即可使用。这样，可避免在每个文件开头都去书写那些公用量，从而节省时间，并减少出错。

## 2. 宏定义(#define)

所谓宏定义，就是用一个标识符来表示一个字符串。如果在后面的代码中出现了该标识符(称为宏名)，那么就全部替换成指定的字符串，这就是宏替换或宏展开。

在 C 语言中，宏定义分为有参数和无参数两种。下面分别讨论这两种宏的定义和调用。

### 1) 无参数宏定义

无参数宏的宏名后不带参数。其定义的一般形式为

```
#define   宏名 字符串
```

其中，#define 为宏定义命令。宏名是标识符的一种，命名规则和变量相同。字符串可以是数字、表达式、if 语句、函数、格式串等。这里所说的字符串是一般意义上的字符序列，不要和 C 语言中的字符串等同，它不需要双引号。

宏定义用宏名来表示一个字符串，在宏展开时又以该字符串取代宏名。这只是一种简单的文本替换，预处理程序对它不作任何检查。如果有错误，则只能在编译已被宏展开后的源程序时发现。

例如，有如下宏定义：

```
#define PI 3.1415926
```

会将之后代码里所有的标识符 PI 替换为 3.1415926。

无参数宏定义注意事项：

- 宏定义不是说明或语句，在行末不必加分号，如加上分号则连分号也一起替换。
- 宏定义必须写在函数之外，其作用域为从宏定义命令起到源程序结束为止。如要终

止其作用域可使用#undef 命令。

• 代码中的宏名如果被引号包围,那么预处理程序不对其作宏代替,例如:

```
#define PI 3.1415926
int main()
{
    printf ( "PI\n" ) ;
    return 0 ;
}
```

运行结果为 PI。虽然 PI 被定义为 3.1415926,但在 printf 语句中 PI 被引号括起来,因此不作宏替换,而作为字符串处理。

• 宏定义允许嵌套,在宏定义的字符串中可以使用已经定义的宏名,在宏展开时由预处理程序层层代换。例如:

```
#define N 100
#define S N*N               /* N 是已定义的宏名 */
```

• 习惯上宏名用大写字母表示,以便与变量区别(但也允许用小写字母)。

• 可以用宏定义表示数据类型,使书写方便。但使用时要格外小心,以免出错,毕竟只是简单的字符串替换。

• 使用宏可提高程序通用性和易读性,减少不一致性,减少输入错误并且便于修改。如数组大小常用宏定义。

• 宏定义不是变量定义,不会分配内存。

2) 带参数宏定义

C 语言允许宏带有参数。在宏定义中的参数称为形式参数,在宏调用中的参数称为实际参数。带参数宏的表现形式和调用方式都和函数有些类似。对带参数的宏,在展开过程中不仅要进行字符串替换,还要用实参去替换形参。

带参数宏定义的一般形式为:

```
#define   宏名(形参列表) 字符串
```

字符串中含有各个形参。带参数宏调用的一般形式为:宏名(实参列表),与函数调用非常类似。在宏定义中的形参是标识符,而宏调用中的实参可以是表达式。

在带参数宏定义中,形参不分配内存单元,因此不必作类型定义。而宏调用中的实参有具体的值,要用它们去代换形参,因此必须作类型说明,这点与函数不同。函数中形参和实参是两个不同的量,各有自己的作用域,调用时要把实参值赋予形参,进行值传递。而在带参数宏中只是符号代换,不存在值传递问题。例如:

```
#define INC( x ) x+1        /* 宏定义 */
y = INC( 5 );               /* 宏调用 */
```

在宏调用时,用实参 5 去代替形参 x,经预处理宏展开后的语句为 y=5+1。

再看一个例子:

```
#define PI 3.1415926
#define S( r ) PI*r*r
```

上述这种实参为表达式的宏定义，在一般使用时没有问题，但遇到如 area=S(a+b);时就会出现问题，宏展开后变为 area=PI*a+b*a+b;，显然违背本意。

相比之下，函数调用时会先把实参表达式的值(a+b)求出来再赋予形参 r；而宏替换对实参表达式不作计算直接地照原样代换。因此在宏定义中，字符串内的形参通常要用括号括起来以避免出错。

带参宏定义注意事项：

• 宏名和形参表的括号间不能有空格。

• 宏替换只作替换，不作计算，不作表达式求解。

• 在宏定义中，字符串内的形参通常要用括号括起来以避免出错。同时，对于带参宏定义，不仅要在参数两侧加括号，还应该在整个字符串外加括号。

• 函数调用与带参宏调用在形式上虽然类似，却有着本质上的区别：

① 函数在编译后程序运行时进行，并且分配内存；宏替换在编译前进行，不分配内存。

② 宏的哑实结合不存在类型，没有类型转换，也不存在值传递，函数正好相反。

③ 函数只有一个返回值，利用宏则可以设法得到多个值。

④ 宏展开使源程序变长，函数调用则不会。

⑤ 宏展开不占用运行时间，只占编译时间，函数调用占用运行时间(分配内存、保留现场、值传递、返回值)。

3) 宏参数的字符串化和宏参数的连接

在宏定义中，有时还会用到 # 和 ## 两个运算符，它们能够对宏参数进行操作。

• #的用法。除了作为预处理指令引导符外，# 还可作为字符串化(stringizing)操作符，即将宏参数转换为字符串，也就是在宏参数的开头和末尾添加引号。例如，有如下宏定义：

```
#define STR( s ) #s
printf ("%s", STR (www.baidu.com) ) ;
printf ("%s", STR ("www.baidu.com") ) ;
```

上述两条 printf 语句将展开为

```
printf ("%s", "www.baidu.com" ) ;
printf ("%s", "\"www.baidu.com\"" ) ;
```

可以看出，#s 的作用就是将 s 所代表的字符串两端加上引号，即使字符串本身已经有了引号，使用#操作也会在其两端添加新的引号，原来的引号变成了转义形式。

请注意 # 对空格的处理：

① 忽略传入参数名前面和后面的空格。如 st=STR(abc)会被扩展成 st="abc"。

② 当传入参数名间存在空格时，编译器会自动连接各个子字符串，每个子字符串间只以一个空格连接。如 st= STR(abc def)会被扩展成 str="abc def"。

• ##的用法。## 称为连接符(concatenator 或 token-pasting)，用来将两个或多个词汇

(token)连接起来成为一串。这里的词汇既可以是宏的参数，也可以是其他标记。

例如，有如下的宏定义：

```
#define CN1( a, b ) a##e##b
#define CN2( a, b ) a##b##00


printf ("%f\n", CN1 (8,5, 2 ) ) ;
printf ("%d\n", CN2 (33, 44 ) ) ;
```

上述两条 printf 语句将展开为

```
printf ("%f\n", 8.5e2)  ;
printf ("%d\n", 334400 ) ;
```

**注意：**

① 当用 ## 连接形参时，## 前后的空格可有可无。

② 连接后的实际参数名，必须为实际存在的参数名或是编译器已知的宏定义。

③ 凡是宏定义里有用 # 或 ## 的地方，宏参数不会再展开。

利用 # 和 ## 运算符，还可以实现一些有趣而又特别的功能，此处不赘述。

**3. 条件编译**

一般情况下，源程序中所有的内容都要参加编译。但有时我们希望只对其中的一部分代码进行编译那该怎么办呢？有人可能会添加注释，把不要编译的代码注释掉，不过这不是一种好办法，MISRA C2 中也不建议这么做(见规则 2.4)。正确的做法是，我们可以对需要选择的代码设定编译条件，当条件满足时对一部分代码进行编译，而当条件不满足时则编译另一部分代码，这就是条件编译。

条件编译功能是编译器提供的，用户可以根据自己的需要设置若干不同的条件，从而产生不同的目标代码文件。这对于程序的移植和调试是很有用的。

条件编译有三种形式，下面分别介绍。

**1) #ifdef 形式**

#ifdef 条件汇编格式如下：

```
#ifdef   宏名          /* 也可写为 #if defined 宏名 */
    程序段 1
#else
    程序段 2
#endif
```

其意思是，如果宏名被 #define 定义过，则编译程序段 1，否则编译程序段 2。如果程序段 2 不存在，可以省略 #else。这里的程序段可以是语句组，也可以是命令行。这种条件编译可以提高 C 源程序的通用性。例如：

```
#define DEBUG 1
main()
```

```
    {
    #ifdef DEBUG
        printf("正在以 Debug 模式编译…/n");
    #else
        printf("正在以 Release 模式编译…/n");
    #endif
        return 0;
    }
```

上述第一行定义了 DEBUG 为 1，故执行结果为正在以 Debug 模式编译……

其实，DEBUG 可以定义为任何非 0 值，结果都一样，甚至不给出任何具体值，即 #define DEBUG 也具有同样的效果。

2) #ifndef 形式

#ifndef 条件汇编格式如下：

```
#ifndef  宏名            /*  也可写为 #if !(defined 宏名) */
    程序段 1
#else
    程序段 2
#endif
```

其意思是：如果宏名未被#define 命令定义过，则对程序段 1 进行编译，否则对程序段 2 进行编译，这与#ifdef 形式的功能正相反。同样，若程序段 2 不存在，#else 可以省略。

3) #if 形式

#if 条件汇编格式如下：

```
#if 常量表达式 1
    程序段 1
#elif 常量表达式 2
    程序段 2
#elif 常量表达式 3
    程序段 3
#else
    程序段 4
#endif
```

其意思是：如果常量表达式 1 的值为真(非 0)，则编译程序段 1，否则计算表达式 2，如果为真就编译程序段 2，否则就计算表达式 3……如果所有表达式都不为真，则编译#else 后的程序段。其处理过程与 C 语言的 if…else if…else 语句非常相似。

需要注意的是，上述 #if 和 #elif 指令中的常量表达式，可以是简单的宏名或宏名构成的表达式，也可以是 defined 运算符构成的表达式。如果没有更多的程序段需要选择，相应的#elif 或#else 指令也可以省略。

条件编译可使程序在不同条件下，完成不同的功能。例如，输入一行字母字符，根据需要设置条件编译，使之能将字母全改为大写或小写字母输出：

```
#define CAPITAL_LETTER     1
int main(void)
{
    char str[] = "C Language", ch;
    int i = 0;
    while((ch = str[i++]) != '\0')
    {
    #if CAPITAL_LETTER
        if((ch >= 'a') && (ch <= 'z'))
            ch = ch - 0x20;
    #else
        if((ch >= 'A') && (ch <= 'Z'))
            ch = ch + 0x20;
    #endif
        printf("%c", ch);
    }
    return 0;
}
```

程序第一行定义宏 CAPITAL_LETTER 为 1，因此在条件编译时常量表达式 CAPITAL_LETTER 的值为真(非零)，故运行后使小写字母变成大写(C LANGUAGE)。

本例的条件编译当然也可以用 if 条件语句来实现。但是用条件语句将会对整个源程序进行编译，生成的目标代码程序很长；而采用条件编译，则根据条件只编译其中的程序段 1 或程序段 2，生成的目标程序较短。如果条件编译的程序段很长，采用条件编译的方法是十分必要的。

**注意**：条件编译不论是 #if，还是 #ifdef/#ifndef 形式，都要有一个明确的结束标志，即 #endif 指令。如果没有 #endif，整个条件编译的框架就不完整，编译器就无法确认编译的范围。

## 8.1.3 标准库

标准库(standard library)是标准 C 的一个重要组成部分。其目的是试图提供一组统一通用的函数和数据结构，让开发者在大部分不同的系统平台(硬件架构+操作系统)都能使用一些相同的功能、做到相同的事，也就是具有可移植性。

目前各种 C 语言系统都提供了标准库的所有功能，并遵循其规范提供了一组标准头文件。此外，大多数 C 语言系统还根据自己的需要和运行环境情况，提供了许多扩充的库功能，如图形库、直接利用操作系统甚至计算机硬件功能的库等。此外，还有一些第三方软件和公开软件发布了许多通用和专用的 C 语言支持库，可以用于特定的系统或者特定的应用领域。

如果用户程序只使用了标准库，那么这个程序就更容易移植到另一 C 语言系统上，甚至移到另一种计算机上使用。但如果使用了非标准的扩充库，那么程序的移植就会遇到困难。

C 语言的标准库通常由以下两部分组成：

- 标准头文件。
- 库函数代码文件。

其中，库代码文件里主要是各个标准函数的实际机器指令代码段，一些相关数据结构(一些实现标准库所需的变量等)，可能还包括一些链接信息。如果一个程序用到了某些标准函数，在程序链接时，链接器就会从库代码文件里提取出有关函数的代码和其他相关片段(并非整个代码文件)，把它们装配到用户开发的代码中，并完成所有调用的链接。这样就保证了用户程序的紧凑性，避免程序中出现大量无用冗余代码段的情况。

标准头文件在 C 语言标准里有明确规定，它们的作用就是为使用标准库函数的源程序提供信息。标准头文件主要由函数原型、类型定义以及宏定义组成。通过预处理命令包含这些头文件，将使编译器在处理代码时获得所有必要的信息，从而保证程序中对标准库的使用与库文件里有关定义之间的一致性。

如果用户程序要使用标准库所提供的功能，只需用 #include 预处理命令引入相关头文件，然后按规矩调用就可以了。或者说，标准头文件是使用标准库的一个通用接口，我们只需在这个接口中操作，至于具体功能怎么实现，库代码如何运转，我们完全不必关心。

因此，如何使用标准库就等价于如何使用标准头文件。

标准 C 共定义了 15 个头文件，也就是我们所熟知的 C 标准库。标准头文件通常存放在 C 语言系统主目录下的一个子目录里，这个目录的名字一般是 include。所有的编译器都必须支持这些标准库(见表 8.1-2)。

表 8.1-2　C 标准库一览表

| 序号 | 头文件名 | 功能 | 描　　述 |
|---|---|---|---|
| 1 | assert.h | 诊断 | 仅包含 assert 宏。用于验证程序做出的假设，并在假设为假时输出诊断消息 |
| 2 | ctype.h | 字符处理 | 包含判断字符类型及大小写转换的函数 |
| 3 | errno.h | 错误监测 | 提供错误信息标识 errno。可以在调用特定库函数后检测 errno 的值以判断调用过程中是否有错误发生 |
| 4 | float.h | 浮点数 | 包含一组与浮点值相关的依赖于平台的常量 |
| 5 | limits.h | 整型限制 | 定义限制各整型类型取值的宏 |
| 6 | locale.h | 本地化 | 定义特定地域的设置，比如日期格式和货币符号 |
| 7 | math.h | 数学计算 | 提供大量数学函数，三角函数、指数、对数等 |
| 8 | setjmp.h | 非本地跳转 | 提供用于绕过正常的函数返回机制，从一个函数跳转到另一个正在活动的函数的 setjmp 宏和 longjmp 函数 |
| 9 | signal.h | 信号处理 | 提供包括中断和运行时错误在内的异常情况处理函数 |
| 10 | stdarg.h | 不定参数 | 提供支持函数处理不定个数的参数的工具 |
| 11 | stddef.h | 标准定义 | 包含标准库的一些常用类型定义和宏，无论我们包含哪个标准头文件，stddef.h 都会被自动包含进来 |

续表

| 序号 | 头文件名 | 功能 | 描　　　述 |
|---|---|---|---|
| 12 | stdio.h | 输入输出 | 提供大量标准输入输出函数 |
| 13 | stdlib.h | 标准库 | 标准库头文件，定义了五种类型、一些宏和常用系统函数 |
| 14 | string.h | 字符串处理 | 提供字符串处理函数，如 strlen、strcmp、strcpy 等 |
| 15 | time.h | 日期和时间 | 提供获取、操纵和处理日期和时间的函数 |

下面对 C 主要的标准头文件做一个简单介绍。

### 1. 标准定义(stddef.h)

头文件 stddef.h 里包含了标准库的一些常用定义。无论我们包含哪个标准头文件，stddef.h 都会被自动包含进来。

stddef.h 定义了一些标准宏和类型，包括：

- size_t：sizeof 运算符的结果类型，无符号整型。
- ptrdiff_t：两个指针相减运算的结果类型，有符号整型。
- wchar_t：宽字符类型，整型，足以存放支持的所有本地环境中的字符集编码值。
- NULL：空指针常量。
- offsetof(s, m)：带参数宏，求出成员 m 在结构体类型 s 里的偏移量。

**注意**：其中有些定义也出现在其他头文件里(如 NULL)。

### 2. 标准输入输出(stdio.h)

stdio.h 定义了三个变量类型、一些宏和各种函数来完成标准的输入和输出操作(如 scanf、printf 等大家非常熟悉的函数都在这个库中)。在源代码中如用到这些函数，就要包含这个头文件。stdio.h 所提供的函数主要有：

- 文件访问：fopen()、freopen()、fflush()、fclose()。
- 二进制输入/输出：fread()、fwrite()。
- 格式化输入/输出：scanf()/fscanf()/sscanf()、printf()/fprintf()/sprintf()、perror()。
- 非格式化输入/输出：fgetc()/getc()、fputc()/putc()、ungetc()、fgets()、fputs()。
- 文件定位：ftell()、fseek()、fgetpos()、fsetpos()、rewind()。
- 错误处理：feof()、ferror()。
- 文件操作：remove()、rename()、tmpfile()。

### 3. 标准库头文件(stdlib.h)

stdlib.h 里面定义了五种类型、一些宏和常用的工具函数。如果要产生随机数，或者想动态分配内存等，就要包含这个库。

- 类型：size_t、wchar_t、div_t、ldiv_t 和 lldiv_t。其中 size_t、wchar_t 也在 stddef.h 中有定义，div_t、ldiv_t、lldiv_t 是商和余数结构体，是 div()、ldiv()、lldiv()函数的返回值类型。
- 宏定义：EXIT_FAILURE、EXIT_SUCCESS、RAND_MAX 和 MB_CUR_MAX 等。

常用的函数有：

- 随机数函数：rand()、srand()。
- 动态存储分配函数：malloc()、calloc()、realloc()、free()。
- 整数函数：abs()、labs()、div()、ldiv()、lldiv()。
- 数值转换函数：atoi()、atol()、atof()。
- 运行控制函数：abort()、exit()、atexit()。
- 执行环境交互函数：system()、getenv()。
- 其他：二分法查找函数 bsearch()、快速排序函数 qsort()等。

### 4. 字符处理(ctype.h)

ctype.h 定义了一批 C 语言字符分类函数(C character classification functions)，用于测试字符是否属于特定的字符类别，如字母字符、控制字符等。这些函数主要包括：

- int isalpha(char c)：检查 c 是否字母。
- int iscntrl(char c)：检查 c 是否控制字符(其 ASCII 码在 0 和 0x1F 之间，数值为 0~31)。
- int isdigit(char c)：检查 c 是否数字(0~9)。
- int islower(char c)：检查 c 是否小写字母(a~z)。
- int isupper(char c)：检查 c 是否大写字母(A~Z)。
- int isspace(char c)：检查 c 是否空格符、跳格符或换行符。
- int isascii(char c)：测试参数是否 ASCII 码 0~127。
- int tolower(char c)：将 c 字符转换为小写字母。
- int toupper(char c)：将 c 字符转换成大写字母。

**注意**：条件成立时这些函数返回非 0 值。最后两个转换函数对于非字母参数返回原字符。

### 5. 字符串(string.h)

- string.h 中定义了若干字符串处理函数，如求字串长度、复制、拼接等。这些函数主要包括：
- strcpy()：拷贝一个字符串到另一个。
- strncpy()：拷贝字符串中 n 个字符到另一个。
- strcat()：字符串拼接函数。
- strrev()：字符串倒转。
- strchr()：在一个串中查找给定字符。
- strlen()：求字符串的长度，从字符串的首地址开始到遇到第一个'\0'停止计数。
- strcmp()：字符串比较。

### 6. 取值范围(limits.h 和 float.h)

limits.h 文件里所定义的宏，限制了各整型类型(如 char、int 和 long)的取值范围。在不同的平台、不同的编译器下，整型数据的取值范围可能会有所不同，用户可以读取该头文件中的宏来了解当前环境下整型数据的取值范围。

float.h 文件里包含了一组与浮点值相关的依赖于平台的常量，如最大的浮点数和最小的浮点数。用户同样可以读取该头文件中的宏来了解当前环境下浮点数据的取值范围。

### 7. 数学计算(math.h)

math.h 中包含了常用的数学计算函数(数学公式)，主要有以下几类：

- 三角函数：正弦 sin()、余弦 cos()、正切 tan()。
- 反三角函数：反正弦 asin()、反余弦 acos()、反正切 atan()。
- 双曲函数：双曲正弦 sinh()、双曲余弦 cosh()、双曲正切 tanh()。
- 指数和对数：自然指数 exp()、自然对数 log()、常用对数 log10()、平方根 sqrt()、乘幂 pow()、powf()。
- 其他函数：绝对值 fabs()、取余数 fmod()等。

### 8. 日期与时间(time.h)

time.h 头文件定义了四个变量类型、两个宏和各种操作日期和时间的函数。

定义的变量类型有：

- size_t：无符号整数类型，是 sizeof 计算的结果。
- clock_t：存储处理器时间的类型。
- time_t：存储日历时间类型。
- struct tm：用来保存时间和日期的结构体。其成员包括秒、分、时、日、月、年、星期、年内天数、夏令时标志等。

定义的宏有：

- NULL：空指针常量。
- CLOCKS_PER_SEC：每秒处理器时钟数。

定义的函数有：

- clock()：程序执行后处理器所用时间。
- time()：当前日历时间(系统时间)。
- ctime()：当地时间(字符串形式)。
- difftime()：时间差(秒数)。
- mktime()：将结构体时间转换为本地日历时间。
- localtime()：将日历时间转换为本地结构体时间。
- strftime()：格式化结构体时间，并把它存储在字符串中。

### 9. 其他标准库

1) assert.h

assert.h 中定义了一个宏 assert()，用来诊断程序是否有错误，若无错误返回 0，有错误时则显示出问题的代码行。当不再需要 assert 诊断时，可以通过宏定义 #define NDEBUG 来取消。

2) errno.h

errno.h 中定义了一个整型变量 errno 和几个代表不同错误的宏，为调用标准库函数提供了一种错误报告机制。一开始，系统将 errno 设置为 0，C 标准库的一些特定函数可能修改它的值为非 0，以表示某些错误的发生，用户也可以在适当的时候修改它的值或重置为 0。

3) locale.h

locale.h 与区域设置相关，主要针对时间日期、货币格式、字符控制、数字格式等以满足特定区域的设置需要。locale.h 中包括几个宏定义和两个设置或获取本地化信息的函数。

4) setjmp.h

setjmp.h 中定义了一个变量类型 jmp_buf、一个宏 setjmp() 和一个函数 longjmp()，用于绕过正常的函数调用和返回机制实现非本地跳转，即从一个函数内部直接跳转到另一个函数内部。不过这种方式在 MISRA 看来是很不安全的，应予禁止(见规则 20.7)。

5) signal.h

signal.h 是 C 标准函数库中的信号处理工具包，它定义了程序执行时如何处理不同的信号。信号视作程序执行过程中发生的各种异常事件，如进程间通信、同步，程序错误行为(如除以零)、用户的一些按键组合(如同时按下 Ctrl 与 C 键)等。signal.h 定义了一个变量类型 sig_atomic_t、两个函数(用于指定信号处理方式和发送信号)和一些宏。

6) stdarg.h

stdarg.h 包括一个类型定义 va_list 和三个函数宏 va_start()、va_arg() 和 va_end()，用于用户定义自己的参数数量可变的函数(即不定参数函数，类似于 printf)。不过，MISRA 认为不定参数函数会造成编译器无法检查函数调用时的参数一致性，不应使用(见第 5 章及规则 16.1)。

标准库更多的细节此处不作介绍，如果有 MISRA C2 规则涉及它们，再作必要补充。

## 8.2　预 处 理 指 令

既然软件开发离不开编译环境，那我们就应该认真考虑编译器可能带来的影响。首先，不同的编译器的工作方式是不同的，这一点常常被经验不足的程序员所忽视。不要想当然地认为同样的代码在不同编译环境下的结果是一样的。其次，编译器是一种软件工具，同样存在 Bug，当今世界还没有完美无缺的软件。第三，C 语言的复杂性不仅给普通开发者带来了困扰，也同样会让编译器的设计者出错。

为了防范编译器可能带来的风险，MISRA C2 制定了两组规则，分别是第 19 组预处理指令(共 17 条规则)和第 20 组库函数(共 12 条规则)。学习这两组规则以及有关函数声明与定义、函数调用的规则，我们能够更准确地认识编译器的工作原理和工作过程，帮助我们构建更为安全的编译环境，从而避免错误的发生。

---

**规则 19.1【建议】**

文件中的 #include 指令之前只能是其他预处理指令或注释。

---

这是一条建议规则，对预处理指令 #include 的放置位置提出了要求。

一个代码文件通常都需要用预处理指令 #include 引入包含了函数原型、宏定义及外部声明等内容的头文件(.h)。那么头文件应该在什么地方引入呢？或者说 #include 指令应该写在什么地方？C 标准并未作出规定。

本规则指出，代码文件中所有 #include 指令应该放置在文件顶部或接近文件顶部的位置，并且是成组放置，因为 #include 指令通常不止一条。唯一能和#include 指令竞争位置的是注释语句或另一条 #include 指令。

本规则告诉我们，代码文件中应该优先考虑包含头文件，这是头等大事，然后才是本地声明和定义，以及 C 语句。至于注释，它本来就可以放置在任何地方，并不会影响任何 C 语句和预处理指令。

这条规则的好处在于：首先，便于我们一目了然地查阅文件中包含了哪些头文件；其次，也是更重要的，头文件中的定义或声明(如宏定义)是有作用域的，即从定义之处开始到文件结束。头文件在文件顶部引入，便可确保其作用域覆盖整个文件，这也是我们所期望的。

## 规则 19.2【建议】

#include 指令中的头文件名字里不能出现非标准字符。

这条建议很好理解，即我们不能用非标准字符来命名头文件。

此处"非标准字符"指单引号(')、双引号(")、反斜杠(\)以及 /*、// 字符等，它们不可用作头文件名。如果在#include 指令后的<>之间或" "之间使用了这些字符，则可能导致未定义行为。

其实，由于操作系统的存在，我们在计算机里给文件命名时，上述非标准字符通常是无效的(无法输入)，但在编辑源代码时没有限制。这条规则可以帮助我们避免这种错误。

顺便说一下，本规则并未说明头文件名是否可用汉字(这可能是中国的程序员才需要特别考虑的问题)。站在文件命名的角度，毫无疑问是可以的，但站在编译器使用的角度，建议最好不要这样做。相信有经验的工程师都有这样的经历，使用国外软件(大多数编译器均属此列)在遇到文件路径或文件名甚至文件内容里包含汉字时，经常会出现一些莫名其妙的现象。因此，将汉字划归到非标准字符行列无疑是明智的。

本规则与 ISO C 的未定义行为 14 有关。

## 规则 19.3【必需】

#include 指令后应是<filename>或"filename"格式的文件名。

#include 指令中头文件名的两种写法如下：
- #include <headfile.h>。
- #include "headfile.h"。

这两种写法并没有多大区别，前者常用于系统头文件，后者则用于用户自己定义的头文件。本规则重申了上述两种方式的有效性，这也是仅有的两种包含文件的方式，其他形式都是不允许的。例如，如下语句是允许的：

```
#include    "file1.h"
#include    <file2.h>
```

```
#define      HEADFILE    "file3.h"
#include     HEADFILE
```

其中，第 3、4 行先用宏定义了头文件名，再用#include 包含这个宏名，这种宏替换的方式理论上也是可行的(但不排除可能是实现定义行为)。

本规则与 ISO C 的未定义行为 48 有关。

---

### 规则 19.4【必需】

　　C 的宏只能扩展为用大括号括起来的初始化、常量、小括号括起来的表达式、类型限定符、存储类标识符或 do-while-zero 结构。

---

本规则明确了宏定义中所有可允许的形式。它们是：

- {初始化}；
- 常量；
- (表达式)；
- 类型限定符；
- 存储类标识符；
- do-while-zero 结构。

其中，类型限定符包括 const、volatile 这样的关键字，存储类标识符包括 extern、static、register 等。除了以上几种，使用任何其他形式的 #define 都可能导致非预期的行为，或者导致代码难以理解。当然，用一个宏名来替换一个合法字符组合(属于常量范畴)，这种最简单的宏定义形式也是允许的。

需要注意的是，用宏来定义带参数的表达式(带参数宏)时，表达式中每个参数都要用()括起来，整个表达式也要用()括起来(见 8.1.2 节及规则 19.10)。

特别地，宏不能用于定义语句或部分语句，除了 do-while 结构，宏也不能重定义语言的语法。宏的替换列表中的所有括号，不管是()、{}、[]，都应该成对出现。

do-while-zero 结构(见下面的例子)是在宏语句体中唯一可接受的具有完整语句的形式。do-while-zero 结构用于封装一条或多条语句并确保其正确性。当我们期望的宏替换是一条语句或一个语句序列时，这种结构是我们的唯一选择。

**注意**：在宏语句体的末尾必须省略分号。

例如：

```
/* 以下宏定义是合规的 */
#define PI     3.14159F                    /* 常量 */
#define XSTAL    10000000                  /* 常量 */
#define CLOCK    (XSTAL / 16)              /* ( )括起来的常量表达式 */
#define PLUS2(X) ( (X) + 2 )               /* 宏展开表达式 */
#define STOR     extern                    /* 存储类标识符 */
#define INIT(value)    { (value), 0, 0 }   /* { }括起来的初始化 */
/* do-while-zero 结构示例 */
```

```
#define READ_TIME_32 () \
    do   { \
        DISABLE_INTERRUPTS (); \
        time_now = (uint32_t) TIMER_HI << 16; \
        time_now = time_now | (uint32_t) TIMER_LO; \
        ENABLE_INTERRUPTS (); \
    } while (0)                          /* do-while-zero 结束，注意无分号*/


    /* 以下宏定义是违规的 */
    #define int32_t     long             /* 应使用 typedef 定义 ① */
    #define STARTIF     if (             /* ( )不成对，且对 if 重新定义 */
```

上述 do-while-zero 结构示例中，\ 是续行符，表示与下一行是连在一起的，属于同一行。因为按规定，宏定义必须在一行内完成，所以在 #define 定义时，如果一行写不下，或为了阅读方便，可以加续行符来换行。

**注意**：续行符 \ 后面要紧跟回车换行，中间不能有任何其他字符(这就意味着这一行不能再写其他内容了，哪怕是注释也不可以)。另外，while (0)括号中必须是 0，以确保 do-while 结构中的语句序列只执行一次。

顺便说一下，有人喜欢使用#define 来定义类型说明符(见上例中的①)，虽然这样做通常可以达到想要的效果，但不是一种好方法。因为宏定义只是单纯的字符串替换，并不存在任何逻辑性。正确的做法是使用 typedef。

---

**规则 19.5【必需】**

不能在块范围内对宏进行定义(#define)或取消定义(#undef)。

---

**规则 19.6【必需】**

不要使用#undef(取消定义)指令。

---

规则 19.5、19.6 都与 #undef 预处理指令有关。可以看出，MISRA 似乎不太喜欢#undef。

#define 用于定义宏，而#undef 的作用正好相反，用于取消已经定义的宏。前面提到，一个宏的有效作用域是从#define 定义它开始到文件结束(通常都是如此)，但如果遇到#undef 把它取消了，则宏的作用域将进一步压缩，止于这条#undef 指令。

在 C 语言中，并没有规定 #define 或 #undef 应该放在什么位置，理论上可以是代码文件的任何地方，但把它们放在一个块内(比如函数体内)会使人误解为它们的作用域仅限于块内。例如：

```
float circle_area (float r)
{
```

```
    #define PI 3.14159              /* 违规 */
    return ( PI*r*r );
}
```

上述#define 一句会让人误解 PI 的作用域仅限于该函数之内，但实际上作用域是从此处开始到文件结束。同样地，如果在一个块内存在#undef，则也可能造成误会。事实上，如果在代码文件中不分场合随意使用#define 或#undef，则会给文件的阅读带来困惑，让人不能了解甚至难以判断翻译单元内是否在特定的地点存在特定的宏。更重要的是，这种行为还可能影响预处理的结果，令其偏离开发者的本意。

通常，#define 指令要放在接近文件开始、第一个函数定义之前的位置(如在#include 指令之后)，当然也可存在于 #include 引入的头文件之中。

至于#undef 指令，通常不是必要的，当它出现在代码中时，能使宏的存在或含义产生混乱。此外，用好#undef 也是需要一些经验和技巧的。对于可能出现的问题，明智的做法是令问题简单化，而不是复杂化。使用#undef 指令可能带来一些灵活性方面的好处，但总的来说是弊大于利，得不偿失，因此，MISRA 干脆规定不要使用#undef。

### 规则 19.7【建议】

应优先使用函数，而非函数形式的宏定义(function-like macro)。

### 规则 19.8【必需】

函数宏不可以在参数不全的情况下调用。

### 规则 19.9【必需】

函数宏的参数不应包含像预处理指令那样的词汇。

规则 19.7～19.9 都与函数宏有关，故我们放在一起讨论。

函数宏就是函数形式的宏定义，英文是 function-like macro，即看起来像函数的宏，与之相对的另一种宏叫对象宏(object-like macro)，即看起来像对象的宏，二者都是用 #define 指令来定义的。

其实，8.1.2 节中所介绍的无参数宏就是对象宏，所定义的宏标识符被视为一个普通的数据对象(常量或字符串)，而带参数宏则属于函数宏，定义时在宏名后要紧跟一对()，里面是形参列表，这正是函数的表征。需要注意的是，带参数宏强调的是参数传递，因为宏展开的时候除了字符替换外还要用到这些参数。

但是，一个宏定义是不是函数宏，并不取决于它是否带参数，而取决于是否有函数的特征，即宏名后是否紧跟一对()。函数宏像函数一样，可以带参数，也可以不带参数。函数宏无论是否带参数，()都不可少，否则就不像函数了。事实上，函数宏带来的好处之一是用来模拟函数的调用过程，我们可以像使用函数那样来使用它。例如：

```
#define PI 3.1415926              /* 对象宏 */
#define S( r ) PI*r*r             /* 函数宏，带参数① */
#define lang_init() c_init()      /* 函数宏，无参数② */
```

上述示例中①和②都是函数宏。①需要传递参数，展开后是一个简单的表达式；②无须传递参数，展开后是一个真正的函数(在 C 的标准库中，提供了不少这样改头换面的库函数)。

需要注意的是，函数宏只在以合适的方式调用时才会被展开，即名称后加()，否则会被忽略。当宏名和函数名重名时，使用时故意不写()，可能会有特殊的作用(此处不详述)。

再次提醒，书写时，函数宏的宏名与后面的括号不能有空格，否则就是普通的对象宏了。

宏与函数各有优势，宏能提供比函数更优越的速度。因为字符串(或代码)是就地展开，无须调用(跳转)，而函数虽然牺牲了一些性能，却提供了一种更为安全和鲁棒的机制，这在进行参数的类型检查时尤其重要。

MISRA C 从代码安全的角度制定了规则 19.7，建议优先使用函数，而不是函数宏。这主要基于两点考虑：一是宏定义不能像函数调用那样提供参数类型检查，错误的参数类型无法得到纠正，运行结果就可能不正确；二是宏定义中的参数可能会多次求值，当参数带有副作用时，就会出现后遗症，其结果往往不是我们所期望的。

例如，对于如下函数宏：

```
# define SQUARE(x)    ( (x) * (x) )
```

当有如下语句时，可以看出程序员的本意是得到 b = 9 和 a = 4 的结果，可实际结果却是 b = 12 和 a = 5，这是为什么呢？

```
a = 3 ;
b = SQUARE(a ++ ) ;
```

如果考虑到宏展开只是做文本的展开，那么上面的预处理结果应该是：

```
a = 3 ;
b = (a ++ ) * (a ++ ) ;
```

很明显，这里 a ++ 运行了两次，结果 a = 5。至于 b，其结果是 b = 3 * 4 = 12。

由此可见，函数宏展开并不完全和函数调用相同。考虑到系统的安全可靠是我们所关注的，上面的工作还不如直接用函数来完成。多数情况下，函数的运行速度应该让位于系统的可靠性。这就是规则 19.7 带来的价值。

带参数的函数宏在调用的时候，其实参可缺省，但不能全部缺省，至少要提供一个实参。这看起来有点奇怪，但编译器确实可能不会报错(有些编译器甚至在调用函数宏时如果参数过多也不会报错)。实际上，这是一个约束错误，预处理器心知肚明，却选择忽略，其结果就是未定义行为(函数宏的每个参数必须至少由一个预处理标记组成，否则其行为是未定义的)。因此，MISRA C2 制定了规则 19.8，禁止在参数不全时调用函数宏。

对于函数宏来说，宏展开就是字符替换加上用实参替换形参。而实参的形式却不可以太任性，比如，不可以是类似于预处理指令那样的字符串，否则也会造成未定义行为。规则 19.9 就是为防止这一风险而制定的。

规则 19.8、19.9 与 ISO C 未定义行为 49、50 有关。

### 规则 19.10【必需】

在定义函数宏时，每个参数实例都应该以小括号括起来，除非参数用作 # 或 ## 的操作数。

在函数宏的定义中，每个参数都应该用()括起来，并且整个替换体文本也要用()括起来，这样可以避开潜在的陷阱。

例如，一个 abs 函数宏可以定义成：

```
#define abs (x)    ( ( (x) >= 0 ) ? (x) : -(x) )
```

不能定义成：

```
#define abs (x)    ( ( (x) >= 0 ) ? x : -x )
```

如果不坚持本规则，那么当预处理器代替宏进入代码时，按照操作符优先顺序将不会给出期望的结果。如果将上述不正确的定义替代，则

```
z = abs ( a - b );
/* 将给出如下结果: */
z = ( ( a - b >= 0 ) ? a - b : -a - b );
```

子表达式 - a - b 相当于(-a)-b，而不是希望的 - (a-b)。把所有参数都括进小括号中就可以避免这样的问题。

函数宏的参数如果和 # 或 ## 搅和在一起，则意味着字符串化或字符串拼接操作，当然就不可以随便添加括号了(参见规则 19.12 和 19.13)。

### 规则 19.11【必需】

预处理指令中所有宏标识符在使用前都应先定义，但 #ifdef 和 #ifndef 指令及 defined() 操作符处理的标识符除外。

如果试图在预处理指令中使用未经定义的标识符，则预处理器有时不会给出任何警告，但会假定其值为零，这显然会给预处理带来不确定性。

例如：

```
#if x < 0          /* 若 x 未定义，则会被编译器假设为 0 */
```

因此，MISRA 通过规则 19.11 告诉我们，有必要在使用之前确认所有的宏标识符都是被定义过的，这就是本规则的意义。至于规则中提到的例外情形，我们在后面再作说明。

在宏标识符被使用之前，比较稳妥的方法是测试该标识符，并根据测试结果排除隐患。在预处理器中，有三种方法可以用来测试宏定义是否存在，它们是：

- #ifdef 指令；
- #ifndef 指令；
- defined()操作符。

既然这三条指令和操作符本身就是用来测试宏标识符是否存在的，它们测试的对象自然不在本规则的限制之列。

**注意：** 预处理标识符可以使用 #define 指令来定义，也可以在编译器调用所指定的选项中定义，然而更多的是使用#define 指令。

**规则 19.12【必需】**

在单个宏定义中，最多出现一次 # 或 ## 操作符。

**规则 19.13【建议】**

不要使用 # 或 ## 预处理器操作符。

规则 19.12、19.13 均与#和##操作符有关。#用于将宏参数转换为字符串常量，也就是在宏参数的开头和末尾添加引号；而##是连接操作符，用来将两个或多个词汇(token)连接为一串，词汇既可以是宏的参数，也可以是其他标记。

如果与#或##预处理器操作符相关的计算次序未被指定，则会产生未限定行为。为避免该问题，规则 19.12 规定，在单个宏定义中最多只能使用这两种操作符一次(即一个#、一个 ##或两者都不用)，这样就不存在计算次序的问题。

因此，以下宏定义便在规则 19.12 排除之列：

```
#define STR( s ) #s##123
#define STR( s ) s###123
#define CN1( a, b ) a##e##b
```

如果上述#和##操作符的计算次序不明确，则会得出不同的结果，而编译器对这些操作符的实现是不一致的。为避免这些问题，MISRA 建议最好不要使用它们(规则 19.13)。

规则 19.12 和 19.13 与 ISO C 的未限定行为 12 有关。

**规则 19.14【必需】**

defined 预处理操作符只能使用两个标准格式中的一种。

defined 称为查询运算符，用来测试宏标识符是否已经定义过。与前面介绍的预处理指令不同，defined 不是一条指令，而是一个预处理操作符，所以不需要以 # 开头，使用时作为预处理指令的一部分。

defined 在 ISO C 中的使用很灵活，可以用于非常复杂的表达式，但在 MISRA 看来，只有以下两个标准格式是稳妥的，使用其中之一即可：

- defined (identifier);
- defined identifier。

其中，identifier 代表标识符。两种格式的效果完全相同，都用于测试 defined 后的标识符是否已经由 #define 指令定义，如果已经定义，则操作结果为非零值，否则结果为 0。

defined 运算符通常与 #if 或 #elif 指令配合使用，例如：

```
#if     defined X              /* 等效于 #ifdef X */
#elif   defined (Y)            /* 相当于 #else ifdef Y */
```

MISRA 认为，除了上述两种格式，任何其他形式都会导致未定义行为。比如，要测试的不是一个标识符，而是一个表达式：

```
#if     defined   (X > Y)      /* 违规，未定义行为 */
#elif   defined   X||Y         /* 违规，未定义行为 */
```

另外，在#if 或#elif 预处理指令中使用宏定义的 defined 标记也会导致未定义行为，应该避免。例如：

```
#define   DEFINED     defined  /* 为 defined 定义一个宏 */
#if       DEFINED (X)          /* 用宏名代替 defined，违规，未定义行为 */
```

本规则与 ISO C 未定义行为 47 有关。

---

### 规则 19.15【必需】

应该采取防范措施，避免一个头文件被包含两次。

---

当一个翻译单元(translation unit)包含了层次复杂的嵌套头文件时，某个头文件可能会被包含多于一次。这在最好的情形下也是混乱之源。如果它导致了多个定义或定义冲突，其结果将是未定义的或者是错误的行为。

本规则的含义非常明确，但应该如何做到呢？

多次包含一个头文件可以通过认真设计头文件，为头文件合理组织内容来避免。如果不能做到这一点，就需要采取阻止头文件内容被多次包含的机制。一种常用的手段是为每个头文件配置一个宏作为标志，当头文件第一次被包含时定义这个宏，且文件内容被正常包含；当头文件被再次包含时测试这个宏，于是文件内容得以排除。

例如，一个名为 ahdr.h 的文件可以组织如下：

```
#ifndef   AHDR_H               /* 测试宏 AHDR_H 是否存在 */
#define   AHDR_H               /* 如不存在(意味着第一次包含)，则定义它 */
/*以下内容只在第一次包含时才被选择，否则被预处理器排除 */
...
#endif
```

或者可以使用下面的形式：

```
#ifdef  AHDR_H                    /* 测试宏 AHDR_H 是否存在 */
#error  Header file is already included    /* 已定义 AHDR_H, 说明不是首次包含, 返回错误
                                             信息, 并跳过具体内容 */

#else
#define   AHDR_H                  /* 如不存在(意味着第一次包含), 则定义它 */
/* 以下内容只在第一次包含时才被选择, 否则被预处理器排除 */
...
#endif
```

**规则 19.16【必需】**

预处理指令在句法上应该是有意义的, 即便被预处理器排除在外。

条件编译功能使我们在编译代码时具有了一定的主动权和灵活性, 通过条件编译指令可以选择或排除一部分(或全部)语句。

当一段源代码被预处理指令排除时, 每个被排除语句的内容都会被忽略, 直到出现一个#else、#elif 或#endif 指令(取决于上下文)为止。如果被排除的内容中存在预处理指令结构不良(badly formed)的情况(即句法有问题), 编译器会忽略它并不给出任何警告, 这将带来不良的后果。

本规则要求所有预处理指令在句法上是有效的, 即使它们出现在被排除的代码块中。

特别地, 要确保 #else 和 #endif 指令后没有除空白(包括 tab 键)之外的任何字符。这在 ISO 标准中是要求强制遵守的, 但编译器并非都遵守到位。

本规则其实很好理解, 如同我们用 if-else-if 语句编写 C 代码一样, 首先应该保证语法上是正确的, 然后才能考虑其他功能或技巧。

例如:

```
#define AAA 2
...
int foo (void)
{
    int x = 0 ;
      ...
    #ifndef AAA
      x = 1 ;
    #else1                  /* 违规 */
      x = AAA ;
    #endif
      ...
    return x ;
}
```

上例中，AAA 被定义，虽然在函数体中安排了根据 AAA 是否定义的条件编译选择，但 #else 后跟了非空白字符，造成该指令不合句法(结构不良)，会连同前后的代码一起被忽略，此时整个条件编译指令已经不合原意。

---

### 规则 19.17【必需】

所有的#else、#elif 和#endif 预处理指令应该和与之相关的#if 或#ifdef 指令放在同一文件内。

---

当我们用条件编译选择语句块的包含和排除时，用的是一个预处理指令系列(即一组条件编译指令)，构成一个特别的预处理指令框架，源代码的语句就处在这个框架之下，每个预处理指令则分布在不同的地方来发挥作用。

很显然，如果这个指令框架中所有相关联的指令没有出现在同一个文件中，就会破坏框架的完整性，其后果就是使编译产生混乱。

本规则要求组成条件编译框架的所有预处理指令#if、#ifdef、#ifndef…、#elif…、#else…#endif 放在同一个文件中，只有这样，源代码文件才会保持良好的结构，并避免维护性问题。

我们同样可以引用 C 语言中 if-else-if 语句的例子以加深对本规则的理解。在 C 编程中，像 if-else-if 这样的复合语句我们可以写很多行，但不可以将它们分拆到不同的文件中。因为编译器是以翻译单元(即一个文件)为编译单位的，对于同处一个单位的信息，它可以很轻松地掌握并处理，诸如 extern 之类的声明也能帮我们查找，但编译器没有义务为我们跨文件寻找复合语句"失散"的部分并使它们"团聚"。

**注意：** 本规则并不排除把所有这样的指令系列放在众多被包含文件中这一做法，只要将与某一序列相关的所有指令放在一个文件中即可。事实上，在众多头文件中，只要稍稍复杂一点，都会包含至少一个完整的预处理指令系列。

例如(其中 EOF 代表文件结束)：

```
file.c 文件：
    #define A
    ...
    #ifdef   A
    ...
    #include   "file1.h"
    ...
    #endif              /* 合规，#ifdef 和#endif 同处一个文件*/
    ...
    #if 1               /* 违规，只有#if，后面没有 #endif */
    #include   "file2.h"
    ...
    EOF
```

```
file1.h 文件：
    #if 1
    ...
    #endif              /* 合规, #if 和 #endif 同处一个文件*/
    ...
    EOF
```

```
file2.h 文件：
    ...
    #endif              /* 违规, 只有#endif, 没有 #if */
    ...
    EOF
```

预处理是编译环境处理 C 代码的第一个环节，但往往最先被忽略。希望通过本节的学习，我们重视起来并确实用好、用对预处理指令。

# 8.3　标　准　库

标准库是跟随编译器一起提供给程序员使用的现成资源，属于开发环境的一部分。

一般来说，标准库函数是很好用的。它的定义和使用都很清晰，对于程序员的调试工作帮助很大，但某些库函数的使用也可能会造成问题。要安全、准确地使用库函数，需要注意以下三个方面的问题：

- 要保证库函数头文件中的宏、标识符和函数的定义不受干扰。
- 要按照正确的方法使用库函数。库函数对参数的类型、数值都有很明确的要求，只有传递的参数正确，才能保证结果的正确。
- 避免使用可能有问题的库函数或者其结果。

MISRA 为标准库的正确使用制定了一组规则，编为第 20 组，共 12 条。

## 规则 20.1【必需】

标准库中保留的标识符、宏和函数不能被定义、重定义或取消定义。

通常，用#undef 指令取消一个已经定义在标准库中的宏是件糟糕的事情。同样不好的是，用#define 定义一个宏名字，而该名字是 C 的保留标识符或者标准库中作为宏、对象或函数名字的 C 关键字。

例如，存在一些特殊的保留字和函数名字，它们的作用为人所熟知，如果对它们重新定义或取消定义就会产生一些未定义的行为。这些名字包括 defined、__LINE__、__FILE__、__DATE__、__TIME__、__STDC__、errno 和 assert。

本规则的要求是，对于上述保留的标识符和函数名，我们可以正常地使用它们，但不可以试图修改它们，因为这会产生未定义行为。

至于#undef 指令，还是把它忘记吧(见规则 19.6)。

C90 的保留标识符并不多，在普通的 C 语言课程中都有提及，同时也被编译器的编写者写入文档。通常，所有以下画线( _ )开始的标识符都是保留的。

本规则与 ISO C 的未指定行为 19、未定义行为 91 和 92、实现定义行为 69 等缺陷有关。

---

### 规则 20.2 【必需】

标准库中的宏、对象和函数的名称不能被重用。

---

一般来说，标准库中宏、对象或函数的名称是固定的，其含义和功能也是基本不变的，这种长期稳定性非常有利于用户的理解和使用，也能防范许多错误。但事物不是一成不变的，随着技术的发展和应用的深入，可能需要对标准库进行内容更新和版本升级，甚至用户都有可能修改库中的部分内容。

本规则要求，如果推出了标准库中宏、对象或函数的新版本(如功能增强或输入值检查等)，那么更改过的宏、对象或函数不可以沿用旧的名称，而应该使用新的名字。这样做的目的，是为了避免因同名而造成的混淆，因为我们无法区分是使用了标准的宏、对象或函数还是使用了它们的更新版本。

宏、对象或函数的内容变了而其名称不变，意味着虽然名称相同，却代表着不同的含义和功能，这属于名称(标识符)的重用，本规则拒绝这样的重用。

例如，如果 sqrt 函数的新版本增加了检查输入值非负的功能，那么这个新版函数不能继续命名为"sqrt"，而应该给出新的名字。

---

### 规则 20.3 【必需】

传递给库函数的值必须检查其有效性。

---

标准库函数对参数的类型、数值范围都有很明确的要求，只有传递给库函数的参数正确，才能保证结果的正确。但是，根据 ISO 标准，C 语言标准库中的许多函数并不需要检查传递给它们的参数的有效性。即使在标准中要求做有效性检查，或者编译器的编写者声明要这么做，也不能保证会做出充分的检查。

于是，对参数进行有效性检查这一任务便自然地落在了程序员身上。具体来说，遵循本规则的要求，程序员应该为所有带有严格输入域的库函数(标准库、第三方库及用户自己定义的库)提供适当的输入值检查机制。这可能会增加程序员的负担，但为了库函数使用准确和安全，付出一些代价是必要的，也是值得的。

本规则主要应用于具有严格输入域并需要检查的库函数。这样的例子有：

• math.h 中的许多数学函数，比如，负数不能传递给 sqrt()或 log()函数；fmod()函数的第二个参数不能为零。

• toupper()和 tolower()函数：当传递给 toupper()的参数不是小写字母时，某些实现能产生并非预期的结果。(tolower()情况类似)。

• 给 ctype.h 中的字符测试函数传递无效的值时会导致未定义行为。

- 当 abs()函数应用于大多数负整数时，会给出未定义的行为。

在 math.h 中，尽管大多数数学库函数定义了它们允许的输入域，但在输入域发生错误时它们的回应(或返回值)仍可能随编译器的不同而不同。因此，不可以仅凭返回值就对输入域或函数的状况作出判断。对这些函数来说，预先检查其输入值的有效性就变得至关重要，这也正是本规则所强调的。

总之，当程序员在使用库函数时，应该了解应用在这些函数上的任何的域限制(这些限制可能会在文档中说明，也可能不会)，并且要提供适当的检查以确认这些输入值位于各自有效域内。当然，在需要时，这些值还可以更进一步加以限制。

有许多方法可以满足本规则的要求，包括：

- 调用函数前检查输入值。这是最简单，也是最直接的方法，几乎每个程序员在自己的职责范围内都可以做到。
- 设计深入函数内部的检查手段。这种方法尤其适用于用户内部开发的库，也可以用于买进的第三方库(如果第三方库的供应商声明他们已内置了检查的话)。
- 产生函数的封装(wrapped)版本，在该版本中首先检查输入值的有效性，然后再调用原始的函数。
- 静态地证明输入参数永远不会取无效值。

**注意：**在检查函数的浮点参数时，适当的做法是执行其是否为零的检查(浮点参数在零点上为奇点)。这对规则 13.3(浮点表达式不能用来测试相等或不等)而言是可以接受的例外，不需给出背离。然而，如果当参数趋近于零时，函数值的量级趋近无穷的话，仍然有必要检查其在零点(或其他任何奇点)上的容限，这样可以避免溢出的发生。

本规则告诉我们，即便是标准的库函数，也不是完美的，依然有其脆弱的一面，在使用的时候要十分小心。正所谓求人不如求己，我们应该立足于做好自己，不要把希望都寄托在编译器和库函数上。本规则与 ISO C 语言的未定义行为 60、63 以及实现定义行为 45、47 等有关。

---

**规则 20.4【必需】**

　　不要使用动态内存分配。

---

本规则排除了对动态内存分配函数的使用。这些函数在标准库头文件<stdlib.h>中定义，它们是：calloc()、malloc()、realloc()和 free()。

所谓动态内存分配，是指在程序执行的过程中动态地分配或者回收存储空间的方法。动态内存分配给我们带来了极大的灵活性和便利性。

事情总是具有两面性。在涉及动态内存分配时，整个范围内存在未指定的、未定义的和实现定义的行为，以及其他大量的潜在缺陷。动态内存分配可能带来的问题主要表现在：会导致内存泄漏、数据不一致、内存耗尽、不确定的行为，以及带来管理上的困难。这对于一个强调安全性的嵌入式系统来说，是不可承受之重。因此，MISRA 制定本规则，强调不要在嵌入式系统中使用动态内存分配。

**注意：**某些函数虽然没有直接使用动态内存分配，但可能是使用动态存储器的分配方法来实现的(如库 string.h 中的函数)。如果这种情况发生，也是对规则 20.4 的违背，应予避免。

本规则与 ISO C 的未指定行为 19、未定义行为 91 和 92、实现定义行为 69 等缺陷有关。

---

**规则 20.5【必需】**

不要使用错误指示 errno。

---

很多库函数都会通过一个叫作 errno 的变量来表示函数的执行结果，我们可以在特定的库函数调用后检查 errno 的值以判断调用过程中是否有错误发生。如果 errno 值为零，则表示执行成功；如果 errno 值非零则代表执行失败。

errno 在头文件 errno.h 中定义。作为 C 语言的简捷工具，errno 在理论上是有用的，但在实际中标准并没有很好地定义它，许多情况下，它是实现定义的。比如，由于没有强制库函数在执行成功后将 errno 清零，一个非零的 errno 有可能是因为当前库函数执行失败了，也有可能是因为之前某个库函数没有正确执行。另外，用户也可以修改 errno 的值。因此，完全依赖 errno 的值来判断库函数执行成功与否是不可靠的。

再说，我们可以用一个非零值来指示问题的发生，也可以不用这种方式，没有非用不可的理由。即使对于那些已经良好定义了 errno 的函数而言，宁可在调用函数前检查输入值也好过依靠 errno 来捕获错误(见规则 16.10)。

规则 20.5 与 ISO C 的实现定义行为 46 等缺陷有关。

---

**规则 20.6【必需】**

不要使用库<stddef.h>中的宏 offsetof。

---

在 stddef.h 库中定义了宏 offsetof()。这是一个带参数宏，两个参数分别是结构体类型和该结构体中某个成员。这个宏用于计算成员在其结构体中的位置，即成员相对于结构体首地址的偏移量，以字节为单位。

当这个宏的操作数的类型不兼容或使用了位域时，它的使用会导致未定义行为。因此，MISRA C2 制定规则 20.6，要求不要使用 offsetof()。如果确有需要计算这样的偏移量，也完全可以用其他方法办到。

本规则与 ISO C 语言的未定义行为 59 有关。

---

**规则 20.7【必需】**

不要使用 setjmp 宏和 longjmp 函数。

---

**规则 20.8【必需】**

不要使用信号处理工具<signal.h>。

通常，C 语言程序的跳转都局限在一个函数的内部(本地跳转)，这是没有问题的，也很容易做到。如果想从一个函数内部跳转到另一个函数内的某处(非本地跳转)，就不那么容易了，C 语言的函数调用机制本质上是排斥这种跳转的。

为此，标准 C 专门在 setjmp.h 中定义了一个宏 setjmp()和一个函数 longjmp()，它们互相配合使用，可以绕过正常的函数调用和返回机制，从一个函数跳转到另一个函数。也许setjmp()和 longjmp()有其巧妙独到之处，但这么做真的有必要吗？在嵌入式系统看来并不是非用不可的。更重要的是，正是因为这种方法允许绕过正常的函数调用机制，MISRA认为它是不安全的，所以在规则 20.7 中要求不要使用。

signal.h 头文件定义了一个变量类型、两个函数调用和一些宏来处理程序执行期间报告的不同信号，如进程间通信、异常行为、用户按键组合等。这套信号处理工具包含了实现定义的和未定义行为，因此不应使用(规则 20.8)。

规则 20.6～20.8 与多项 C 缺陷有关。规则 20.7 与未指定行为 14、未定义行为 64～67等问题有关，规则 20.8 与未定义行为 68 和 69、实现定义行为 48～52 等缺陷有关。

---

**规则 20.9【必需】**

在产品代码中不应使用输入/输出库<stdio.h>。

---

对于初学 C 语言的人来说，标准输入输出库 stdio.h 是必须要用到的。stdio .h 头文件定义了三个变量类型、一些宏和各种函数来完成标准的输入和输出操作。禁止使用 stdio .h意味着包括文件操作和 I/O 函数在内的许多资源都不可以用了，如 fgetpos()、fopen()、ftell()、gets()、 perror()、 remove()、 rename()和 ungetc()等。

上述流(stream)和文件的输入/输出具有大量未指定的、未定义的和实现定义的行为。MISRA 规范是面向嵌入式系统的，而嵌入式系统通常不具备标准 C 所处的通用计算机环境，如磁盘、键盘、显示器等。那些在通用计算机环境中"如鱼得水"的文件操作和标准I/O 函数，其实是实现定义的，换个环境往往就"水土不服"，难有用武之地了。因此，正常情况下嵌入式系统的产品代码中并不需要它们。

尽管如此，stdio.h 中的标准输入/输出函数还是有用的，它们可以用在嵌入式产品的开发阶段(开发环境通常包含一台通用计算机)，为程序员的调试、模拟和测试提供帮助。一旦代码调试完成，在产品代码中应将它们排除或用更适合嵌入式环境的库函数来代替。

如果产品代码中需要 stdio.h 中的任何特性，那么对与此特性相关的问题特别是实现定义行为就需要作充分的了解，以降低可能带来的风险。

规则 20.9 与 ISO C 的未指定行为 2～5 及 16～18、未定义行为 77～89、实现定义行为53～68 等问题有关。

---

**规则 20.10【必需】**

不要使用库<stdlib.h>中的函数 atof、atoi 和 atol。

规则 20.11【必需】

不要使用库<stdlib.h>中的函数 abort、exit、getenv 和 system。

stdlib.h 库中的函数 atoi()、atol()、atof()用于将字符串转换为不同类型的数值。这在普通 PC 机上也许比较有用，但是，当字符串不能被转换时，如字符串不能呈现数值形态，这些函数就会表现为未定义行为，给我们带来隐患。再说，嵌入式系统通常也不需要这样的文字游戏，MISRA 将这些库函数划归禁用之列是合理的。

abort()、exit()、system()、getenv()是 stdlib.h 中提供的系统函数，用于终止、退出一个函数的执行，或进行环境交互。正常情况下，嵌入式系统也不需要这些函数，因为嵌入式系统一般不需要同环境进行通讯。如果一个应用中必须使用这些函数，那么一定要在所处环境中检查这些函数的实现定义行为。

规则 20.10 与 ISO C 的未定义行为 90 有关，规则 20.11 与未定义行为 93、实现定义行为 70～73 有关。

规则 20.12【必需】

不要使用库<time.h>中的时间处理函数。

time.h 头文件定义了四个变量类型、两个宏和各种处理日期和时间的函数，这对在 PC 机上编程的人来说非常有用。然而，这个库同计算机时钟有关，许多方面都是实现定义的或未指定的，如时间格式。如果将其直接用于嵌入式系统，则会带来许多问题。实际上，嵌入式环境通常都有自己的日期和时间系统(即实时钟：RTC)，它与 time.h 并不相同。

鉴于嵌入式环境不同于通用计算机，本规则要求不要使用 time.h 中的时间处理函数，包括 time()和 strftime()。如果要使用 time.h 中的任何功能，那么必须要确定所用编译器对它的准确实现，并给出背离请求。

本规则与 ISO C 的未指定行为 22、未定义行为 97、实现定义行为 75、76 有关。

# 本 章 小 结

1. 打造安全的编译环境

程序员应该对编译环境有更多的了解，不要把问题，特别是自己都不甚清楚的问题，都丢给编译器去解决。求人不如求己，做好自己才是解决之道。我们按照 MISRA C 的标准来做，就可以有效地避免因对编译环境的不了解，或编译器自身的缺陷所带来的风险。

2. 编译器基础知识回顾

(1) 预处理：文件包含、宏定义、条件编译。

(2) 标准库函数：stddef.h、stdio.h、stdlib.h、ctype.h、string.h、math.h、time.h 等。

3. 预处理指令规则

(1) 文件中的#include 语句之前只能是其他预处理指令或注释；#include 指令中的头文

件名字里不能出现非标准字符；#include 指令后应是 <filename> 或 "filename"格式的文件名(规则 19.1～19.3)。

(2) C 的宏只能扩展为用大括号括起来的初始化、常量、小括号括起来的表达式、类型限定符、存储类标识符或 do-while-zero 结构(规则 19.4)。

(3) 宏不能在块中进行 #define 和 #undef；不要使用 #undef(规则 19.5、规则 19.6)。

(4) 应优先使用函数，而非函数宏；函数宏在调用时应包含其所有的参数；函数宏的参数不应包含像预处理指令那样的词汇；在定义函数宏时，每个参数实例都应该以小括号括起来，除非参数用作 # 或 ## 的操作数(规则 19.7～19.10)。

(5) 预处理指令中所有宏标识符在使用前都应先定义，#ifdef 和#ifndef 指令及 defined()操作符除外；defined 预处理操作符只能使用两个标准格式中的一种(规则 19.11、规则 19.14)。

(6) 在单个宏定义中，最多出现一次 # 或 ## 操作符；不要使用 # 或 ## 预处理器操作符(规则 19.12、规则 19.13)。

(7) 应该采取防范措施，避免一个头文件被包含两次；预处理指令在句法上应该是有意义的，即便被预处理器排除在外；所有的#else、#elif 和#endif 预处理指令应该和与之相关的#if 或#ifdef 指令放在同一文件内(规则 19.15～19.17)。

4. 标准库规则

(1) 标准库中保留的标识符、宏和函数不能被定义、重定义或取消定义；标准库中的宏、对象和函数的名称不能被重用(规则 20.1、规则 20.2)。

(2) 传递给库函数的值必须检查其有效性(规则 20.3)。

(3) 不要使用动态内存分配；不要使用错误指示 errno(规则 20.4、规则 20.5)。

(4) 不要使用库<stddef.h>中的宏 offsetof；不要使用 setjmp 宏和 longjmp 函数；不要使用信号处理工具<signal.h>(规则 20.6～20.8)。

(5) 在产品代码中不应使用输入/输出库<stdio.h>；不要使用库<time.h>中的时间处理函数(规则 20.9、规则 20.12)。

(6) 不要使用库<stdlib.h>中的函数 atof、atoi 和 atol；不要使用库<stdlib.h>中的函数 abort、exit、getenv 和 system(规则 20.10、规则 20.11)。

# 练　习　题

**一、判断题**

1. #include 指令用于包含头文件，一条#include 指令可以包含一个或多个头文件。

(　　)

2. #include 指令的头文件名字里不能出现非标准字符。(　　)

3. 根据 MISRA C2 标准，#include 指令可以放在源文件的任何地方。(　　)

4. 在使用函数宏时，系统会对宏的参数进行检查。(　　)

5. MISRA 建议，应优先使用函数而不是函数宏。(　　)

6. MISRA 认为 #undef 指令弊大于利，不应使用。(　　)

7. 组成条件编译框架的所有的预处理指令应该出现在同一个文件中。　　　（　　）

8. 标准库中的对象和函数的名称不能被重用，但宏名称可以重用。　　　（　　）

9. 对于#或##操作符，MISRA 要求，在单个宏定义中最多使用一次，最好不要使用。
　　　　　　　　　　　　　　　　　　　　　　　　　　　　　　　　　（　　）

10. 在调用标准库中的函数时，不必进行参数的有效性检查，因为库函数自己会检查。
　　　　　　　　　　　　　　　　　　　　　　　　　　　　　　　　　（　　）

## 二、填空题

1. 在定义函数宏时，每个参数实例都应该以括号括起来，除非参数用作(　　　　)或(　　　　)的操作数。

2. 预处理指令中所有宏标识符在使用前都应先定义，但(　　　)和(　　　)指令及(　　　)操作符处理的标识符除外。

3. defined 预处理操作符只能使用两个标准格式中的一种，它们是(　　　)和(　　　)。

4. 标准库中保留的标识符、宏和函数不能被(　　　)、(　　　)或(　　　)。

## 三、多项选择题

1. 以下#include 指令中，正确的是(　　)。

A. #include "Hfile.h"　　　　B. #include 'Hfile.h'

C. #include Hfile.h　　　　D. #include (Hfile.h)

E. #include <Hfile.h>　　　　F. #include <<Hfile.h>>

2. 以下宏定义中，不正确的是(　　)。

A. #define ZERO 0U　　　　B. #define MAX(a,b) a>b?a:b

C. #define __IO volatile　　　　D. #define INIT(rst) { (rst), 0, 0, 0 }

E. #define uint32_t unsigned　　　　F. #define SQUARE(x) ((x)*(x))

G. #define EXTN extern　　　　H. #define while LOOP

I. #define LEDon_500ms() do{LEDon();delay_ms(500);}while(0)

J. #define LEDoff_500ms() do{LEDoff();delay_ms(500);}while(1)

3. 以下关于函数宏的说法中，正确的是(　　)。

A. 函数宏都是带参数的宏定义

B. 函数宏是不带参数的宏定义

C. 函数宏具有函数的特征，即宏名后紧跟一对()

D. 函数宏不可以在参数不全的情况下调用

E. 函数宏的参数中可以包含像预处理指令那样的词汇

4. 对于 defined 预处理操作符，以下用法中正确的是(　　)。

A. #if defined X1　　　　B. #if defined (X2)

C. #elif defined X1　　　　D. #if defined (X1 > X2)

E. #elif defined X1&&X2　　　　F. #elif defined (X2)

5. 根据规则 19.17，条件编译指令系列必须完整且存在于同一个文件中。可以与#if 指令配套并构成完整条件编译系列的指令或运算符包括(　　)。

A. #ifdef　　　　　B. #elif　　　　　C. #ifndef　　　　　D. defined

E. #else　　　　　F. #endif　　　　　G. #error　　　　　H. #define

6. 以下说法中，符合 MISRA 标准的是(　　　)。

A. 预处理指令在句法上应该是有意义的，但被预处理器排除在外的不必强求

B. 动态内存分配灵活、方便，非常适合嵌入式 C 编程

C. 错误指示 errno 未经良好定义，不应使用

D. 不要使用库< stddef.h >中的宏 offsetof

E. 如果想实现非本地跳转，应该使用<setjmp.h>中的 setjmp 宏和 longjmp 函数

F. #include 指令中的头文件名字里不能出现非标准字符

7. 以下 C 标准库或库中的资源，不适合嵌入式系统的是(　　　)。

A. 信号处理库<signal.h>　　　　　　B. < time.h >中的时间处理函数

C. 数学函数库< math.h >　　　　　　D. 字符串处理库< string.h >

E. 不定参数库< stdarg.h >　　　　　　F. 字符处理库< ctype.h >

8. 以下< stdlib.h >库的资源中，可用于嵌入式系统的是(　　　)。

A. 字符串转换为数值：atoi()、atol()、atof()

B. 运行控制函数：abort()、exit()、atexit()

C. 随机数产生函数：rand()、srand()

D. 绝对值与整数除法函数：abs()、labs()、div()、ldiv()、lldiv()

E. 环境交互函数：system()、getenv()

F. 动态存储分配函数：malloc()、calloc()、realloc()、free()

9. 下列有关在嵌入式 C 开发中使用< stdio.h >标准库的说法中，正确的是(　　　)。

A. 在任何情况下都不要使用< stdio.h >库

B. 在产品代码中不要使用< stdio.h >库

C. 在软件调试、模拟和测试中可以使用< stdio.h >库

D. 没有限制，任何情况下都可以使用< stdio.h >库

## 四、简答题

1. 在语句块内使用 #define 或 #undef 会带来什么消极影响？

2. 应该如何避免一个头文件被包含两次甚至多次？

3. 谈谈你对规则 19.17 的理解。

4. 在嵌入式系统中使用动态内存分配可能带来什么问题？

5. MISRA 强调不要在产品代码中使用 stdio.h 库，这是为什么？

# 第 9 章　揭开 MISRA C3 的面纱

 **内容提要**

2013 年 3 月，汽车工业软件可靠性协会推出了第三代 MISRA C 编码规范，即 MISRA C:2012，简称 MISRA C3。与前一代规范相比，MISRA C3 有哪些继承，有哪些改变，在实际应用中又有哪些优势呢？本章通过对 MISRA C3 的介绍来探讨上述问题。

到目前为止，MISRA C 标准一共发布了三个版本：
- MISRA C：1998，即 MISRA C1，源于 PRQA 公司为福特和路虎开发的标准，适用于 C90，采用统一编排的规则序号，共 127 条规则。
- MISRA C：2004，即 MISRA C2，是 1998 版本的修订及扩展，同样适用于 C90，采用分组编号，分为 21 组共 141 条规则，并提供了应用范例以帮助用户理解和应用。到目前为止，这一版本的使用最为广泛。
- MISRA C：2012，即 MISRA C3，是在 MISRA C：2004 的基础上持续改进的结果，它一个具备多年经验的 10 人委员会历经四年的集大成之作，于 2013 年 3 月正式发布。

下面将对 MISRA C3 做一个整体介绍，重点介绍其与 MISRA C2 相比的发展和变化，然后选取部分新规则进行解读。

## 9.1　MISRA C3 概述

与上一代相比，MISRA C：2012(MISRA C3)无论是形式还是内容都有了较大的变化，如增加了对 C99 的支持、不同的分类和分组、更准确的定义和解析、准则的可判定行和分析范围等。另外，新标准的"体型"也增大了。

不同于 MISRA C2，第三代 MISRA 标准区分指令和规则两大类(我们姑且以准则统称之)，但仍然采用了 MISRA C2 分组编号的形式：
- 指令(directives)：4 组，共 16 条。
- 规则(rules)：22 组，共 143 条。

二者合计共 159 条准则(指令或规则)，总数与前一版本相比增加了，相应地，*MISRA C:2012 Guidelines for the use of the C language in critical systems* (简称《MISRA C3 标准指南》)的文本也变长了。

准则数量及指导文章的增多，代表着编程规范复杂程度的提高，也就意味着工程师在追随和遵循新标准时工作量的增加。但事实上，增加的准则数量还不到 10%，这还主要是考虑准则的可及性而细分的结果。至于《MISRA C3 标准指南》文档的增长，并不是为了表明 MISRA C "成长了"，而是体现为了以下改进：

- 更为精准的描述，包括详细解释、基本原理、例外情况。
- 规则和指令的区别。
- 代码实例(用于示范对大多数准则的违规与合规)。
- 准则作用范围和可判定性的内容。
- 更详细的有关符合性检查和背离步骤的指导。

下面我们先来看 MISRA C3 的指令。根据其重要程度，指令依然分为必需和建议两种，其含义也与 MISRA C2 相同。指令的分组情况如表 9.1-1 所示。

表 9.1-1　MISRA C3 指令分组表

| 序号 | 分　组 | 必需指令 | 建议指令 | 指令总数 |
|---|---|---|---|---|
| 1 | 实现 | 1 | 0 | 1 |
| 2 | 编译与构建 | 1 | 0 | 1 |
| 3 | 需求可追溯 | 1 | 0 | 1 |
| 4 | 代码设计 | 6 | 7 | 13 |
| 合　计 | | 9 | 7 | 16 |

不同于指令，MISRA C3 规则的重要性在必需和建议的基础上，多了强制一级，其分组情况如表 9.1-2 所示。

表 9.1-2　MISRA C3 规则分组表

| 序号 | 分　组 | 必需规则 | 建议规则 | 强制规则 | 规则总数 |
|---|---|---|---|---|---|
| 1 | 标准 C 环境 | 3 | 0 | 0 | 3 |
| 2 | 未使用的代码 | 2 | 5 | 0 | 7 |
| 3 | 注释 | 2 | 0 | 0 | 2 |
| 4 | 字符集和词法约定 | 1 | 1 | 0 | 2 |
| 5 | 标识符 | 8 | 1 | 0 | 9 |
| 6 | 类型 | 2 | 0 | 0 | 2 |
| 7 | 字面量与常量 | 4 | 0 | 0 | 4 |
| 8 | 声明和定义 | 10 | 4 | 0 | 14 |
| 9 | 初始化 | 4 | 0 | 1 | 5 |
| 10 | 基本类型模型 | 7 | 1 | 0 | 8 |
| 11 | 指针类型转换 | 7 | 2 | 0 | 9 |
| 12 | 表达式 | 1 | 3 | 0 | 4 |
| 13 | 副作用 | 3 | 2 | 1 | 6 |

| 序号 | 分　组 | 必需规则 | 建议规则 | 强制规则 | 规则总数 |
|---|---|---|---|---|---|
| 14 | 控制语句表达式 | 4 | 0 | 0 | 4 |
| 15 | 控制流 | 4 | 3 | 0 | 7 |
| 16 | switch 语句 | 7 | 0 | 0 | 7 |
| 17 | 函数 | 3 | 2 | 3 | 8 |
| 18 | 指针和数组 | 6 | 2 | 0 | 8 |
| 19 | 重叠存储 | 0 | 1 | 1 | 2 |
| 20 | 预处理指令 | 11 | 3 | 0 | 14 |
| 21 | 标准库 | 11 | 1 | 0 | 12 |
| 22 | 资源 | 2 | 0 | 4 | 6 |
| | 合计 | 102 | 31 | 10 | 143 |

对比 MISRA C2，我们发现新标准的分组其实与其差别不大。除了新增了资源一组外，其他内容大同小异，要么连分组名也相同，要么将原来的分组进一步拆分。许多准则中的关键词同样出现在前一版本的规则中(当然，也有少数规则被废除)。由此可见，MISRA C3 具有很好的继承性，对于那些遵循 MISRA C2 开发的代码，新规则对其造成的影响是极为有限的。

第一代和第二代 MISRA C 标准都要求开发者遵守第一代 C 语言标准 ISO/IEC 9899:1990，该标准就是人们熟知的 C90。尽管 C 语言标准在不断地推陈出新，如 1999 年推出了 C99，2011 年推出了 C11，但 MISRA C 在很长一段时间内仍固守着 C90。这么做至少有两个原因：

(1) 编译器供应商，尤其在嵌入式领域，对新的 C 语言标准的响应速度很慢，或者说，有着很强的"惯性"。如今市面上的编译器普遍都能很好地支持 C90，但对 C99 及 C11 的支持不那么热烈，它们可不是追逐新标准的"粉丝"。

(2) 尽管 C 语言不断地引入新的功能，给人耳目一新的感觉，但对于这些功能的可靠性，人们或多或少持怀疑的态度，有些功能甚至可能引入了缺陷。

从标准化进程这一角度来看，C 语言的标准是让人失望的。增加新的语言功能并非难事，但剔除存在的问题异常困难，因为其极有可能影响用户现有代码功能的实现。因此，从某种意义上来讲，C 语言本身的缺陷将长期存在，如同一个平凡之人，优点、缺点总是同时存在，而这正是包括 MISRA 标准在内的编程规范存在的价值。

在可预见的将来，C 语言仍会广泛地用于安全相关软件的开发。C99 已经发布，其很多功能，如内联函数(inline function)、布尔类型(_Bool)等，已是非常重要的功能。随着时间的推移，对 C99 的跟进只会越来越多。MISRA 自然不会对此无动于衷，在开发 MISRA C3 的初期就已决定不再拘泥于 C90，将 C99 也纳入了自己的视野。

当然，MISRA C3 的与时俱进并不仅限于此，它还有更多的愿景：

• 采用 1999 年 ISO 对 C 语言的定义(C99)，同时保留对 1990 年旧定义(C90)的支持。

• 修正在第二版中已经发现的任何问题。

- 添加有强大理论基础的新准则。
- 改进现有规则的原理和指导方针。
- 删除任何理由不充分的规则。
- 增加可以通过静态分析工具处理的准则的数量。
- 为自动代码生成准则的应用提供指导。

制定标准的目的在于应用。《MISRA C3 标准指南》中给出了与 MISRA C2 精神一致的基本原则和指导意见：

- 应从项目开发的一开始就应用 MISRA C3。
- 程序员应在提交代码之前使用 MISRA C3 进行检查，主要活动有：
① MISRA C3 所要求的：符合性、背离检查。
② MISRA C3 所期望的：编程风格、复杂度度量检查。
- 代码符合性检查：
① 制订符合性矩阵，包括自己开发的代码和自动代码生成工具。
② 根据符合性矩阵配置编译器和分析器。
③ 配置软件静态测试工具。
④ 诊断消息检查与核准，包括正确的、可能的、错误的违规诊断以及非 MISRA 诊断。
- 背离过程记录。
- 符合性声明。

总而言之，MISRA C 规范得到了嵌入式行业的广泛认可和实际应用，许多软件组织在制定企业标准时都会将它引为重要参考。即便是 MISRA C3，也不能 100%保证程序不出问题，而是从预防的角度提供更多的帮助，使用户代码获得以下五个方面的优势：

- 提升可靠性。
- 提升可读性。
- 提升可移植性。
- 提升可维护性。
- 提升安全性。

## 9.2　新标准的改变

第三代 MISRA C 规范的一个重要改变就是在《MISRA C3 标准指南》中给出了对每条准则的阐述方式，它包含了非常丰富的信息(见图 9.2-1)。

图 9.2-1 中：
① 准则，包括分类(指令或规则)及其编号，后跟详细内容。
② 级别，分为必须、建议和强制三种。
③ 分析，包括可判定性(可判定、不可判定)和分析范围(单一翻译单元、系统)。
④ 应用对象，有 C90、C99 和 C90&C99 三种。
⑤ 深度解析，说明准则的准确含义与要求。
⑥ 基本原理，即理论基础，代表了准则的必要性。

| | | |
|---|---|---|
| ① | Rule 9.3 | Arrays shall not be partially initialized |
| ② | Category | Required |
| ③ | Analysis | Decidable, Single Translation Unit |
| ④ | Applies to | C90, C99 |

⑤ **Amplification**

If any element of an array object or subobject is explicitly initialized, then the entire object or subobject shall be explicitly initialized.

⑥ **Rationale**

Providing an explicit initialization for each element of an array makes it clear that every element has been considered.

⑦ **Exception**

1. An initializer of the form { 0 } may be used to explicitly initialize all elements of an array object or subobject.

2. An array whose initializer consists **only** of designated initializers may be used, for example to perform a sparse initialization.

3. An array initialized using a string literal does not need an initializer for every element.

⑧ **Example**

```
/* Compliant */
int32_t x[ 3 ] = { 0, 1, 2 };

/* Non-compliant - y[ 2 ] is implicitly initialized */
int32_t y[ 3 ] = { 0, 1 };
```

图 9.2-1　《MISRA C3 标准指南》中的准则阐述方式

⑦ 例外情况，列举不适用准则的特殊情况。

⑧ 代码示例，举例说明违规与合规的情形。

下面我们结合部分新规则来说明 MISRA 新标准的主要变化。

**1. 指令与规则**

MISRA C3 将所有准则分为指令和规则两大类。

**1) 指令(directive)**

仅仅依靠源代码分析，无法对指令进行合规性判定，往往需要开发人员提供更多信息，如设计文档和需求说明。静态代码检测工具可以判定代码符合指令，但对于代码不符合指令的情况，静态代码检测工具给出的判定结果可能千差万别。

**指令 D3.1【必需】**

所有代码都应该可追溯到需求文档。

该指令的要求很明确，所有的代码功能都应该源自需求文档，必须是在需求说明中定义过的。

不满足项目需求的功能,如附加的功能,会增加不必要的路径。软件开发人员可能没有意识到这个附加功能可能产生更广泛的含义。例如,开发人员可能会为了调试和测试方便,添加一些特殊的代码以便在特定的时间点查询某引脚的状态。然而,即使该"问题引脚"似乎没有使用,但因为在软件需求中没有定义,所以它可能连接到目标中的某个执行器,导致不必要的外部缺陷。

将代码追溯到需求文档的方法应由项目确定。实现可追溯性的一种方法是根据相应的设计文档审查代码,而设计文档又要根据需求说明进行审查。

很显然,本指令虽然要求明确,但开发者是否做到了仅看源代码是无法判断的,需要提供设计文档和需求说明才行。有时静态代码检测工具可以帮助我们判断,有时还需要人工判断。这是指令的特点。

MISRA C3 共有指令 16 条,分为 4 组。其中第 4 组(代码设计)的 13 条指令中的大部分与 MISRA C2 相同。

2) 规则(rule)

仅仅依靠源代码分析,就可以对规则进行合规性判定,不需要开发人员提供更多的信息。站在技术的角度,使用静态代码检测工具就可以很方便地进行合规性判定。

---

**规则 R17.1【必需】**

不要使用<stdarg.h>库的特性。

---

stdarg.h 头文件定义了一个变量类型 va_list 和三个宏,用于在参数个数未知(即参数个数可变)时获取函数中的参数。用户设计可变数量参数的函数时需要使用 stdarg.h。

MISRA C3 禁止使用 stdarg.h 库的特性,这就意味着 va_list 类型和 va_arg()、va_start()、va_end()以及 C99 中的 va_copy ()等宏定义不可以使用,否则会导致未定义行为。

代码示例:

```
#include <stdarg.h>
void h ( va_list ap )              /* 违规,使用了 va_list 类型说明 */
{
    double y;
    y = va_arg ( ap, double );     /* 违规,使用了 va_arg 宏 */
}
void f ( uint16_t n, ... )         /* 可变参数函数 */
{
    uint32_t x;
    va_list ap;                    /* 违规 */
    va_start ( ap, n );            /* 违规,使用了 va_start 宏 */
    x = va_arg ( ap, uint32_t );   /* 违规 */
    h ( ap );
    /* 未定义的 - ap 是不确定的,因为在 h ( )中使用了 va_arg */
```

```
        x = va_arg ( ap, uint32_t );      /* 违规 */
        /* 未定义的 -ap 返回没有使用 va_end ( ) */
    }
    void g ( void )
    {
        /* 未定义的- uint32_t: double 不匹配，当 f 使用 va_arg ( )时*/
        f( 1, 2.0, 3.0 );
    }
```

本规则与 C90 未定义行为 45、70～76，以及 C99 未定义行为 81、128～135 有关。

顺便说一下，本规则在 MISRA C2 中也有体现，那就是规则 16.1：函数定义不得带有可变数量的参数。虽然新旧规则字面表述不同，但二者的含义是一样的，由此可见 MISRA C3 对 MISRA C2 的继承性。

要对规则 R17.1 进行合规性判定，即判断代码中是否用到了 stdarg.h 库的特性，只需在代码中简单地检查是否包含 stdarg.h 头文件或者查找相关的标识符就可以了，无须其他信息。这就是规则的特点。

MISRA C3 共有规则 143 条，分为 22 个组。

### 2. 强制性规则

在 MISRA C2 中，将编程规则分成必需和建议两个级别，这在 MISRA C3 中依然保留了下来。

#### 1) 必需(required)

必需意味着对于编程来说是必要的，必须遵守的。如果实在做不到，必须有正式的背离过程加持(即允许打一点折扣)。

#### 2) 建议(advisory)

建议意味着对于编程来说不是必要的，应尽量遵守。如果违背，需记录存档，但无须正式的背离文件。

MISRA 声称，应该遵守所有的必需规则，但允许在特殊情况下背离。对于建议性规则，代码开发人员则拥有更多的灵活性。MISRA C3 沿用了上述两个概念，并将其用到了新设的指令中。

"这条编码规则是不是很重要？"开发人员可能经常会问这样的问题。很多时候，这一判断是带有主观色彩的，需要考虑很多因素，比如：

· 如果我们违反了这条规则，软件出错的概率有多大？

· 在开发过程中违反这条编码规则的机会有多大？

· 如果我们已经确定代码是安全的，这条编码规则是否还要遵守？

#### 3) 强制(mandatory)

也有一些编码规则无须任何主观判断，它们简单明了、毫无争议。MISRA C3 为此创建了一个新的分级——强制。

强制意味着在任何情况下，开发者都必须遵守，不得违背(即不允许打折扣)。

需要指出的是，必需、建议、强制的分级并不是固定不变的，MISRA 在制定新一代标准的时候便将旧标准的部分规则进行了升级或降级改造。因此，在《MISRA C3 标准指南》中允许用户根据自己的实际需要，将部分建议规则升级为必需，或者将部分必需规则升级为强制，但不允许降级。

---

**规则 R22.5【强制】**

指向 FILE 对象的指针不可以取内容(dereference)。

---

这是一条强制性规则，禁止对文件指针进行取内容(dereference)操作，不管是直接还是间接的方式(如通过调用 memcpy 或 memcmp 函数)。

在 C90 和 C99 标准中都提到，用于流(stream)控制的文件对象的地址可能意义重大，复制该对象得到的副本可能不会给出相同的行为，而这种复制就需要 dereference。因为它与流标志符(即文件指针)的使用不兼容，所以直接对文件对象进行取内容操作是被禁止的。

代码示例：

```
#include <stdio.h>
FILE *pf1;              /* 指向文件的指针 */
FILE *pf2;
FILE f3;                /* 文件结构体变量 */
pf2 = pf1;              /* 合规 */
f3 = *pf2;              /* 违规，文件指针取内容 */


/* 以下假定用 FILE * 指定了一个含有成员 pos 的完整类型 */
pf1->pos = 0;           /* 违规，访问 FILE 对象的具体成员 */
```

在 MISRA C3 中，强制性规则并不多，共有 10 条，其中有一部分与 MISRA C2 的规则是相同的，是升级的结果。例如，规则 R17.4(非 void 返回类型的函数其所有退出路径都应具有显式的带表达式的返回语句)就是 MISRA C2 的规则 16.8。

事实上，MISRA C2 的绝大部分规则都继承下来了，它们有的原样保留(仅标号不同)，有的级别调整(在建议、必需、强制之间变化)，有的有了新身份(划归到指令类)，有的则有了新面貌(内容增减、化繁为简等)，详情请查看本书的附录 2。

### 3. 可判定性

每条规则，无论是必需、建议还是强制规则，在技术上都存在一个可判定性(decidability)问题，即是否可以明确地判定规则是被遵守还是被违反。对于一些简单的规则，只需进行简单的语法分析即可实现判定；而对于某些复杂的规则，则需要深入地分析代码的结构和语义。有一些规则，其本质是不可判定的，不论静态代码检测工具进行多么深入的分析，都无法判定代码的合规性；相反，有一些规则若被违反，任何工具都可判定且不会误报，那么这些规则被认为是可判定的。

对于可判定规则，分析工具只会给出两个可能的答案：是或否。对于不可判定规则，永远不能保证其合规性，分析工具可能会给出第三个答案：无法保证合规性检查的准确性。

可判定性是新一代 MISRA 标准引入的一个概念，它描述了静态分析工具从理论上回答"代码是否合规"的能力，即理论上能否准确判定代码是否违规。

所有的规则都可据此分类，分为可判定规则和不可判定规则。但所有的指令没有以这种方式来划分，因为判定指令是否被违反还需要其他辅助材料，仅凭源代码是不可能设计出一种算法来确保其遵从性的。

即使规则是可判定的，但各种分析工具对规则的判定能力也是参差不齐的，这显然与所依赖的计算理论有关。对分析工具的算法进行审查已经超出了 MISRA 的范围。

如果检测到违规取决于以下运行时(run-time)属性，则规则可能是不可判定的：

- 对象所持有的值。
- 控制是否到达程序中的特定点。

1) 可判定(decidable)

可判定规则对于静态分析非常有用，发现违规行为也简单，但前提是有正确配置的无缺陷和完善的软件静态分析工具。

(1) 如果报告了对可判定规则的违反，则表明这确实是一项违规。

(2) 如果没有报告对可判定规则的违反，则表明在被分析代码中没有违规。

---

规则 R5.2【必需】

在相同作用域和名字空间声明的标识符应该清晰可辨。

---

本规则仅讨论相同作用域和相同名字空间的标识符。清晰可辨(distinct)的定义取决于所用 C 语言版本的实现：

- 对 C90，最低要求是前 31 个字符有意义，可辨识。
- 对 C99，最低要求是前 63 个字符有意义，可辨识。

如果两个标识符只在没意义的字符中有所区分，则其行为是未定义的。另外，考虑到代码的可移植性和可读性，保持标识符的长度远低于上述标准的最低要求是明智的。

在下面的示例中，我们按"前 31 个字符有意义，可辨识"的要求来给标识符命名(注释中的数字用来计算标识符的长度)。

```
        /*    12345678901234567890123456789012345678901*********字符数 */
extern int32_t   engine_exhaust_gas_temperature_raw;         /* ① */
static int32_t engine_exhaust_gas_temperature_scaled;        /* ② 违规 */
void f ( void )
{
        /*    12345678901234567890123456789012345678901********* 字符数 */
    int32_t engine_exhaust_gas_temperature_local;            /* ③ 合规 */
}
        /*    12345678901234567890123456789012345678901*********字符数 */
static int32_t engine_exhaust_gas_temp_raw;                  /* ④ */
static int32_t engine_exhaust_gas_temp_scaled;               /* ⑤ 合规 */
```

示例中，5 个标识符都符合 C90 标准，其中③是局部变量，虽然与①和②很相似，但它们的作用域不同，能够分辨；④和⑤之间也能明显区分(字长较短)；①和②直到第 32 个字符才区分开，违反本规则。

显然，规则 R5.2 取决于标识符的名称和作用域，是可判定的，对于任何静态分析工具来说判定是否违规也很容易实现。

另外，规则 R11.3(指向不同种类对象的指针之间不可转换，取决于源指针和目标指针类型)、规则 R20.7(由于宏参数展开而来的表达式应该包含在圆括号中，取决于宏扩展结果的语法形式)等都是可判定规则的例子。 MISRA C3 中可判定的规则数量是最多的。

2) 不可判定(undecidable)

不可判定规则的情况则比较复杂。静态分析工具检测不可判定规则的能力各不相同：

• 报告了违反一个不可判定规则，不一定表明真正的违规。有些分析工具采取的方法是报告可能的违规行为，提醒用户存在不确定因素。

• 没有报告违反不可判定规则，也不一定表明在被分析代码中没有违规。

---

**规则 R2.2【必需】**

不要有死代码。

---

这可能是 MISRA C3 中最简短的规则了。本规则所说的死代码(dead code)是指能够执行，将其删除不会对程序产生任何影响的代码或操作，也就是毫无用途的语句或操作。

需要指出的是，在 MISRA C3 中，死代码和不可达代码(unreachable code)是两个概念，它们不是一回事。前者可以执行，但毫无作用；后者则是不可能执行到的(但代码本身也许是有意义的)。

本规则要求，程序中不可以存在死代码。但有一个例外，就是 void 强制转换，其结果被假定为一个故意不使用的值。在 MISRA C2 中也有相同的要求，但文字表达不同(参见规则 14.2)。

例如，下面的代码中，对象指针 p 用于其他函数：

```c
extern volatile uint16_t   v;
extern char *p;
void f ( void )
{
    uint16_t x;
    ( void ) v;              /* 合规，本规则的例外 */
    ( int32_t ) v;           /* 违规，转换操作"死了" */
    v >> 3;                  /* 违规， >> 操作"死了"，没有副作用 */
    x = 3;                   /* 违规， = 操作"死了"，x 虽然变了，但在后面没用到 */
    *p++;                    /* 违规， * 操作的结果没用到 */
    ( *p )++;                /* 合规，*p 自增了 */
}
```

本规则是不可判定的，这取决于是否产生副作用以及上下文的具体操作。

另外，规则 R12.2(移位操作的右操作数必须介于 0 和左操作数基本类型位宽少 1 之间，取决于移位操作符的右操作数的大小，该值如果在程序执行中是变化的，则具有"运行时"属性)也是不可判定的。

应对不可判定规则的策略是：建立一个对静态分析软件的数据进行分析并记录结果的处理流程；特别注意分析与不可判定规则有关的任何输出过程。

### 4. 分析范围

编程规范一旦施行，不同规则的难易程度有着很大的差别。最简单的规则如"不得使用八进制常量"(规则 R7.1)通过简单的语句语法分析就可以进行判定。然而，很多规则的判定，需要一条控制语句、一个完整的功能、一个完整的翻译单元，甚至一个项目的整个代码库的支撑才能进行，也就是说需要分析的范围是不尽相同的。

在 MISRA C3 中新增了分析范围(analysis scope)的概念。分析范围与前面的可判定性一样，仅适用于规则，不适用于指令。

分析范围也就是要检查的代码数量多少，可以是单一翻译单元和系统两种范围。

#### 1) 单一翻译单元(single translation unit)

单一翻译单元范围意味着只需独立检查单个翻译单元就可以发现并判定违规行为。在此基础上，检查每个翻译单元就可以发现项目中所有的此类违规。

---

**规则 R16.1【必需】**

　　所有的 switch 语句应该是结构良好的。

---

结构良好的 switch 语句是怎样的？ C90 和 C99 给出了两个标准答案：

- switch (整型表达式) {case-label 子句列表　最后的 default 子句}。
- switch (整型表达式) {最初的 default 子句　case-label 子句列表}。

上述第一种结构用文字描述就是：首先是 switch (整型表达式)，后面是{}包含的语句块，即 switch 语句主体；语句块中，先是若干个 case 和标号引导的子句列表，最后是 default 子句；其中每个子句(包括 case 和 default)可以有若干条语句，但必须以 break 语句结束。

第二种结构与第一种相比，唯一的区别就是 default 子句被放到了语句块的最前面。

标准 C 中 switch 语句的语法不是特别严格，可以允许复杂的、非结构化的行为。本规则和其他规则对 switch 语句规范了一个简单而一致的结构。

switch 语句是一种复合结构，是一个整体，需保证其结构完整。如果其中的子句也是一个 switch 语句(嵌套 switch 语句)，则也要遵循其结构并保持完整。

C 语法要求 switch 语句应整体出现在单一文件(即单一翻译单元)中。因此，这个结构是否良好通过分析这个翻译单元就能得出结论。这对其他翻译单元是否包含此类 switch 语句没有影响，也就是说，规则 R16.1 的分析范围是单一翻译单元。

#### 2) 系统(system)

系统分析范围意味着仅分析单个翻译单元是不够的。如果一个规则需要在系统范围进行检查，那么识别某翻译单元中的违规行为时除了本单元之外，还需要检查更多的翻译单元，这往往意味着更高的要求以及更多的分析时间。

分析范围为系统的规则最好通过分析所有源代码来检查，尽管在检查整个源代码的一个子集时可能会发现一些违规的蛛丝马迹，但这只是部分结果，并不代表最后的结论。

> **规则 R8.3【必需】**
>
> 一个对象或函数的所有声明必须采用相同的名称和类型限定符。

这条规则很好理解，即对象或函数的所有声明都应该是一样的，要使用相同的名称和类型限定符(与其定义保持一致)，但存储类描述符(如 external、static 等)不受此限。这样做可以进一步强调对象或函数的类型，有利于类型检查，可以通过在函数原型中指定参数名称来检查函数定义是否与其声明一致。

MISRA C2 中也有相似的规则，但在细节上不尽相同(参见 MC2 规则 16.3、16.4、8.3)。

本规则的分析范围应该是系统。如果一个项目有两个翻译单元 A 和 B，可以检查每个翻译单元中对象的所有声明和定义是否使用了相同的类型名称和限定符。然而，这并不能保证 A 中用到的声明和定义与 B 中的声明和定义相同，所以跨翻译单元检查是必须进行的。对于一个软件项目，所有的源代码都将被编译并链接到可执行文件中，因此需要检查所有这些源代码以保证遵守本规则，也就是分析范围要覆盖整个系统。

所有不可判定规则都需要在系统范围进行检查，因为通常需要其他翻译单元的行为信息。

加上可判定性和分析范围的属性后，MISRA C3 的每条规则便可归于以下四类：

① 可判定+单一翻译单元，这类规则最多，共有 103 条。
② 可判定+系统范围，这类规则较少，共有 13 条。
③ 不可判定+系统范围，这类规则也不多，共有 26 条。
④ 不可判定+单一翻译单元，这类规则最少，只有 1 条(规则 R1.2)。

**5. 基本类型与复合表达式**

当涉及技术性问题时，使用 C 语言的术语是很有必要的。这些术语符合 ISO C 标准，对 C 语言给出了明确的定义。但是，当对编程规范进行定义的时候，我们有必要要引入一些补充性质的术语。这一点在 C 语言的类型(type)体系中显得尤为突出。

C 语言的类型体系本身存在着很多不一致的现象。由该体系定义的算术表达式的类型看似很直观，但不能体现其本质。因此，MISRA C2 引入了底层类型和复杂表达式两个概念。然而，现在看来，这两个术语的实际效果还不能令人满意。

因此，MISRA C3 中引入了两个新的术语以取代老的概念：

• 基本类型，用以取代底层类型(underlying type)。
• 复合表达式，用以取代复杂表达式(complex expression)。

1) 基本类型(essential type)

一个对象或表达式的基本类型由其基本类型种类(essential type category)和大小(size)来定义，而基本类型种类则反映了表达式的潜在行为(underlying behaviour)。从英文用词可以看出，基本类型就相当于原来的底层类型，但其范围有所扩大，包含了布尔型、枚举型和浮点型。其目的依然是为了应对表达式计算过程中可能存在的整型提升、隐式转换和赋值转换。

基本类型有：

- 基本布尔类型：Boolean。
- 基本字符类型：character。
- 基本枚举类型：enum。
- 基本有符号类型：signed。
- 基本无符号类型：unsigned。
- 基本浮点类型：floating。

**注意**：每个枚举类型都是独一无二的基本枚举类型种类，记为 enum <i>。因此，不同的枚举类型将都被视为确切的类型，这会强化对类型检测的支持。

当我们比较两个具有相同基本类型种类的类型时，术语较宽(wider)和较窄(lower)用于描述它们的相对大小(以字节计)，两个不同的类型有时会实现相同的大小。

表 9.2-1 表明了标准整数类型是如何映射到基本类型种类的。

**表 9.2-1　标准整数类型映射到基本类型种类**

| 基本类型种类 | | | | | |
| --- | --- | --- | --- | --- | --- |
| Boolean | character | signed | unsigned | enum <i> | floating |
| _Bool | char | signed char<br>signed short<br>signed int<br>signed long<br>signed long long | unsigned char<br>unsigned short<br>unsigned int<br>unsigned long<br>unsigned long long | named enum | float<br>double<br>long double |

**注意**：在 C99 的实现中可能给出一组扩展整数类型(extended integer types)，这些类型都分配了一个适合其等级(rank)和符号(signedness)的位置。

引入表达式基本类型的另一目的在于与标准 C 中的标准类型(standard type)相区别，即与 signed int 和 unsigned int 相区别，因为大多数人会不自觉地以标准类型为标准。有了基本类型的概念，我们便可以透过现象看本质，抓住"表面"数据后面起实质作用的"真实"类型，以防范不同类型数据操作及类型转换带来的风险。

因此，MISRA C3 编制了第 10 组基本类型模型(essential type model)，将有关基本类型的规则纳入其中，且在内容编排上与 MISRA C2 有了很大的不同。

2) 复合表达式(composite expressions)

在《MISRA C3 标准指南》的附录 C 中列举了有关 C 语言类型安全的问题。其中一些问题可以通过限制可能应用于复合表达式的隐式和显式转换来避免。

在介绍复合表达式之前，我们先来了解一下复合操作符。MISRA C3 定义以下为复合操作符：

- 乘除：*、/、%。
- 加减：+、−。
- 按位操作：&、|、^。
- 移位：<<、>>。

• 条件运算：? (当在第二、第三操作数是"复合表达式"时)。

这些操作符都是常用的二元算术运算符，逻辑运算、关系运算、一元操作、赋值操作等都不在其列。只有最后的条件运算有一点特别，可那也是强调了第二、三操作数是复合表达式时才算在内的。

这好像也没什么特别的，体现不出什么复合或者复杂的特性。其实这里所说的复合，有混合的意思，指用复合运算符将两个或多个操作数混合在一起，得到一个结果，由此构成的算式就是后面要讲的复合表达式。换句话说，复合操作符就是能够构成复合表达式的运算符。

**注意**：以上定义没有包括赋值运算和复合赋值运算。复合赋值操作(如 +=)，等价于先进行对应的二元运算，再赋值。虽然二元运算就是上述复合运算，但由于赋值操作的存在，在 MISRA C3 中却不能算作复合运算符。

有了上述复合操作符的概念，MISRA C3 便引出了复合表达式，其定义如下：复合表达式被视为一个非常量的表达式，是复合操作符的直接结果。这个定义中的关键词有两个——复合操作符、直接结果，意思是用上述复合操作符配合操作数，能够直接算出结果的非常量表达式就是复合表达式，即

• 复合赋值运算符的结果不是复合表达式。

• 常量表达式不是复合表达式。

• 括号包含的复合表达式也是一个复合表达式。

• 不是由复合操作符直接得出结果的表达式或语句不是复合表达式，但它的局部可能是复合表达式。

比较一下 MISRA C2 中复杂表达式的概念，我们发现复合表达式和复杂表达式其实还是差不多的。复杂表达式的条件是"三不"：① 不是常量表达式；② 不是 *lvalue*(即不可以放在赋值或复合赋值符的左边)；③ 不是函数返回值。

对比一下，可以发现其实复合表达式也是满足这些条件的。一些细微的区别在于复杂表达式没有强调以二元算术运算作为标志，因此没有排除一元算术运算(如 ++、~等)，确实比新概念要复杂一些，但我们认为二者的内在精神是一致的。

---

**规则 R10.6【必需】**

　复合表达式的值不应赋值给更宽基本类型的对象。

---

本规则中的赋值包括任何对对象的写入操作，如直接赋值、复合赋值、函数调用时的参数传递、函数返回值的传递以及通过表达式进行初始化等。

本规则告诉我们，如果表达式的基本类型不如对象的基本类型"宽"，就不能赋值给这个对象。当然，这里的宽或窄指的是比较两个基本类型字节数的结果。

这条规则貌似不太合理，将一样东西放进一个更宽大的容器里应该不会有什么问题吧。为什么要这么规定呢？如果是单个数值或变量，将其赋给更宽基本类型的对象是没有问题的，但本规则指的是复合表达式，其中包含了复合操作符，计算时存在隐式类型转换。因为赋值操作两边的基本类型不对等，其潜在的行为方式也就不同，所以直接赋值就面临着不安全隐式转换的风险。正确的做法是在赋值前进行必要的显式(强制)转换。

请看以下代码示例：

```
/*  以下是合规的：*/
u16c = u16a + u16b;                  /*  相同的基本类型  */
u32a = ( uint32_t ) u16a + u16b;     /*  强制转换使加法按 uint32_t 进行，两边基本类型相同  */

/*  以下是违规的：*/
u32a = u16a + u16b;                  /*  赋值操作中有隐式转换  */
use_uint32 ( u16a + u16b );          /*  函数参数要求 uint32，但传过去的是 u16 */
```

上例中，用赋值符(=)连接起来的表达式都不算复合表达式，因为其右侧都是复合表达式，所以都要遵守本规则。最后的函数调用语句也不是复合表达式，但传给它的参数是复合表达式，因此也要遵守本规则。

# 9.3　部分新规则解读

MISRA C3 的准则数较多(共有 16 条指令和 143 条规则)，因为第三代标准对第二代具有继承性，所以两者的大部分内容是相同或相似的，并没有必要全部介绍，这里我们选举一些比较"特别"的准则予以介绍。

## 9.3.1　C90 和 C99 专用规则

MISRA C3 中绝大部分准则同时适用于 C90 和 C99，但有 13 条规则比较特殊，其中 2 条为 C90 所独享，11 条则专用于 C99。

### 1. C90 独享规则

规则 R8.1【必需】

所有的类型(types)都应该显式声明。

C90 标准允许在某些情况下省略类型说明符，在这种情况下，int 类型是隐式指定的(即默认为 int 型)。可以使用隐式 int 声明的情况有：

- 对象声明。
- 函数参数声明。
- 结构体/联合体成员声明。
- typedef 声明。
- 函数返回类型声明。

MISRA 认为，省略显式类型说明可能会导致混淆，并且不利于编译器进行类型检查。例如，在下列声明中：

```
extern void g ( char c, const k );
```

在省略的情况下，k 的类型默认为 const int，而实际上 const char 很可能才是期望的类型。另外，省略类型说明也会给我们阅读代码带来困扰。因此，在 MISRA C3 再次强调了类型应该显式说明(与 MISRA C2 规则 8.2 类似)。

我们再来看一些例子。

以下示例显示了合规和违规的对象声明：

```
extern x;                          /* 违规，隐式 int 类型 */
extern int16_t x;                  /* 合规，显式声明 */
const y;                           /* 违规，隐式 int 类型 */
const int16_t y;                   /* 合规，显式声明 */
```

以下示例显示了合规和违规的函数类型声明：

```
extern f ( void );                 /* 违规，隐式声明返回类型为 int */
extern int16_t f ( void );         /* 合规 */
extern void g ( char c, const k ); /* 违规，隐式声明参数 k 为 int */
extern void g ( char c, const int16_t k ); /* 合规 */
```

以下示例显示了合规和违规的类型定义：

```
typedef ( *pfi ) ( void );         /* 违规，隐式声明返回类型为 int */
typedef int16_t ( *pfi ) ( void ); /* 合规 */
typedef void ( *pfv ) ( const x ); /* 违规，隐式声明参数 x 为 int */
typedef void ( *pfv ) ( int16_t x ); /* 合规 */
```

以下示例显示了合规和违规的成员声明：

```
struct str
{
 int16_t x;                        /* 违规 */
 const y;                          /* 违规，隐式声明参数 y 为 int */
} s;
```

### 规则 R17.3【强制】

函数不可以隐式声明。

这是一条强制规则。

如果函数以原型方式显式声明，其约束将在函数调用时确保形参的数量与实参的数量相匹配，并保证每个参数传递正确。

反之，如果一个函数被隐式地声明，C90 编译器将假定该函数的返回类型为 int。由于隐式函数声明不提供原型，编译器将缺少函数参数数量及其类型的信息。不适当的类型转换可能导致参数传递和返回值错误，以及其他未定义的行为。

如果函数 power()声明为

```
extern double power ( double d, int n );
```

但是该声明在以下代码中不可见，则将发生未定义行为：

```
void func ( void )
{
    /* 违规，返回类型和两个参数类型都不正确 */
    double sq1 = power ( 1, 2.0 );
}
```

例子中由于 power 的声明不可见，故两个参数的类型和函数返回值的类型都将默认为 int，使得函数调用与函数原型不符。

本规则与 C90 未定义行为 6、22、23 有关。

C90 标准引入了"函数原型"这种声明形式，其中声明了参数类型，允许对参数的类型和数量进行检查(除非函数原型要求的是可变数量的参数)。由于要与现有代码向后兼容，C90 标准允许不使用函数原型，可以省略形参类型，在这种情况下，类型将默认为 int。

C99 标准从语言中删除了默认的 int 类型，但继续允许 K&R 风格的函数类型存在，即在声明中没有提供参数类型的信息，并且在函数定义中参数类型是可选的。

规则 R8.1 和 R17.3 都强调声明应该是显式的，拒绝了 C90 独有的"默认 int 类型"的用法，故这两条规则只适用于 C90。

### 2. C99 专用规则

```
规则 R3.2【必需】
```

　在 // 注释中不应使用行拼接符(\)。

在 C90 中，标准的注释格式是/* … */，不允许使用 //…，但在 C99 标准中，两种风格都是允许的。

\ 是行拼接符，当 \ 后面紧跟着一个新行字符时，就会发生行拼接，即 \ 前后被认为是同一行。如果一个 // 注释行以 \ 字符结束，则下一行将成为注释的一部分，这可能会导致代码被当作注释而被删除。因此规则 R3.2 禁止这样的写法。

例如，下面的示例中，由于前一行注释中 \ 的存在，语句 if ( b )会被当作是注释的一部分而被忽略：

```
extern bool_t b;
void f ( void )
{
    uint16_t x = 0;       // 注释……\
    if ( b )
    {
```

```
            ++x;                    /* 该语句总是会执行！ */
        }
    }
```

### 规则 R8.10【必需】

内联函数(inline function)应该声明为具有静态存储类。

内联函数(inline function)是 C++和 C99 中的概念。

普通函数在调用时需要保存现场，然后跳转、执行，完毕后再返回并恢复现场，这个过程在时间和空间方面都有开销，影响系统性能。如果不希望有这些开销，可将一些规模较小、功能简单的函数定义成内联函数。编译器在编译的时候会将内联函数的代码复制到调用它的地方，这样就省去了常规调用的消耗。

一个内联函数可以在多个翻译单元有效，只要将内联函数的定义放在头文件中被多个翻译单元包含即可。C90 中要实现类似的内联功能，可以采用带参数的宏定义，但内联函数显然更好一些：

- 宏替换不会检查参数类型，也很难发现编译错误，内联函数则相反。
- 宏替换只是简单的字符替换，可能会导致无法预料的后果，内联函数不会。
- 一些结构和语法用宏实现比较困难，内联函数可能方便些。

但是，内联函数也有它的缺陷。例如，只能使用结构比较简单的语句且函数体不能过大。内联函数与宏定义有一个相似点，就是有关代码都需要在调用之处"展开"。

内联函数用 inline 描述符来声明，例如：

```
inline int Max(int x, int y)
{
    return (x > y)? x : y;
}
```

显然，内联函数应该在调用它的文档(翻译单元)中存在，也就是说它应该具有静态属性，不然是没法内联的。这就是为什么本规则规定内联函数要声明为静态(static)的原因。

如果内联函数通过外部链接(extern)声明，但在同一翻译单元中又没有该函数的定义，则会导致未定义行为。

对用外部链接声明的内联函数的调用，既可以调用该函数的外部识别，也可以使用内联识别。虽然这不影响被调用函数的行为，但可能会影响执行时间，从而影响程序的实时性。

规则 R8.10 与 C99 未定义行为 20、67 有关。

### 规则 R8.14【必需】

不要使用限制类型说明符(restrict)。

类型限定符 restrict 是 C99 标准引入的，用于限定和约束指针。

使用 restrict，意在表明指针是访问一个数据对象的唯一且初始的方式。它告诉编译器，数据对象已经被指针所引用，所有修改数据对象的操作都必须通过该指针来修改，而不能通过其他直接或间接的途径来修改。通俗地说，用 restrict 修饰的指针是它所指对象"绕不过去的坎"。

由 restrict 修饰的指针主要用于函数形参，或指向由 malloc() 分配的内存空间。restrict 不改变程序的语义。这样做的好处是，能帮助编译器对代码进行更好的优化。

小心地使用 restrict 可以提高编译器所生成代码的效率，还可以改进静态分析的效果。但是，要使用 restrict 限定符，程序员必须确保由两个或多个指针操作的内存区域不会重叠，否则可能产生未定义行为。

如果类型限定符使用错误，将会面临编译器生成不符合预期的代码的重大风险。因此，MISRA 制定本规则，要求不要使用 restrict。

下面的例子是合规的，因为 MISRA C 准则不能用到标准库函数中。程序员必须确保被 p、q 和 n 所定义的区域不重叠：

```c
#include <string.h>
void f ( void )
{
    memcpy ( p, q, n );        /* memcpy 具有 restrict 限定的参数 */

}
```

而下面的例子是不合规的，因为使用了 restrict 来定义一个函数：

```c
void user_copy ( void * restrict p, void * restrict q, size_t n )
{

}
```

规则 R8.14 与 C99 的未定义行为 65、66 有关。

## 规则 R9.4【必需】

一个对象的元素初始化不要多于一次。

## 规则 R9.5【必需】

指定初始化(designated initializer)用于数组对象时，数组的大小应显式说明。

规则 R9.4、R9.5 与 C99 中的"指定初始化(designated initializer)"有关。所谓指定初始化，是指对一个集合体(数组、结构体、联合体)进行初始化时，可以对集合体中的某些元素或成员以任意的顺序进行选择性的初始化，而没有被选择的元素或成员则按默认值进行初始化。

在指定初始化中，数组元素用方括号[]指定，结构体/联合体成员用成员运算符 .指定。

例如，我们要定义一个数组 b[100]，其中 b[10]、b[30] 需要初始化，其他元素均为 0：

```
int b[100] ={ [10] = 1, [30] = 2 };
```

也可以用...表示一个指定初始化的范围，例如：

```
int b[100] = { [10 ... 30] = 1, [50 ... 60] = 2 };
```

再如，我们要初始化如下结构体：

```
struct stu
{
    char name[20];
    int age;
    long id;
};
```

可以这样做：

```
struct stu Andy = { "Andy", 20, 12345678 };    //常规初始化。个数、顺序不能错
struct stu Bob = { .age=18; .id=12345679; };   //指定初始化。个数、顺序任意，可以采用,或;分隔
```

规则 R9.4 要求进行上述指定初始化时，每个元素或成员不得重复赋值。因为在选择初始化系列时可能会无意中重复，从而导致多次初始化。请看下列示例：

```
/* 数组初始化: */
int16_t a1[ 5 ] = { -5, -4, -3, -2, -1 };              /* 合规，常规方法：- a1 是 -5, -4, -3, -2, -1*/
int16_t a2[ 5 ] = { [ 0 ] = -5, [ 1 ] = -4, [ 2 ] = -3, [ 3 ] = -2, [ 4 ] = -1 }; /* 合规，指定初始化*/
int16_t a3[ 5 ] = { [ 0 ] = -5, [ 1 ] = -4, [ 2 ] = -3, [ 2 ] = -2, [ 4 ] = -1 }; /* 违规，指定存在重复
                                                                  * a3[2]初始化 2 次 */

uint16_t *p;
void f ( void )
{
    uint16_t a[ 2 ] = { [ 0 ] = *p++, [ 0 ] = 1 };        /* 违规，不确定副作用是否会发生 */
}


/* 结构体初始化: */
struct mystruct
{
 int32_t a;
 int32_t b;
 int32_t c;
```

```
    int32_t d;
};
struct mystruct s1 = { 100, -1, 42, 999 };   /* 合规，常规方法：- s1 是 100, -1, 42, 999 */
struct mystruct s2 = { .a = 100, .b = -1, .c = 42, .d = 999 };   /* 合规，指定初始化：- s2 是 100, -1,
                                                                  * 42, 999 */
struct mystruct s3 = { .a = 100, .b = -1, .a = 42, .d = 999 };   /* 违规，a 初始化了 2 次 */
```

规则 R9.5 是针对数组的，其包括可变长度数组。也就是说，如果采用指定初始化方法，数组的大小应该显式说明。

如果没有显式地指定数组的大小，则由已初始化元素的最大索引决定。当使用指定的初始化时，可能并不总清楚哪个具有最大索引，特别是当初始化包含大量元素时。

为明确程序员的意图，应明确声明数组的大小。这样做的好处是：避免了因为元素的索引发生更改，导致初始化动作跑到了数组边界之外。

---

**规则 R13.1【必需】**

初始化列表中不应包含持续副作用(persistent side effects)。

---

本规则属于不可判定规则。

在 C90 中，对集合体(如数组)类自动对象的初始化只可使用常量表达式。但在 C99 中，允许自动数组初始化包含运行时计算的表达式，它还允许自动数组初始化表现为匿名初始化对象的复合字面量。在计算初始化列表中的表达式时，副作用发生的顺序在 C99 标准中没有指定，如果这些副作用是持久的，初始化行为就不可预测。

请看下面的例子：

```
volatile uint16_t v1;
void f ( void )
{
    uint16_t a[ 2 ] = { v1, 0 };            /*违规，volatile 意味着持续的副作用  */
}
void g ( uint16_t x, uint16_t y )
{
    uint16_t a[ 2 ] = { x + y, x - y };           /* 合规，无副作用  */
}
uint16_t x = 0u;
extern void p ( uint16_t a[ 2 ] );
void h ( void )
{
    p ( ( uint16_t [ 2 ] ) { x++, x++ } );        /* 违规，双边副作用*/
}
```

規則 R17.6【强制】

在声明数组形参时，[ ]中不应有 static 关键词。

C99 标准提供了一种机制：允许程序员告知编译器一个数组参数，该参数指定了数组的最小元素数量。一些编译器能够利用这些信息，为某些类型的处理器生成更有效的代码。

上述特性的实现方法就是在数组声明的[]中使用 static 关键字，这相当于告诉编译器，static 后面的数值就是数组最小的元素个数。

如果程序员给出的这个参数没有得到遵守，即数组元素的实际数量小于指定的最小数量，其行为是未定义的。

另一方面，在典型的嵌入式应用系统中，处理器不太可能利用上述程序员所提供的信息。因此，违反最少元素数量的风险超过了任何潜在的性能收益。

因此，MISRA C3 制定了规则 R17.6，并且要求不打折扣地执行(强制)。

使用 C99 的这一特性就不会符合本规则。我们来看一些例子：

```c
uint16_t total ( uint16_t n, uint16_t a[ static 20 ] )      /* 违规, 数组声明中使用了 static */
{
    uint16_t i;
    uint16_t sum = 0U;
    for ( i = 0U; i < n; ++i )
    {
        sum = sum + a[ i ];                /* 如果小于 29 个元素, 则会导致未定义行为 */
    }
        return sum;
}
extern uint16_t v1[ 10 ];
extern uint16_t v2[ 20 ];
void g ( void )
{
    uint16_t x;
    x = total ( 10U, v1 );        /* 未定义的 v1 有 10 个元素, 但需要 20 个 */
    x = total ( 20U, v2 );        /* 定义的, 但违规 */
}
```

本规则与 C99 未定义行为 71 有关。

規則 R18.7【必需】

不得声明柔性数组(作为构造体)成员。

### 规则 R18.8【必需】

不得使用长度可变的数组类型。

C99 标准对数组的特性进行了扩展，引入了"柔性数组(flexible array)"和"可变长数组(variable-length array)"的概念，前者没有指定长度，或者说长度为 0，而后者的长度是变化的。二者的共同点就是数组的长度具有灵活性。

柔性数组通常用作可变长结构体的最后一个成员，声明时系统可能会用 malloc()函数进行内存动态分配，用 sizeof 计算的结构体长度将不包括柔性数组。可变长数组的大小可以由任一有效的整型表达式确定,包括只在运行时才能确定其值的表达式。C99 还允许用typedef 定义"可变长数组类型说明符"，专门声明某一类数组。

从规则 R18.7、R18.8 可以看出，MISRA C3 非常"不待见"数组长度的灵活性，既不可以在构造体中声明柔性数组成员(规则 R18.7)，也不可以使用可变长数组类型(规则R18.8)。

柔性数组最有可能与动态内存分配一起使用，而指令 D4.12(不要使用动态内存分配)和规则 R21.3(不要使用<stdlib.h>中的内存分配和去分配函数)是禁止动态内存分配使用的。

柔性数组成员的存在修改了 sizeof 操作符的行为，这可能不是程序员所期望的。另外，当可变长结构体赋值给另一个同类型结构体时，可能不会以预期的方式完成，因为它只复制柔性数组之前的成员内容。例如：

```c
#include <stdlib.h>
struct s
{
    uint16_t len;
    uint32_t data[ ];               /* 违规，柔性数组成员 */
} str;
struct s *copy ( struct s *s1 )
{
    struct s *s2;
    /* 此处为了代码简短而忽略 malloc ( )返回值检查 */
    s2 = malloc ( sizeof ( struct s ) + ( s1->len * sizeof ( uint32_t ) ) );
    *s2 = *s1;                      /* 仅复制了 s1-> len */
    return s2;
}
```

当在块或函数原型中声明一个数组，其大小不是整型常量表达式时，就是所谓的可变长数组。可变长数组通常建立在堆栈上，作为可变大小的存储对象。因此，它们的使用可能使你无法静态地确定必须为堆栈预留多少容量。

如果可变长数组的大小为负或零，其行为是未定义的。

如果一个可变长数组，需要在上下文中与另一个可能也是可变长的数组兼容，那么它们的大小应完全相同。此外，任何长度计算的值都应该为正整数。如果不满足这些要求，将导致未定义行为。

用 sizeof 对可变长度数组类型操作，在某些情况下结果是不确定的，无论数组长度表达式是否被计算。

鉴于以上原因，规则 R18.8 禁止使用可变长数组类型。

可变长度数组一旦声明，其生命周期便开始了，数组的大小也就固定了。这可能会导致令人困惑的行为。例如：

```
void f ( void )
{
    uint16_t n = 5;
    typedef uint16_t Vector[ n ];        /*定义一个 5 个元素数组类型 Vector */
    n = 7;
    Vector a1;                           /* a1 为 5 元素数组  */
    uint16_t a2[ n ];                    /* a2 为 7 元素数组  */
}
```

规则 R18.7 与 C99 的未定义行为 59 有关，规则 R18.8 与 C99 的未指定行为 21 和未定义行为 69、70 有关。

## 规则 R21.11【必需】

不要使用标准头文件<tgmath.h>。

## 规则 R21.12【建议】

不要使用<fenv.h>中的异常处理特性。

这两条规则都是关于 C99 标准库的。

在 MISRA C2 标准中对 C 标准库的使用施加了诸多限制，主要是因为有些库或库的某些特性不适合嵌入式系统。在新的 C99 标准中，也存在同样的问题。

标准 C 语言中的数学库有 3 个头文件 math.h、tgmath.h 和 complex.h，其中 tgmath.h 和 complex.h 是 C99 新引入的。标准数学函数在 math.h 中声明，复数运算及其函数在 complex.h 中声明。C99 对每个数学函数增加了两个分别针对 float 和 long double 的版本，其名称也很有规律，只要在函数名后加上字母 f 或 l 即可。

由于每个函数对不同的参数类型有多个不同版本，使用起来不方便，因此，C99 在 tgmath.h 中定义了通用类型宏，这些宏与原始的针对 double 类型的数学函数同名，它会根据传过来的实参类型自动对应到类型适合的数学函数，其效果类似于 C++语言的函数重载。

tgmath.h 的一大优势是方便用户使用，使程序员不必小心地区分不同数据类型的函数版本。但在 MISRA 看来，tgmath.h 提供的机制风险大过收益，因为它可能导致未定义行为，故应禁止其使用。

下面是违反或符合规则 R21.11 的一些例子：

```
#include <tgmath.h>
fl oat f1, f2;
void f ( void )
{
    f1 = sqrt ( f2 );          /* 违规，通用类型宏 sqrt */
}


#include <math.h>
float f1, f2;
void f ( void )
{
    f1 = sqrtf ( f2 );         /* 合规，直接 float 版 sqrt */
}
```

为了编写高精度浮点数的运算，编程人员需要考虑与浮点数有关的各个方面：结果如何舍入，浮点数表达式如何简化与变换，如何处理浮点数异常(如下溢之类的浮点数异常是忽略还是产生错误)等等。C99 引入了 fenv.h 来控制浮点数环境。

在 fenv.h 中，定义了浮点数环境控制函数、异常控制函数、舍入方式控制函数、浮点数异常码和舍入方式等。

**注意：** 浮点数环境是依赖于具体实现的，因为不同的体系结构有不同的浮点数指令集。

fenv.h 指定的接口有：

- 浮点数环境类型：fenv_t，这是一个结构体，里面的成员依赖于体系结构。
- 浮点数环境的缺省值：FE_DFL_ENV，这是一个 fenv_t *指针类型的值(为−1)。
- 浮点数异常标志类型：fexcept_t，它为 unsigned short 型。异常标志保存浮点数的状态。
- 浮点数异常宏：FE_INEXACT、FE_DIVBYZERO、FE_UNDERFLOW、FE_OVERFLOW、FE_INVALID、FE_ALL_EXCEPT。
- 浮点数舍入方式宏：FE_TONEAREST、FE_UPWARD、FE_DOWNWARD、FE_TOWARDZERO。
- 浮点数环境控制函数：fegetenv()、fesetenv()、feholdexcpet()、feupdateenv()。
- 浮点数异常处理函数：feclearexcept()、fegetexceptflag()、feraiseexcept()、fesetexceptflag()、fetestexcept()。
- 浮点数舍入控制函数：fegetround()、fesetround()。

规则 R21.12 是一个建议规则，要求不要使用 fenv.h 中的异常处理特性，这排除了上述浮点数异常处理函数，以及任何包含这些函数名的宏定义的使用，同时也排除了上述浮点数异常宏定义，以及任何实现定义的浮点数异常处理宏的使用。

在某些情况下，浮点数状态标志的值是不确定的，试图访问它们可能会导致未定义行为。

此外，feraiseexcept()函数给出异常的顺序是未指定的，因此可能导致为特定顺序设计的程序无法正常运行。

请看下面的例子：

```
#include <fenv.h>
void f ( float32_t x, float32_t y )
{
    float32_t z;
    feclearexcept ( FE_DIVBYZERO );                /* 违规 */
    z = x / y;
    if ( fetestexcept ( FE_DIVBYZERO ) )           /* 违规 */
    {
    }
    else
    {
#pragma STDC FENV_ACCESS ON
    z = x * y;
    }
    if ( z > x )
    {
#pragma STDC FENV_ACCESS OFF
        if ( fetestexcept ( FE_OVERFLOW ) )        /* 违规 */
        {
        }
    }
}
```

规则 R21.11 与 C99 未定义行为 184、185 有关，规则 R21.12 与 C99 未指定行为 27 和 28、未定义行为 109-111、实现定义行为 3.6(8)有关。

## 9.3.2 未使用的代码

MISRA C3 的第 2 组制定了一组关于未使用代码的规则，共 7 条，其中 2 条为必需规则，5 条为建议规则。这里所说的代码，不仅指 C 的语句，也包括语句中的各种要素，如类型、标签、标号等。

在这组规则中，规则 R2.1(项目不应包含不可达代码)是 MISRA C2 原有的(R14.1)，规则 R2.2(不要有死代码)在 9.2 节中已有介绍。其余 5 条规则均为建议，用一句话来概括就是：凡是声明了的，都应该使用，否则就不要声明。换句话说就是代码中不要有"无用"的东西。

　　针对这样的要求，也许会有人不以为然，不用就先放着，反正也不碍事，说不定以后会有用呢。但这几条规则恰恰体现了 MISRA C 贯穿始终的精神，那就是严谨。声明了却不使用，不仅会让人产生误解，还很有可能意味着错误。俗话说，细节决定成败，我们就应该从这些小的地方做起，培养严谨的工作态度，养成良好的编程习惯。

　　我们先看几条与项目有关的规则。

---

### 规则 R2.3【建议】

　　项目不应包含未使用的类型(type)声明。

---

### 规则 R2.4【建议】

　　项目不应包含未使用的标签(tag)声明。

---

### 规则 R2.5【建议】

　　项目不应包含未使用的宏(macro)声明。

---

　　规则 R2.3～R2.5 是对整个项目而不是单个文件提出的要求。三条规则分别涉及类型、标签和宏，都是 C 代码中常用的要素。

　　• 类型(type)。除了 C 的标准类型，我们还可以用 typedef 定义适合自己需求的类型别名。实际上，这种方式非常普遍，特别是在嵌入式软件中，别名可以带来更多的类型信息，方便我们对源代码的阅读及审查(参见指令 D4.6)。

　　• 标签(tag)。在定义结构体、联合体或枚举类型的时候，可以用一个标识符为其命名，这就是标签。或者说标签就是某个特定的结构体或联合体或枚举类型的名称，之后可以用标签来声明此种类型的变量(标签前要保留 struct、union 或 enum 说明符)。

　　• 宏(macro)。宏是用 #define 定义的标识符，用于替代某个特定字符串。宏定义的知识在第 8 章有介绍，此处不再赘述。

　　规则 R2.3～R2.5 告诉我们，项目中不要有未使用的类型、标签或宏的声明，如果这些声明存在但未使用，则会令人搞不明白究竟是冗余的需要还是错误地未使用。以下为一些违反以上规则的例子：

```
int16_t unusedtype ( void )
{
    typedef int16_t local_Type;              /* 违规，local_Type 未使用 */
    return 0;
}
```

　　在下面的示例中，标签 state 未使用，完全可以在声明枚举类型时省略标签。

```
void unusedtag ( void )
{
    enum state { S_init, S_run, S_sleep };        /* 违规，state 未使用 */
}
```

在下面的示例中，标签 record_t 只在定义 record1 时出现了一次，后面不再使用。在这种情况下该结构体类型定义可以通过省略标签的形式来描述，如 record2 定义那样：

```
typedef struct record_t                           /* 违规 */
{
    uint16_t key;
    uint16_t val;
} record1;
typedef struct                                    /* 合规 */
{
    uint16_t key;
    uint16_t val;
} record2;
```

未使用的宏定义示例：

```
void use_macro ( void )
{
#define SIZE 4                                     /* 宏定义：SIZE */
#define DATA 3                                     /* 宏定义：DATA */
    use_int16 ( SIZE );                            /* 违规，DATA 未使用 */
}
```

---

### 规则 R2.6【建议】

函数不要含有未使用的标号(label)。

---

### 规则 R2.7【建议】

函数不要含有未使用的形参(parameter)。

---

建议 R2.6、R2.7 规则都与函数有关。

标号(label)是唯一具有函数作用域的一种标识符。标号在一个函数中应该是唯一的，它可以出现在函数体内的任何地方，通过"标号名："的形式隐式声明。如果一个标号出现在函数中，则说明有 goto 语句要跳转到此处，否则就没有意义，或者意味着错误。

当定义一个函数时，其参数以列表的形式放在函数名后面的()中。大多数函数将被指定为使用它们的每个参数。如果函数有参数未使用，则函数的实现可能与其特性不匹配。如果这不是故意为之，往往就意味着编程错误。

规则 R2.6、R2.7 意在消除误解，防范潜在的错误。请看下面的示例：

```
void unused_label ( void )
{
    int16_t x = 6;
label1:                                            /* 违规，标号 label1 未使用 */
    use_int16 ( x );
}

void withunusedpara ( uint16_t *para1, int16_t unusedpara )    /* 违规，第二个参数未使用 */
{
    *para1 = 42U;
}
```

### 9.3.3　资源

MISRA C3 中新增了一个规则组：第 22 组资源，针对有关内存分配和文件操作制定了 6 条规则。其中部分规则与代码设计中的部分指令和标准库中的部分规则有着内在的联系。如果用户不得已背离了这些相关的指令或规则，那么资源组的规则就必须得到遵守，可算是 MISRA C3 提供的一种"补救措施"吧。

资源组的 6 条规则都是不可判定的(undecidable)，都应在系统范围(system)分析，其中有 4 条属于强制(mandatory)级别。

下面分别介绍这 6 条规则(其中规则 R22.5 在本章第 2 节已有据介绍，此处不再重复)，涉及其他相关指令或规则时，也一并介绍。

```
指令 D4.12【必需】

    不要使用动态内存分配。
```

```
指令 D4.13【建议】

    对资源进行操作的函数应该以恰当的顺序被调用。
```

指令 D4.12 与 MISRA C2 的规则 20.4 的精神是一样的，这说明 MISRA 的这一立场没有改变。规则 R21.3 可看作是这一指令的详细版本，它明确要求"不要使用<stdlib.h>中的内存分配和去分配函数"。

标准库的动态内存分配和释放可能会导致规则 R21.3 中描述的未定义行为。任何其他的动态内存分配系统也很可能表现出类似的不良行为。需要指出的是，指令 D4.13 不仅适用于 C 标准库，也适用于第三方提供的库函数。

指令 D4.13 是一条建议指令，强调调用操作资源的函数时要注意其顺序。对资源提供操作的函数组通常有三种操作：

- 资源分配，如打开一个文件。
- 资源释放，如关闭一个文件。
- 其他操作，如从文件中读取数据。

所有这些操作都应该有合适的顺序，如应先分配资源，再释放资源，分配和释放操作应该成对出现，保持平衡。

静态分析工具能够提供路径分析，可以识别导致资源释放序列未被调用的路径。为了最大化这种自动检查的优势，鼓励开发人员设计和声明"平衡函数对"以启用静态分析。

例如：

```
/* 这些函数是用来配对的 */
extern mutex_t mutex_lock ( void );          /* lock 与 unlock 是相反的资源操作 */
extern void mutex_unlock ( mutex_t m );
extern int16_t x;
void f ( void )
{
    mutex_t m = mutex_lock ( );              /* lock 操作，资源分配 */
    if ( x > 0 )
    {
        mutex_unlock ( m );                  /*unlock 操作，资源释放 */
    }
    else
    {
        /* 此路径无 unlock 操作 */
    }
}
```

不要使用动态内存分配是必需的指令，正常情况下应该严格遵守，如果万一做不到，就可以给出"背离"过程。同时，MISRA 还提供了以下规则，作为背离后的补救措施：

**规则 R22.1【必需】**

所有通过标准库函数动态获取的资源都应该明确地释放(released)。

**规则 R22.2【强制】**

只有那些用标准库函数分配的内存块才应该被释放(freed)。

规则 R22.1、R22.2 字面上很好理解，都是针对通过标准库函数动态得到的"东西"，关键词都是"释放"，但其英文用词不同，一个是"release"，另一个是"free"，这中间有什么区别吗？

我们先看规则 R22.1，动态得到的东西是"资源"，用完要明确释放(released)。这里涉及的资源有两种：内存块、文件，所用的标准库函数包括 malloc()、calloc()、realloc()和 fopen()。那么，规则 R22.1 的意思就很明确了，如果用这些函数获得了资源(内存块或文件)，则一定要有明确的释放动作。如果资源没有被明确释放，则有可能由于资源耗尽而导致软件失败。尽快释放资源可以减少发生耗尽的可能性。例如：

```c
#include <stdlib.h>
int main ( void )
{
    void *b = malloc ( 40 );              /* ① */
    return 1;                             /* 违规，动态内存没有释放 */
}


#include <stdio.h>
int main ( void )
{
    FILE *fp = fopen ( "tmp", "r" );      /* ② */
    return 1;                             /* 违规，文件没有关闭 */
}
```

这个例子中示范了两种获取资源的情况，①是用 malloc()分配一个内存，②是用 fopen()打开一个文件。根据规则 R22.1，这两个资源用完后都要明确释放。那么应该如何释放呢？释放内存要用专门的内存释放函数 free()，而释放文件则用文件关闭函数 fclose()。

在下面示例中，还是关于文件资源的，当"tmp-2"被打开时，之前打开的"tmp-1"由于没有关闭，相关的"流(stream)"就会泄漏：

```c
#include <stdio.h>
int main ( void )
{
    FILE *fp;
    fp = fopen ( "tmp-1", "w" );
    fprintf ( fp, "*" );
        /* 文件"tmp-1"应该在这里关闭，但是"流"泄漏了。 */
    fp = fopen ( "tmp-2", "w" );
    fprintf ( fp, "!" );
    fclose ( fp );
    return ( 0 );
}
```

　　再来看规则 R22.2，这是一条强制规则，针对的是标准库函数分配的内存。我们在前面已经有所了解，标准库中动态分配内存要用 malloc()、calloc()或 realloc()函数，释放内存则用 free()函数。规则 R22.2 强调，只有用这三个函数分配的内存块才应该被释放，确切地说，是应该用 free()函数来释放(这也是为什么规则 R22.2 的用词是 free)。

　　需要指出的是，将一个内存块的地址指针传给 free()函数，内存块便被释放，这是常规且正确的做法。但是，当把地址指针传给 realloc()函数时也可能被释放，这取决于重新分配内存的结果。地址一旦被释放，内存块就不再视为是被分配的，因此随后不能再次被释放。

　　规则 R22.2 还有一层意思是，只有通过标准库获得的内存才要用 free()来释放，如果是其他方法申请的内存，则应该用与其相配的方法来释放。

　　释放未分配的内存，或多次释放同一块已分配的内存会导致未定义行为。

代码示例：

```
#include <stdlib.h>
v oid fn ( void )
{
    int32_t a;
    free ( &a );                    /* 违规，a 没有指向已分配内存 */
}
void g ( void )
{
    char *p = ( char * ) malloc ( 512 );
    char *q = p;
    free ( p );
    free ( q );                     /* 违规，分配的内存块被释放两次 */
    p = ( char * ) realloc ( p, 1024 );   /* 违规，分配的内存块可能第三次被释 */
}
```

　　规则 R22.2 与 C90 标准的未定义行为 92、C99 的未定义行为 169 有关。

**规则 R22.3【必需】**

不可以同时以不同文件流打开同一个文件进行读写访问。

**规则 R22.4【强制】**

不要试图向以只读方式打开的文件流写入。

**规则 R22.6【强制】**

指向 FILE 的指针的值不可以在相关文件流关闭后再使用。

规则 R22.3、R22.4、R22.6 都与文件的"流(stream)"操作有关，我们放在一起介绍。

C 语言中，文件操作都采用"流"的形式。比如，从文件读取数据称为"输入流"，向文件写入数据称为"输出流"。文件操作的方式有多种，因而流的方式也有多种。比如，以"读写"方式打开一个文件，便建立了一个"读写流"。

如果同时建立两个不同的流，对同一个文件进行读写，会怎样呢？C 标准没有指明这一点，结果是实现定义的，但多次打开一个文件进行只读访问是可以接受的。

规则 R22.3 要求，不可以通过不同的流同时读写一个文件。该规则适用于使用标准库函数打开的所有文件，也可以适用于执行环境提供的类似特性。

例如，以下代码对文件"tmp"的打开操作违背规则 R22.3。

```c
#include <stdio.h>
void fn ( void )
{
    FILE *fw = fopen ( "tmp", "r+" );         /* "r+" 选项用于读写 */
    FILE *fr = fopen ( "tmp", "r" );          /* 违规，试图建立第二个流 */
}
```

C90 标准同样没有明确试图向"只读"流进行"写入"操作时的行为，我们有理由认为这样做是不安全的。所以，规则 R22.4 禁止向只读流的写入操作，并且是强制的。

请看代码示例：

```c
#include <stdio.h>
void fn ( void )
{
    FILE *fp = fopen ( "tmp", "r" );
    ( void ) fprintf ( fp, "What happens now?" );    /* 违规，写入 */
    ( void ) fclose ( fp );
}
```

C90 标准声称，在文件流关闭后，其 FILE 指针的值是不确定的，如果再使用的话就会导致未定义行为。故规则 R22.6 禁止文件关闭后再来使用其文件指针。

代码示例：

```c
#include <stdio.h>
void fn ( void )
{
    FILE *fp;
    void *p;
    fp = fopen ( "tm p", "w" );
    if ( fp == NULL )
    {
        error_action ( );
    }
    fclose ( fp );
```

```
    fprintf ( fp, "?" );          /* 违规，文件关闭后再用文件指针 */
    p = fp;                       /* 违规 */
}
```

规则 R22.3 与 C90 实现定义行为 61、C99 实现定义行为 J.3.12(22)有关，规则 R22.6 与 C99 未定义行为 140 有关。

# 本 章 小 结

MISRA C3 是第三代 MISRA C 标准，相较于前一代的 MISRA C2，有继承、有发展。

(1) 同时支持 C90 和 C99 标准。

(2) 大部分准则与 MISRA C2 规则相同或相近，但细节和表述有所不同，更注重准则的可操作性。

(3) MISRA C3 将准则分为"指令"和"规则"两大类，再以分组的形式制定出具体的准则。其中指令分为 4 组，共 16 条，规则分为 22 组，共 143 条，二者合计共 159 条。

(4) 规则：仅分析源代码就可以判定是否违规。

(5) 指令：仅有源代码还不够，还需要其他辅助材料才能判定。

(6) MISRA C3 所有准则分为"必需""建议"和"强制"三个级别，其中"强制"只适用于规则，强制则意味着无论如何都要遵守，必需、建议的含义同 MISRA C2。

(7) 规则的分析范围：包括单个翻译单元、系统。

(8) 规则的可判定性：包括可判定规则、不可判定规则。

# 练 习 题

## 一、判断题

1. MISRA C:2012 标准是 2012 年发布的。　　　　　　　　　　　　　　( 　 )

2. MISRA C3 相比于 MISRA C2 是一个全新的标准，二者没有可比性。　　( 　 )

3. MISRA C3 同时支持 C90 和 C99 标准。　　　　　　　　　　　　　　( 　 )

4. 仅仅通过源代码分析，就可以对指令进行合规性判定。　　　　　　　( 　 )

5. MISRA C3 的指令分为建议和必需两个级别。　　　　　　　　　　　　( 　 )

6. 如果静态分析工具报告了对一个不可判定规则的违反，则这不一定表明真正的违规。　　　　　　　　　　　　　　　　　　　　　　　　　　　　　　( 　 )

7. 可判定性的概念仅适用于 MISRA C3 的规则。　　　　　　　　　　　　( 　 )

8. 分析范围的概念既适用于 MISRA C3 的规则，也适用于指令。　　　　　( 　 )

9. 强制规则意味着要不折不扣地遵守，不得背离。　　　　　　　　　　　( 　 )

10. 用户可以对 MISRA C3 的准则进行级别调整，既可以升级，又可以降级。( 　 )

11. 对于可判定规则，静态分析工具可以准确地做出合规性判定。　　　　　( 　 )

12. 在 MISRA C3 的所有规则和指令中，只有 C90 专属规则是针对 C90 的，其他都是针对 C99 的。　　　　　　　　　　　　　　　　　　　　　　　　　　　( 　 )

## 二、填空题

1. 在 MISRA C3 标准中，将编程准则分为两大类，它们是(　　　　)和(　　　　)。

2. MISRA C3 标准共有指令(　　　　)条，分为(　　　　)组。

3. MISRA C3 标准共有规则(　　　　)条，分为(　　　　)组。

4. 根据是否可以明确判定是被遵守还是被违反，所有规则可分为(　　　　)规则和(　　　　)规则。

5. MISRA C3 的规则有两种分析范围，分别是(　　　　)和(　　　　)。

6. 在 MISRA C3 的规则中，有(　　　　)条是 C90 专属的，有(　　　　)是 C99 专属的。

## 三、多项选择题

1. MISRA C3 标准相比 MISRA C2 的改变包括(　　　)。

A. 核心思想和宗旨发生了变化　　　　　B. 增加了对 C99 标准的支持

C. 规则总数变多了　　　　　　　　　　D. 新标准可用于嵌入式 C++编程

E. 新增了"强制性规则"分类　　　　　F. 引入了"可判定行"概念

2. 有关 MISRA C3 的指令，以下说法正确的是(　　　)。

A. 指令相当于低级规则，可以遵守，也可以不遵守

B. 只分析源代码，无法对指令进行合规性判定，往往需要更多信息

C. 静态代码检测工具可以方便、准确地判定代码是否违反了指令

D. 同规则一样，指令也存在可判定性问题，分为可判定指令和不可判定指令

E. 指令也是从 MISRA C2 继承和发展而来，大多数指令与 MISRA C2 的规则相同

F. 同规则一样，指令也有分析范围，分别为单一翻译单元和系统

3. 以下 MISRA C3 规则中，属于 C99 专属规则的是(　　　)。

A. 规则 R3.2：在 // 注释中不应使用行拼接符(\)

B. 规则 R8.1：所有的类型都应该显式声明

C. 规则 R8.10：内联函数应该声明为具有静态存储类

D. 规则 8.14：不要使用限制类型说明符 restrict

E. 规则 R9.4：一个对象的元素初始化不要多于一次

F. 规则 16.1：所有的 switch 语句应该是"结构良好"的

4. 以下 MISRA C3 规则中，属于 C90、C99 共有规则的是(　　　)。

A. 规则 R9.5：指定初始化用于数组对象时，数组的大小应显式说明

B. 规则 R10.6：复合表达式的值不应赋值给更宽基本类型的对象

C. 规则 R14.4：if 语句和迭代语句的控制表达式应该是基本布尔类型

D. 规则 R17.1：不要使用<stdarg.h>库的特性

E. 规则 R17.3：函数不可以隐式声明

F. 规则 R18.8：不得使用长度可变的数组类型

5. 以下 MISRA C3 规则中，属于不可判定规则的是(　　　)。

A. 规则 R1.1：程序不应包含任何违反标准 C 语法和约束的内容，也不应超过实现的转换限制

B. 规则 R2.2：不要有死代码

C. 规则 R5.2：在相同作用域和名字空间声明的标识符应该清晰可辨

D. 规则 R8.3：一个对象或函数的所有声明必须采用相同的名称和类型限定符

E. 规则 R13.1：初始化列表中不应包含持续副作用

F. 规则 R22.1：所有通过标准库函数动态获取的资源都应该明确地释放(released)

6. 以下规则中，属于强制性规则的是(　　　)。

A. 规则 R9.1：自动存储对象的值在设定之前不可以读出

B. 规则 R10.1：操作数不得具有不合适的基本类型

C. 规则 R13.6：sizeof 运算符的操作数不应包含任何具有潜在副作用的表达式

D. 规则 R15.7：所有的 if - else if 结构应该以 else 子句结束

E. 规则 R17.4：非 void 返回类型的函数，其所有退出路径都应有显式的带表达式的返回语句

F. 规则 R19.1：一个对象不应赋值或复制给一个重叠对象

7. 在 MISRA C3 标准中，新增了"资源"组 6 条规则。关于这些规则，以下说法正确的是(　　　)。

A. 资源组所有规则都是不可判定的

B. 资源组所有规则的分析范围都是单一翻译单元

C. 资源组规则主要涉及标准库的动态资源获取与释放

D. 资源组规则大多是建议规则

E. 如果编程涉及文件操作，应该遵守资源组规则

F. 指令 D4.12 和 D4.13 与资源组规则存在内在联系

8. 在 MISRA C3 标准中，以下属于未使用代码的是(　　　)。

A. 不可达代码

B. 执行了但没有任何作用的死代码

C. 无需执行的保护性代码

D. 声明了但没有使用的变量或函数

E. 声明了但没有使用的类型、标签、宏以及函数中未使用的标号和形参

F. 被条件编译忽略的代码

## 四、简答题

1. 简述 MISRA C3 标准中指令和规则的区别。

2. 简述 MISRA C3 规则中，建议、必需和强制三者的区别。

3. 简述单一翻译单元和系统的分析范围的区别。

4. 可判定规则与不可判定规则的主要区别是什么？

# 第 10 章 代码规则检查工具 QAF 的使用

 **内容提要**

QAF, 即 QA Framework, 由英国 PRQA 公司出品, 是世界著名的代码规则检查工具, 其包括 QAC 和 QAC++两个分析引擎, 分别用于 C 语言和 C++语言。QAC 将有关编程标准(如 MISRA)细化, 实现对 C 语言代码快速高效的自动化检查, 并报告其不符合标准之处。本章从 QAF 的技术特点出发, 通过介绍其安装、配置和基本使用方法, 并配合上机实践, 让读者熟悉 QAF 的操作, 同时加深对 MISRA 标准的理解。

在前面的章节中, 我们在介绍 MISRA C 规则时多次提到软件静态测试工具或者代码检查工具。事实上, 静态测试工具对软件活动非常重要, 它能以自动化的方式给规则的实施带来关键帮助。

本章我们介绍与 MISRA 有着密切关系的 PRQA 公司的自动化代码规则检查工具 QAF。

PRQA 公司成立于 1986 年, 总部设在英国, 现归属于德国 Helix 公司。其主要业务是为软件企业提供规则检查工具和标准定制服务。分别针对 C 语言和 C++语言的规则检查工具——QAC 和 QAC++就是该公司的代表性产品。

PRQA 公司是 MISRA 协会的创始成员, 也是 ISO C/C++的投票成员, 因此它对 ISO C/C++标准特别是 MISRA 标准的理解是非常深刻而又权威的, QAC/QAC++也为广大用户所信赖和使用。

在最新的版本中, Helix 将 QAC、QAC++及其他相对独立的功能模块整合在新的产品框架中。这个框架称为 Helix QA Framework(以下简称 QAF), 它具有统一的操作界面和操作方式。

## 10.1 QAF 技术特点介绍

QAC、QAC++等都是商用软件, 用户必须购买 License(授权)获得使用许可才能正常使用, 但 QA Framework 框架(相当于常见的集成开发环境)本身不需要 license。License 由专门的工具软件 Reprise 进行管理和控制, 在安装了 Reprise 并配置好 License 服务之后, 启动 QAF 时就可看到当前哪个分析器(QAC 或 QAC++)是可用的。

这样做的一个绝大好处是：支持 C/C++混合编程的项目，可以根据源文件的后缀不同，自动使用 QAC 或者 QAC++来进行分析，不再需要人为切换。

QAC 属于软件静态检测工具，其主要功能是进行自动化的代码规则检查。所谓规则检查，即对照相关标准，查找源代码中的以下问题，但不可以检查程序实际功能的正确性。

- 与编程标准不一致的地方。
- 程序中不安全、不明确或模糊的地方。
- 代码中不可移植的部分，或是过于复杂、难以维护的部分。
- 与程序编译格式不一致的问题。
- 编程风格不合要求的地方。

检查结果以消息(message)的形式输出，通过在线帮助系统提供警告信息的详细解释，帮助用户加深理解。检查结果还可以输出为多种形式的报告。

QAC 中使用的规则既可以是现成的国际标准，如 ISO C、MISRA C：2004，也可以是用户自己定义的标准，QAC 提供相应的方法和接口。

QAC 可以对软件复杂性进行度量，它支持数十种工业标准的软件复杂度度量，包括圈复杂度、静态路径统计、Myer 内部复杂度、Halstead 复杂度等，还可以扩展至软件企业自定义的复杂度。

QAC 还可以进行深层次的数据流分析，帮助开发者执行有关标准，它也是软件结构和质量分析的重要手段之一。QAC(或 QAC++)不可单独使用，必须通过 QAF 才能使用。QAF 提供以下四种用户界面或接口：

- QA GUI：图形化用户界面。
- QA CLI：命令行操作接口。
- QA Visual Studio：用于微软 Visual Studio 的集成插件。
- QA Eclipse：用于 Eclipse 开发环境的集成插件。

以上四种形式的功能是相同的，用户可根据自己的实际情况或喜好进行选择。本书主要介绍第一种，即 QA GUI 的操作和使用。

QA GUI 提供如下功能或特性：

- 打开工程。
- 选择要编辑的文件。
- 在线查看诊断消息。
- 查看选中文件的所有消息。
- 查看所选文件违反的规则。
- 打开消息在线帮助内容。
- 打开规则在线帮助内容。

QAF 还包括一个配套的质量管理系统，称为 QA Verify(以下简称 QAV)，用于存储、管理使用中的各种数据。其主要功能有：

- 以 Web 形式提供分析结果、版本对照、诊断总结、数据度量统计及代码趋势等内容。
- 支持不同项目人员对代码的修改进行讨论。
- 以 HTML 或 PDF 等形式输出测试报告，作为测试方交付给委托方，或作为第三方测评的结果。

QAC 具备强大的功能，在 QA Framework 框架下其使用非常简单方便，与软件开发常用的集成开发环境的使用非常相似，具备易用、灵活、直观等特点。

图 10.1-1 为 QAF 的组成架构。

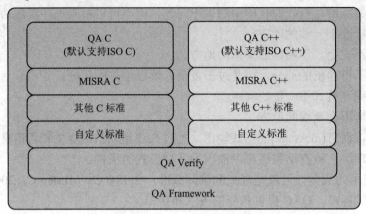

图 10.1-1　QAF 的组成架构

需要指出的是，随着技术的发展和产品的升级换代，现在 QAF 不仅有 QAC 和 QAC++用于分析 C 和 C++语言，也支持 C#和 Java 语言，其分析引擎分别为 QAC# 和 QAJ。

# 10.2　QAF 的安装

QAF 中的 QAC 和 QAC++都是商业软件，需要购买厂家授权(License)才能正常合法地使用。在安装 QAF 时，这两个分析器都会自动安装，但能否正常使用要看 License 及其配置是否有效。

## 1. 安装 QAF

双击安装文件 PRQA-Framework-2.1.0-7287-Win.exe(因版本不同，故安装文件会有所不同)，启动安装向导，如图 10.2-1 所示。

图 10.2-1　QAF 安装向导之一

　　点击"Next"，出现如图 10.2-2 所示的 PR 公司的软件产品授权协议文本，需同意方可继续。

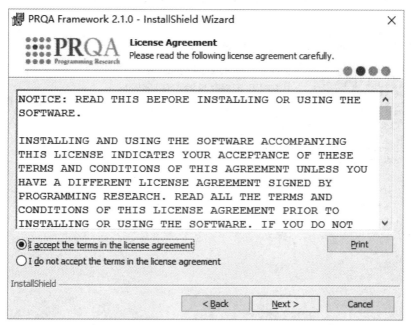

图 10.2-2　QAF 安装向导之二：License 协议

　　选择"I accept the terms in the license agreement"，点击"Next"，输入用户名，再点击"Next"，出现如图 10.2-3 所示的界面。

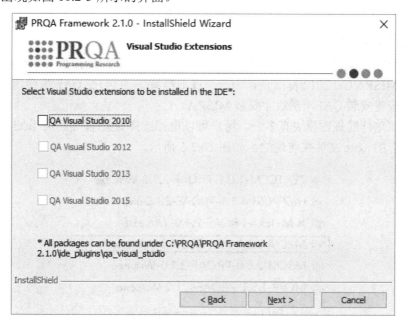

图 10.2-3　QAF 安装向导之三：集成插件

　　这一步选择配套微软 Visual Studio 的集成插件。如果已经安装了某一版本的 Visual Studio，这时可以选择一个合适的插件。也可以不选，以后需要时再单独安装。点击"Next"，在接下来的界面中可以选择安装路径，通常按默认路径安装即可。

待出现如图 10.2-4 所示的界面时，表明有关选择完成，一切就绪。点击"Install"，开始安装。

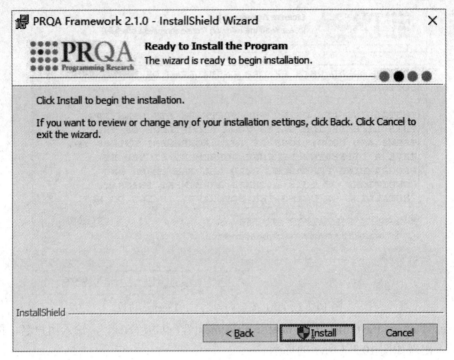

图 10.2-4　QAF 安装向导之四

### 2. 安装 MISRA 模块

要在 QAF 中应用 MISRA 标准进行代码规则检查，需安装专门的 MISRA 模块。MISRA C：2004 或 MISRA C：2012 标准是作为一个规则模块(软件包)在 QAF 中使用的。

**注意：** 应先安装 QAF，然后才安装 MISRA。

事实上，这样的规则模块有多个，用户可以自行选择安装(需要购买 license)，安装时也是运行各自的 .exe 文件来实现的，如图 10.2-5 所示。

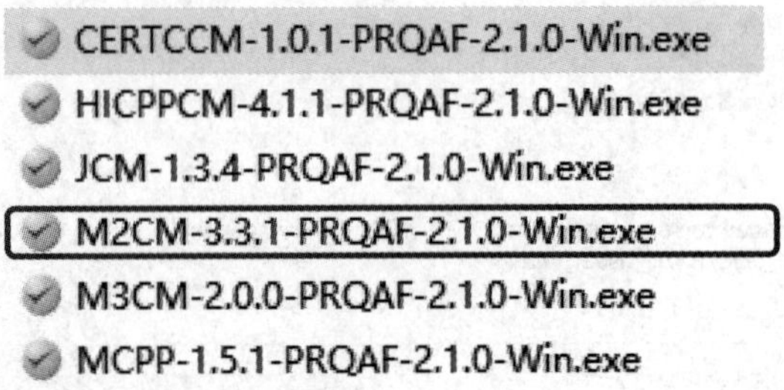

CERTCCM-1.0.1-PRQAF-2.1.0-Win.exe
HICPPCM-4.1.1-PRQAF-2.1.0-Win.exe
JCM-1.3.4-PRQAF-2.1.0-Win.exe
M2CM-3.3.1-PRQAF-2.1.0-Win.exe
M3CM-2.0.0-PRQAF-2.1.0-Win.exe
MCPP-1.5.1-PRQAF-2.1.0-Win.exe

图 10.2-5　QAF 规则模块列表

这里我们安装的是 MISRA C：2004，如图 10.2-5 中方框所示。

双击 M2CM-3.3.1-PRQAF-2.1.0-Win.exe(版本可能有不同)，启动 MISRA 安装向导，出现如图 10.2-6 所示的安装向导界面。点击"Next"，按照默认安装即可。

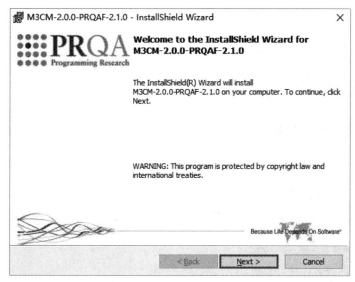

图 10.2-6　MISRA 安装向导

### 3. License 安装与配置

QAF 采用浮动 License 形式。所谓浮动，即软件的使用不绑定特定的计算机，而可以在一定范围的多台机器上任意使用，只要能够获得 License 且同一时间的使用者不超过 License 所指定的数量即可。

我们需选定一台计算机用作 License 服务器，在其上安装 License 管理器 Reprise，并配置好相应的 License 文件。QAF 可以安装在与该服务器有局域网连接的任何一台机器(称为客户端)上，使用时需要通过端口配置指向服务器以获取使用授权。

**注意：** License 文件是绑定服务器 MAC 地址的，这就意味着服务器一经确定，对应的 License 和 Reprise 管理只在该服务器上有效。

双击 Reprise 安装文件 RepriseLicenseManager-11.1-Win.exe(因版本不同，故该文件可能有所不同)，启动安装向导，如图 10.2-7 所示。

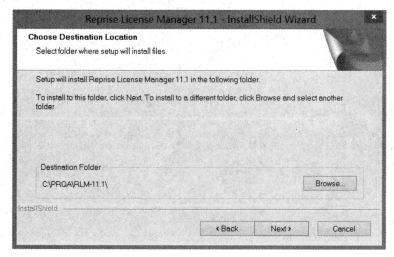

图 10.2-7　License 管理器安装向导之一

点击"Browse"另选安装路径(建议不要修改，按默认路径安装)。点击"Next"，程序开始安装，直到出现如图 10.2-8 所示的界面，点击"Finish"，安装完成。

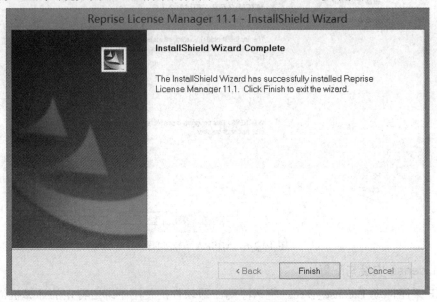

图 10.2-8　License 管理器安装向导之二

QAC(及 QAC++和规则模块等)没有 License(授权)是无法正常运行的。如果没有 License，可联系 QAF 中国代理商北京旋极信息技术股份有限公司，购买正式 License 或申请试用 License。

如果已经取得了授权，将 License 文件(.lic)拷贝至 Reprise 安装目录下即可。

使用 QAF 前，要先启动 Peprise 管理器，其作用是提供 License 服务。启动方法是：双击 Reprise 安装目录下的 rlm.exe，出现如图 10.2-9 所示的界面。

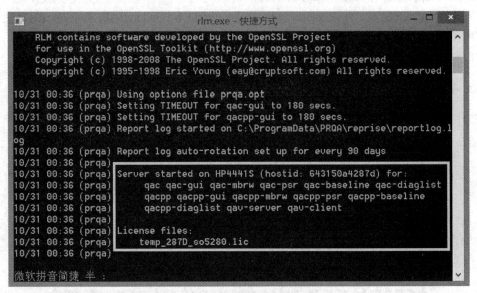

图 10.2-9　License 管理器启动界面之一

如果 License 有效且配置正确,则图中方框中会提示当前 License 的文件名和授权范围。若 License 无效或配置错误, 则可能出现如图 10.2-10 中方框所示的提示信息。

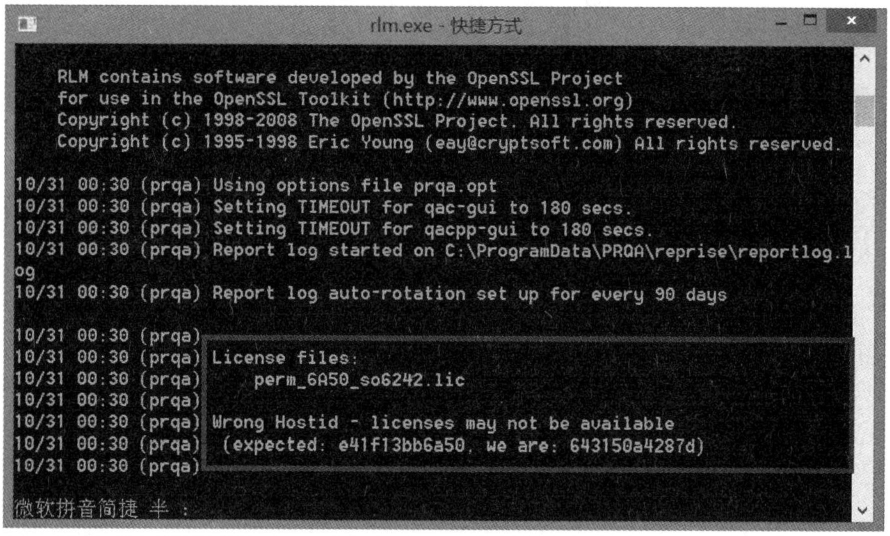

图 10.2-10　License 管理器启动界面之二

如果 License 管理器启动成功,则将界面最小化即可。

初次运行 QAF 时,需要指向 License 服务器,即安装了 Reprise 并配置好 License 的那台机器。运行 QAF, 进入菜单 Admin→License Servers, 点击 "New", 弹出如图 10.2-11 所示的对话框。

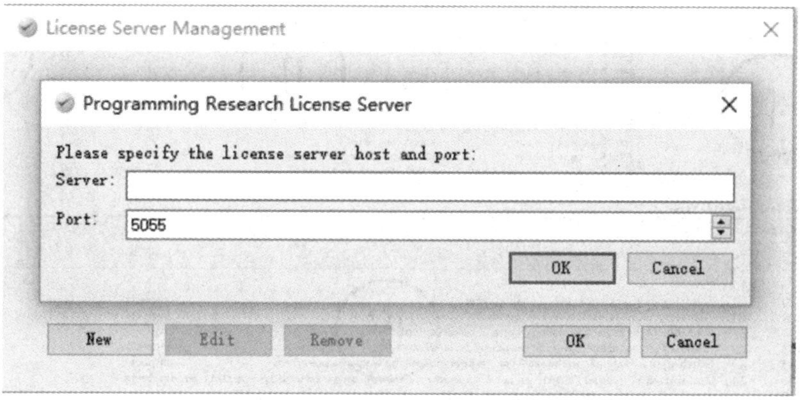

图 10.2-11　License 服务器配置

该对话框用于指定服务器和端口号。端口号通常固定为 5055,所以只需在 Server 中填入服务器的名字(如 My_server)或服务器 IP 地址即可。

点击两次 "OK",会看到当前已安装的授权模块,如图 10.2-12 所示。

图 10.2-12 中, Available 代表 License 有效,对应的软件模块可以正常使用; No license 代表没有 License, 对应的模块自然无法使用。

License 管理器和 QAF 软件也可以安装在同一台机器上(在申请试用时通常如此设置), 即服务器与客户端合二为一, 此时服务器名字应填入 localhost(代表本机)。

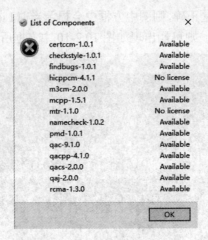

图 10.2-12   License 授权列表

# 10.3   GUI 的界面说明

QAF 启动后主界面有四个图视区，如图 10.3-1 所示。

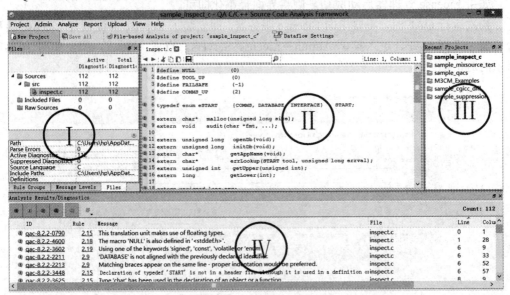

图 10.3-1   QAF 主界面

QAF 主界面包含以下 4 个视图区：

Ⅰ：选择视图区。我们可按不同的方式查看当前工程的规则、消息、文件等相关信息。

Ⅱ：工作区。工作区中会显示源文件及分析标注。鼠标放到代码行左侧的黄色叹号，可看到该行语句对规则的违反。该视图与分析结果视图交叉链接。

Ⅲ：工程视图区。工程视图区会列出最近分析过的工程，加粗显示的是当前工程。

Ⅳ：分析结果输出区(Analysis Results/Diagnostics)。它用于显示当前工程的分析结果和诊断输出。

在上述四个视图区中，工作区、工程视图和分析结果输出区的功能相对单一，也很好理解，比较复杂的是选择视图。

选择视图区用于全方位地展示当前工程的各种信息，可按三种文件(Files)、规则组(Rule Groups)、消息级别(Message Levels)不同标签页分类查看。其中，文件视图可以选择工程中的文件。比如要查看某个代码文件，可用鼠标选中它，选中的文件的源代码便自动出现在工作区中，如图 10.3-2 所示。

消息级别视图列出诊断出的消息及其数量和状态(见图 10.3-3)。若选中某一消息，则该消息的识别号(Message ID)、消息文本说明(Message Text)以及对应的规则(Rules)会出现在该视图的下方区域。

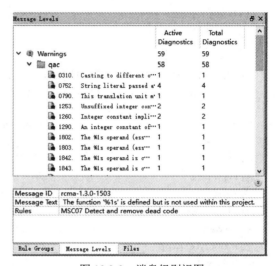

图 10.3-2　文件视图　　　　　　　　　　　　　　　图 10.3-3　消息级别视图

规则组视图列出当前工程所用的规则或规则模块，如图 10.3-4 所示。这些规则或规则模块是在工程属性中通过规则配置方式配置的。

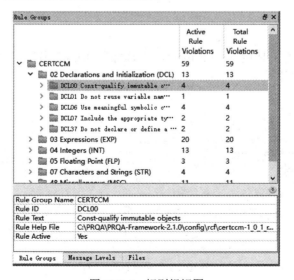

图 10.3-4　规则组视图

# 10.4   QAF 的使用步骤

前面已经提到，QAF 提供 GUI、CLI 以及集成插件等多种使用方式，其中 GUI 与大多数软件集成开发环境(IDE)相似，采用基于工程(project)的方法。

限于篇幅，本节仅介绍 QAF 的 GUI 方式，其基本使用步骤如下：

(1) 建立工程。

(2) 设置工程属性(重点)。

(3) 构建工程。

(4) 分析工程。

(5) 查看分析结果。

(6) 输出分析报告。

下面通过实例说明 QAF 的具体操作。假设在路径 C:\work\PRQA\QAF-workspace\demo 中含有以下 C/C++ 源文件(见图 10.4-1)，我们欲在该路径下建立工程，并进行分析。

| | | | |
|---|---|---|---|
| © deref.c | 2014/12/2 14:24 | C Source | 2 KB |
| © dovecot.c | 2013/7/3 10:34 | C Source | 2 KB |
| © fib.c | 2013/11/26 15:14 | C Source | 1 KB |
| © mem-ptr.c | 2013/7/3 10:34 | C Source | 1 KB |
| © sqrt.c | 2013/12/6 8:54 | C Source | 1 KB |
| © wireshark.c | 2013/7/3 10:34 | C Source | 2 KB |
| © classes.cc | 2013/7/3 10:34 | C++ Source | 2 KB |
| © memoryLeak.cpp | 2013/7/3 10:34 | C++ Source | 1 KB |
| © build.bat | 2016/3/3 11:27 | Windows 批处理... | 1 KB |
| Makefile | 2015/2/9 16:25 | 文件 | 1 KB |

图 10.4-1   实例代码文件列表

## 10.4.1   新建工程

启动 QAF，点击工具栏 New Project，出现如图 10.4-2 所示界面，然后按以下步骤操作：

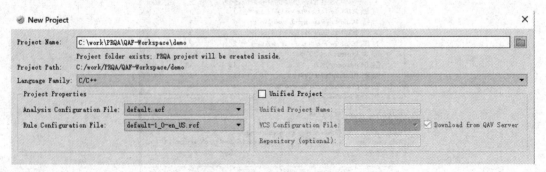

图 10.4-2   新建 QAF 工程

(1) 在 Project Name(工程名)栏中点击右侧 Browse 按钮，找到我们要分析文件的路径，在该路径下创建 QAF 工程。当 QAF 建立新工程进行命名时，实际上是对路径命名(如果不存在)，也就是在该路径下自动生成统一的 QAF 工程名 prqaproject.xml 及一个子路径 prqa。

(2) 在 Language Family(语言家族)栏中选择 C/C++，这也是默认值。

(3) 在 Analysis Configuration File(分析配置文件)下拉列表中选择 default.acf。这是一个默认的适合多数情况的分析配置文件，被用于对 QAF 的分析器(QAC/QAC++)进行配置。

(4) 在 Rule Configuration File(规则配置文件)下拉列表中选择规则配置文件，这里选的是 default-1.0-en_US.rcf。这也是一个默认的配置文件，被用来配置工程适用哪些规则。该配置文件和上一步的 default.acf 都可以在后续的工程属性中修改。

(5) 选择 CCT(compiler compatibility template，即编译器兼容性模板)配置，如图 10.4-3 所示。CCT 是针对编译器的配置文件，QAF 要分析的是来自软件开发中的源码工程，开发软件当然要用到编译器，那么有关编译器的配置、选项，乃至一些特殊的工程设置，都应该在 QAF 中有所反映并得到认可，从而避免软件开发工程和 QAF 工程之间发生冲突，这就是编译器兼容性的含义。

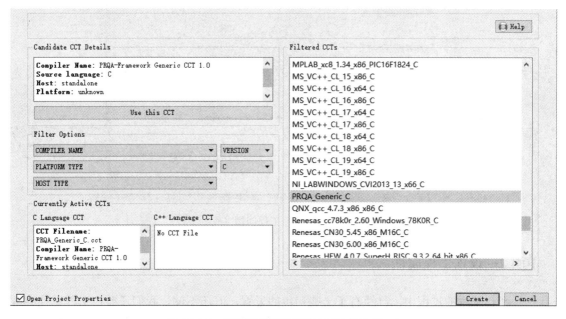

图 10.4-3　编译器兼容性模板(CCT)的选择

QAF 预先提供了许多编译器配置，列在 Filtered CCTs 中，Filter Options 栏的各个选项可用于在这个列表中快速过滤出我们想要的选项。这里我们分别为 C 和 C++ 代码选择编译器的配置。

① 在 Filter Options 的 C 下拉列表中选择 C，在 Filtered CCTs 中选择 PRQA_Generic_C，然后点击 Use this CCT，关于 C 的配置便出现在 Currently Active CCTs 的 C Language CCT 中。

② 在 Filter Options 的 C 下拉列表中选择 C++，在 Filtered CCTs 中选择 PRQA_Generic_C++，然后点击 Use this CCT，于是关于 C++代码的配置出现在 Currently Active CCTs 的 C++ Language CCT 中。

　　上述 PRQA_Generic_C 和 PRQA_Generic_C++两个通用编译器配置文件适用于一般的、没有特殊编译配置的 C 工程和 C++工程。实际工程使用的编译器有不同的目标处理器、生产商以及不同的语言支持和软件版本，其配置和选项更是千差万别，使得在 QAF 中无法采用统一的编译器配置，这就是在 Filtered CCTs 列表中有许多 CCT 选项的原因。在实际使用 QAF 时，用户应根据自己的开发环境来进行选择。本例中，我们选用 PRQA_Generic_C 和 PRQA_Generic_C++两个即可。

　　上述配置完成后，点击 Create 创建工程。

　　至此，QAF 工程创建完成。工程创建之后还是空的，工程名字(这里是 demo)出现在工程视图中，默认自动打开 Project Properties(工程属性)对话框，供用户查看和设置工程属性(见图 10.4-4)。

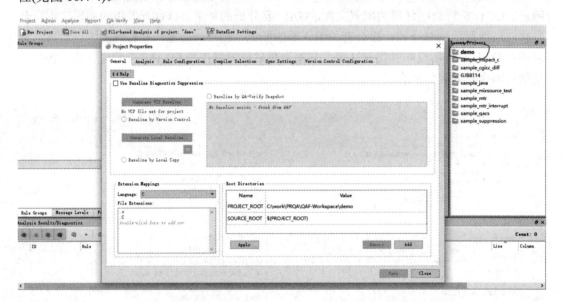

图 10.4-4　工程创建完成

## 10.4.2　设置工程属性

　　新建工程的过程中，已经有了一些初步的设置，但还不够，我们还要在工程属性中进行更详细的设置。工程属性界面可在新建工程完成后自动打开，或者进入菜单：Project > Project Properties 打开。

　　工程属性界面共有 6 个标签页，对应 6 项属性：通用(General)、分析(Analysis)、规则配置(Rule Configuration)、编译器选择(Compiler Selection)、同步设置(Sync Settings)、版本控制(Version Control Configuration)。其中，分析和规则配置对应两个重要的配置文件：

　　(1) project.acf(分析配置文件)。

　　(2) project.rcf(规则配置文件)。

### 1. General(通用设置)

　　点击"General"标签，进入通用设置界面(见图 10.4-5)。

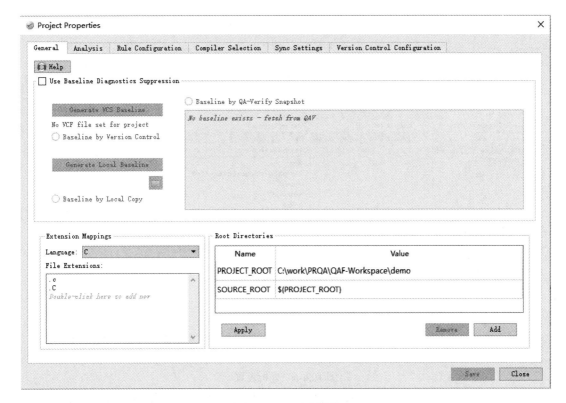

图 10.4-5　通用设置

图 10.4-5 中有关设置如下：

(1) Extension Mappings(扩展映射)：可以添加 C 或 C++源文件的特定后缀，让 QAF 得以识别。默认的 C 后缀是 .c 和 .C，C++后缀是 .cpp、.cc、.cxx、.CPP、.CC、.CXX。

(2) Root Directories(根目录)：表示当前工程的根目录。当前值为我们新建工程时选定的路径，如有必要，可以在这里修改。

(3) Use Baseline Diagnostics Suppression(使用基线诊断抑制)：如果这项被勾选，则启动基线抑制的功能。

基线相当于软件开发过程中的时间节点，我们对代码进行分析也要配合这个时间节点。当需要对工程进行新一轮分析时，如果希望看到最新的规则违反情况，而不希望之前报过的警告消息再次出现，就需要用到基线抑制功能。

基线的选择可以是在本地生成基线，也可以根据版本控制生成基线，还可以基于 Web 端的 QA Verify 的快照版本生成基线。有关基线，本章 10.5 中还有介绍，在这里不赘述。

对于初次尝试分析工程，自然是不需要基线抑制的。

2. Analysis(分析)

点击"Analysis"标签，进入分析设置界面(见图 10.4-6)。Analysis 页面用于设置分析选项，主要设置如下：

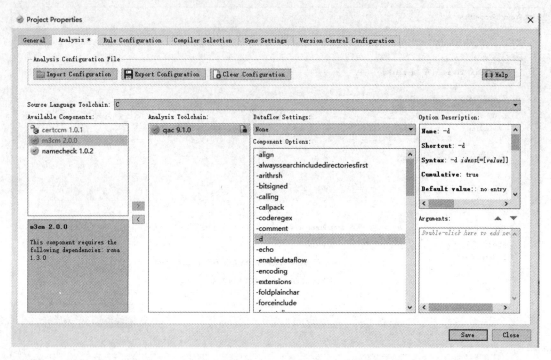

图 10.4-6　分析设置

(1) 在 Source Language Toolchain(编程语言工具链)中选择 C，如图 10.4-7 所示。

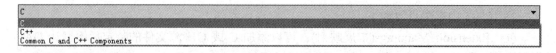

图 10.4-7　语言工具链设置

(2) 在 Analysis Toolchain(分析工具链)中选择 qac x.x.x(如果是 C 工程默认分析工具是 qac，C++工程默认的是 qac++)。Component Options(组件选项)中有若干选项，这些选项用于对分析工具进行配置，类似于编译器的各种开关和选项。

任意选中一个，比如"-d"。在右侧的 Option Description(选项描述)中有"-d"的用途和用法。如果需要用到该选项，则可以在下方的 Arguments(参数)中进行设置，比如"MYMACRO=1"。

(3) 在 Available Components(有效组件)中，列出的是针对当前 Source Language Toolchain 选择的可用的 Components(组件)，供用户选用。

这里"Components"的意思是 QAF 的各种分析模块，如 m2cm x.x.x(MISRA C:2004 规则模块)、m3cm x.x.x(MISRA C:2012，新一代 MISRA 规则模块)，还有 certccm x.x.x、namecheck x.x.x 等都属于"Components"。

本例中，有效的组件有 certccm 1.0.1、m3cm 2.0.0、namecheck1.0.2。要想使用它们，只需将其选中，再点击">"按钮，即可加入 Analysis Toolchain 列表中。

注意：有些模块的添加是有前提条件的，如果选 m3cm 2.0.0，则会有如图 10.4-8 的提示。

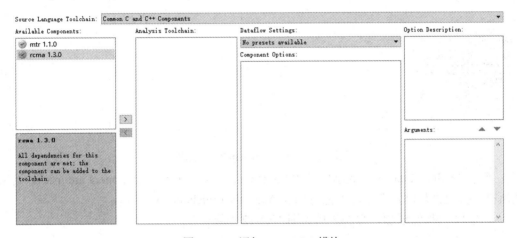

图 10.4-8　模块提示信息

提示信息的意思是使用 m3cm 2.0.0 需要 rcma 1.3.0 模块的存在。

下面我们把 rcma 1.3.0 加进来。在 Source Language Toolchain 中选择 Common C and C++ Components，如图 10.4-9 所示。

图 10.4-9　添加 rcma 1.3.0 模块

然后把 Available Components 中的 rcma 1.3.0 添加到 Analysis Toolchain 中(见图 10.4-10)。

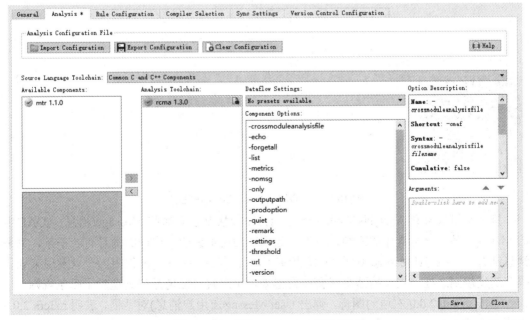

图 10.4-10　添加 rcma 1.3.0 模块完成

**注意:** 此时 Analysis 名字旁边出现*号, 表明配置已经发生改变, 提示需要 Save(保存)。

我们再回到之前在 Source Language Toolchain 中选择 C 的情况(图 10.4-11), 现在可以添加 m3cm 2.0.0 了。

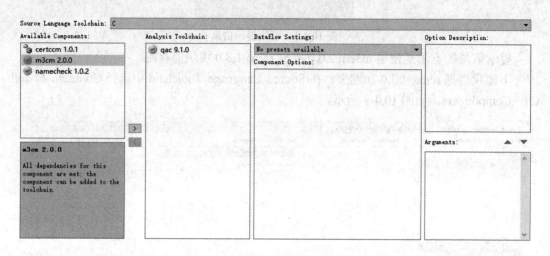

图 10.4-11　添加 m3cm 2.0.0 模块

当选中 m3cm 2.0.0 时, 提示的是 "All dependencies for this component are met", 这表明所有相关组件都已具备, 可以把它加入 Analysis Toolchain 中了。

点击 ">" 按钮添加, 添加之后如图 10.4-12 所示。

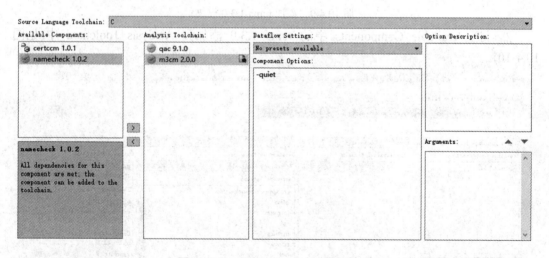

图 10.4-12　添加 m3cm 2.0.0 模块完成

接下来可以查看 Analysis Toolchain 中的每个模块都含有哪些 Message(消息)。QAF 中的 Message 其实就是具体的规则, 或者说是规则的文本说明。这样的消息有若干条, 每条消息都有一个编号(Message ID), 方便查询和索引。QAF 在分析过程中, 一旦发现某处代码有违反规则之处, 相关的消息就会报告出来, 用户就会知道是何处违反了哪条规则。

点击 m3cm 2.0.0 右边的图标, 弹出 User Messages(用户消息)对话框, 表明 m3cm 2.0.0 中所含有的 Messages(见图 10.4-13)。

图 10.4-13　m3cm 2.0.0 模块的消息

现在我们分析的是 C 工程，需要用到 qac 分析器(QAF 默认自动添加)。在 Analysis Toolchain 中选择 qac 9.1.0，可以在右侧的 Dataflow Settings(数据流设置)中进行数据流设置，如图 10.4-14 所示。

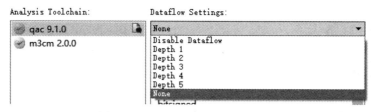

图 10.4-14　qac 分析器数据流设置

设置完成后，点击"Save"保存当前设置。保存后的设置都体现在相应的配置文件(.acf)中，配置文件在$(PROJECT_ROOT)\prqa\config 目录下，如图 10.4-15 所示。

| 名称 | 修改日期 | 类型 | 大小 |
|---|---|---|---|
| project.acf | 2016/12/13 14:56 | ACF 文件 | 1 KB |
| project.rcf | 2016/12/13 14:56 | RCF 文件 | 358 KB |
| qa-framework-app.xml | 2016/12/13 14:56 | XML 文档 | 1 KB |
| PRQA_Generic_C.cct | 2016/12/13 13:31 | CCT 文件 | 1 KB |
| PRQA_Generic_C++.cct | 2016/12/13 13:31 | CCT 文件 | 1 KB |
| DATA | 2016/12/13 13:31 | 文件夹 | |

> PRQA > QAF-Workspace > demo > prqa > config

图 10.4-15　QAF 工程配置文件列表

可以用文本编辑器打开 project.acf，查看其内容(见图 10.4-16)。

```xml
<?xml version="1.0" encoding="UTF-8"?>
<acf xmlversion="2.0.0">
  <components>
    <component version="9.1.0" target="C" name="qac"/>
    <component version="4.1.0" target="C++" name="qacpp"/>
    <component version="1.3.0" target="C_CPP" name="rcma"/>
    <component version="2.0.0" target="C" name="m3cm"/>
  </components>
  <component_settings/>
</acf>
```

图 10.4-16　分析配置文件 project.acf 的内容

我们可以把当前配置导出成一个.acf 文件，以供别的工程使用。点击 Analysis 标签页上方的"Export configuration"(导出配置)按钮，选择合适的路径，输入文件名，保存成.acf 文件(见图 10.4-17)。

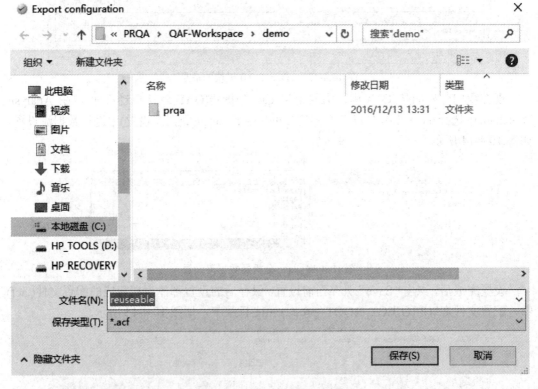

图 10.4-17　导出分析配置文件

分析配置也可以来自现成的配置文件(.acf)。要导入配置文件，点击 Analysis 标签页上方的 Import Configuration(导入配置)按钮即可。

3. Rule Configuration(规则配置)

点击"Rule Configuration"标签，进入规则配置页面，如图 10.4-18 所示。

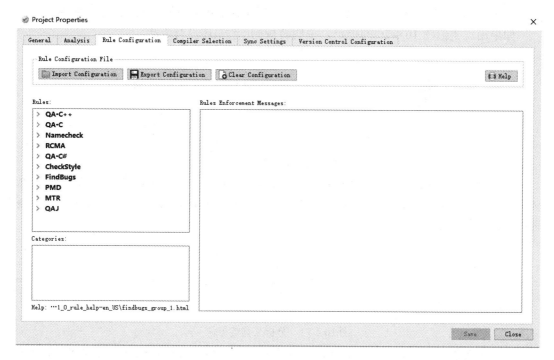

图 10.4-18　规则配置

　　这是在新建工程时选择了 default-1.0-en_US.rcf 之后看到的默认规则列表，包括 QAF 的分析引擎(QA-C、QA-C++)和专门的规则模块，用户可以在这里进行编辑和确认。

　　比如，本例中我们只有 C 和 C++代码，那么关于 C#的规则就可以移除。移除方法：用鼠标右击 QAC#，选择 Remove，移走该规则。同理，CheckStyle、FindBugs、PMD 和 QAJ，我们也不需要，用鼠标右击，然后选择 Remove，将它们一一移除，得到如图 10.4-19 所示的配置。

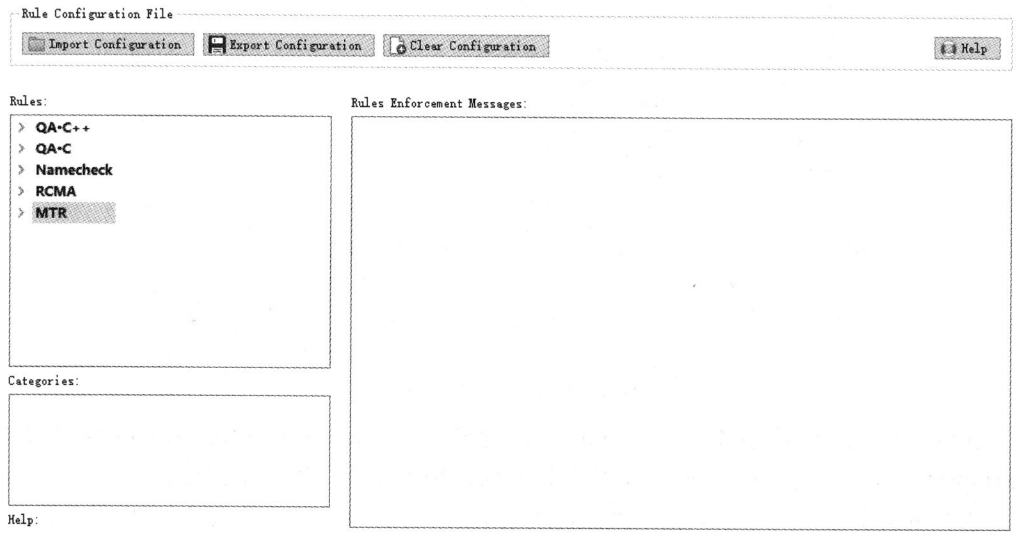

图 10.4-19　移除不需要的规则

点击 Save，将把当前的规则配置保存到工程路径\prqa\config\project.rcf 文件中。
如果出现类似图 10.4-20 的提示，说明有规则(消息)还没有激活。

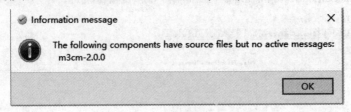

图 10.4-20　规则配置提示信息

图 10.4-20 告诉我们，在之前的 Analysis 配置中 Analysis Toolchain 选择了某个组件(如 MISRA C3 组件 m3cm 2.0.0，见图 10.4-21)，而在这里选取规则时没有与该组件匹配的规则存在，我们需要将其加入。

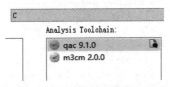

图 10.4-21　分析工具链组件

与分析配置一样，规则配置同样可以导出和导入。要导入 m3cm 2.0.0 规则模块，点击规则配置标签页的"Import configuration"(导入配置)，弹出如图 10.4-22 所示的文件读取对话框。

图 10.4-22　导入规则配置文件

**注意:** 地址栏指向的是 C:\Users\username\AppData\Local\PRQA\PRQA-Framework-2.1.0 \config\rcf。这是在安装 QAF 时，系统指定的保存规则配置文件(.rcf)的路径。

选择 m3cm 2.0.0-en_US.rcf，再点击"打开"，该组件便加入工程中。点击"Save"保存。

与分析配置文件(.acf)一样，我们也可以用文本编辑器查看当前工程的规则配置文件。同样，我们也可以点击"Export Configuration"(导出配置)将当前规则配置文件导出，存为另一文件(.rcf)，以便将来在其他工程中使用。

接下来深入规则组内部，查看到具体的 Message(消息)，在 Rules 列表每层级别上以及 Rules Enforcement Messages(规则实施消息)中的 Messages 上都可以点击鼠标右键执行相应的操作。图 10.4-23 为 MISRA 规则(m3cm)的部分具体信息。

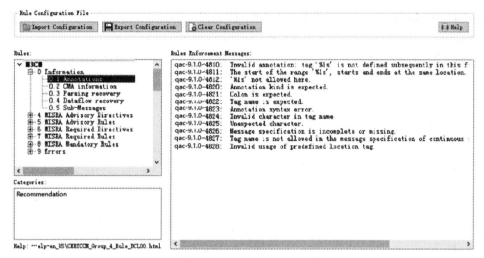

图 10.4-23　m3cm 的部分具体消息

### 4．Compiler Selection(编译器选择)

点击"Compiler Selection"标签，进入编译器选择页面。该页面用于选择编译器兼容性模板(CCT)，见图 10.4-24。QAF 提供了多种 CCT，选择方法与新建工程时操作一样，不再赘述。

图 10.4-24　编译器选择

### 5. Sync Settings(同步设置)

QAF 在建立工程后，最初是个"空工程"，我们要把待测源文件添加到工程中，才能开始测试。有两个办法往工程中添加文件：一是通过"监视"工程的构建(build)过程，自动添加源文件；二是人工添加源文件。但第二种方法不能及时与被测工程保持同步，也不能自动识别编译选项。

工程属性中的"Sync Settings(同步)"设置，正是为上述第一种方法服务的。同步设置是为了让 QAF 根据这些设置获得被测 C/C++工程的源文件、头文件路径和宏定义等信息，这些信息实际上也是我们在集成开发环境(IDE)中所用到的工程信息。

点击"Sync Settings"标签，进入同步设置页面，如图 10.4-25 所示。

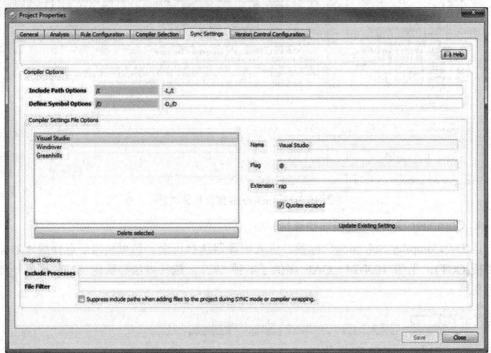

图 10.4-25　同步设置

图 10.4-25 中显示了默认的同步设置，在遇到同步问题时可以对它们做出修改，主要有"Compiler Options(编译器选项)"和"Project Options(工程选项)"两部分。

1) 编译器选项

(1) Include Path Options(包含路径选项)：编译器用来指定头文件路径的开关参数，如"-I"(用于 Linux)或"/I"(用于 Windows)。

(2) Define Symbol Options(宏定义符号选项)：编译器在命令行指定的宏定义开关参数，如"-D"(用于 Linux)或"/D"(用于 Windows)。

(3) Compiler Settings File Options(编译器设置文件选项)：该选项用来指定编译器可能会把命令行参数保存的文件，其中包括标记、扩展名和文件格式。

如果勾选"Quotes escaped(引用转义)"，那么同步过程视转义的文本为引用；如果不勾选，那么所有引用都被视为文本并传递到分析器中。

2) 工程选项

(1) Exclude Processes(排除进程)：由于同步过程可能会对编译器进程产生误报，从而添加不必要的源文件，或者错误设置的宏定义(Defines)和包含路径(Include Paths)，因此在同步完成时，将显示用于创建工程的所有编译器进程，与自己的编译器不匹配的进程则可以在"排除进程(Exclude Processes)"中指定，并重新运行同步。

(2) File Filter(文件过滤)：用于过滤出单独的源文件或文件夹。采取的是字符串匹配的方式，比如，输入 project/subproject 将过滤文件夹 home/project/subproject 以及 project/subproject1.cpp。

如果勾选 Suppress Include Paths…(抑制包含路径)，将在同步过程中往工程添加文件时，抑制包含路径，参见 General 页面中的配置。

### 6. Version Control Configuration(版本控制配置)

这个配置选项与质量管理系统 QA Verify(QAV)有关。PRQA Framework 分析的代码虽然通常来自版本库，但 QAF 只需要知道本地代码的位置，而不关心代码来自何处。

QAV 不但要处理当前代码，还要维护工程的生命周期，因而需要从版本库获得历史代码。QAV 统一工程中有一个相关的配置文件 VCF，其中描述了详细的版本控制系统设置。这个文件一般不需要本地创建。

点击"Version Control Configuration"标签，便进入"版本控制配置"界面，如图 10.4-26 所示。

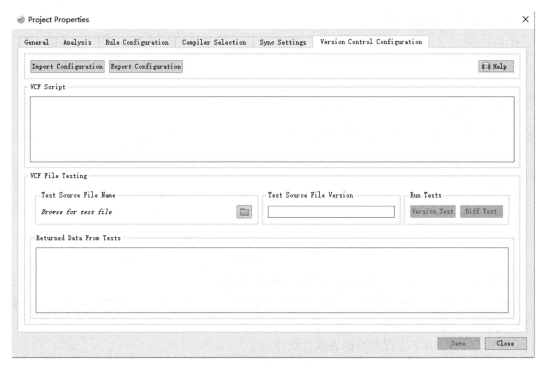

图 10.4-26　版本控制配置

点击 Import Configuration(导入配置)，可以看到一些流行的版本控制系统的脚本文件，如图 10.4-27 所示。

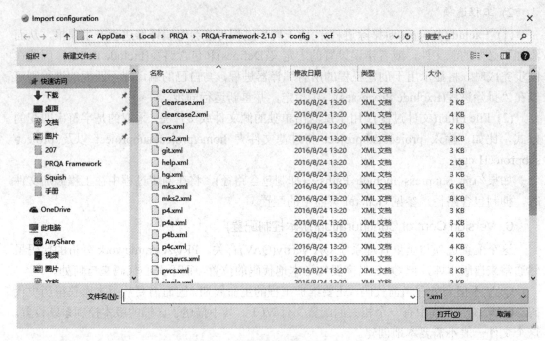

图 10.4-27　导入版本控制脚本文件

选中 cvs.xml，点击 "打开"，可以看到关于 CVS 的配置，如图 10.4-28 所示。

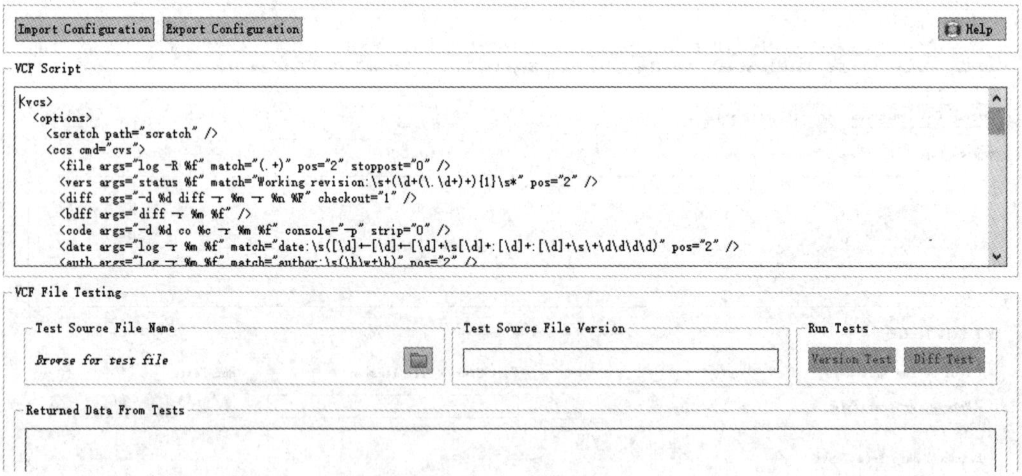

图 10.4-28　CVS 脚本

必要时可以修改脚本以配合用户的版本控制系统。

用户应该通过 VCF File Testing 来测试脚本是否工作正常，可以参考《PRQA Framework 与版本控制系统使用指南》。

至此，有关 QAF 工程属性的设置就算完成了。

## 10.4.3　构建工程

工程在新建并完成相关配置后仍是一个空工程(见图 10.4-29)。此时，必须通过 "构建

(Build)"命令来导入源文件,也就是按软件开发相似的构建方式走一遍。在 QAF 中,这一步骤称为"同步(Synchronize)"。

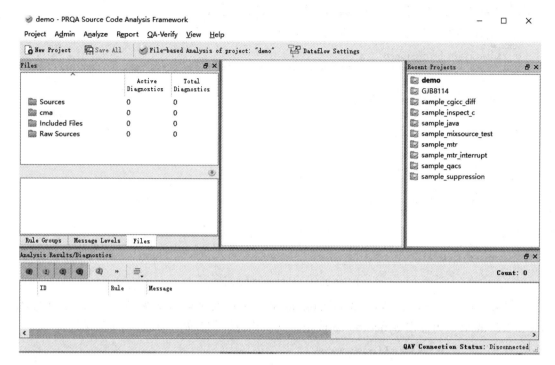

图 10.4-29　工程属性设置完成

点击菜单 Project→Synchronize,进入如图 10.4-30 所示界面。

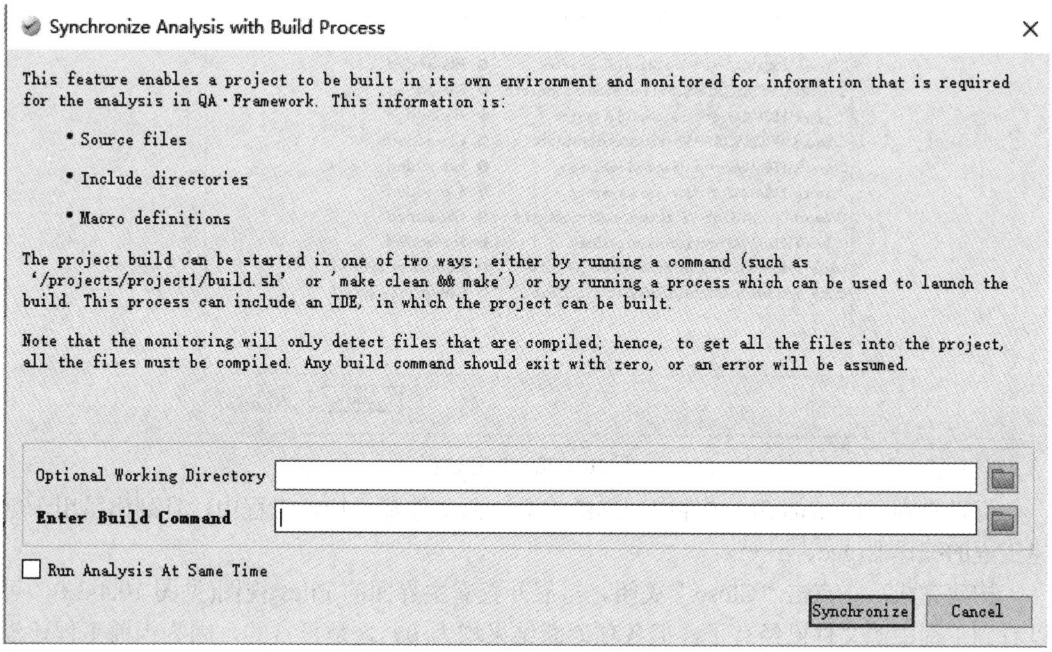

图 10.4-30　构建工程(同步)

　　我们需要在 Enter Build Command 栏中输入构建命令，这个命令可以是工程文件夹下的一个 Build 脚本或 Make 命令等。在本例的 demo 中，含有一个简单的 makefile 文件(构建命令通常来自软件开发环境)，其内容如图 10.4-31 所示。

```
CC = gcc
CXX = g++
CFLAGS=-Wall -O -Id:\work
ALL_FILES = classes.o deref.o dovecot.o fib.o memoryLeak.o mem-ptr.o sqrt.o wireshark.o

.c.o:
    $(CC) $(CFLAGS) -c $<

.cpp.o:
    $(CXX) $(CFLAGS) -c $<

.cc.o:
    $(CXX) $(CFLAGS) -c $<

test: $(ALL_FILES)
    $(CXX) $(CFLAGS) -o test $(ALL_FILES)


clean:
    rm -f *.o
    rm -f *.exe
```

图 10.4-31　构建命令(makefile)

　　如果是首次构建，在 Enter Build Command 栏中输入 make，如果是再次构建，则输入 clean && make，再点击 Synchronize 按钮，同步构建即刻开始，如图 10.4-32 所示。

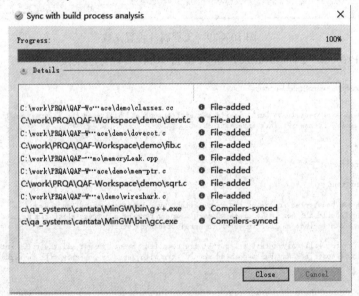

图 10.4-32　构建过程

　　可以看到，在 makefile 文件中列出的 C/C++源文件都已加入工程中，且列出了用于创建工程的编译器(gcc、g++)。

　　构建完成后，点击"Close"关闭。再展开查看主界面的 Files 视图(见图 10.4-33)，可以看到工程中源文件已经有了，但各项诊断结果均为 0。这是正常的，因为当前工程还没有开始分析呢。

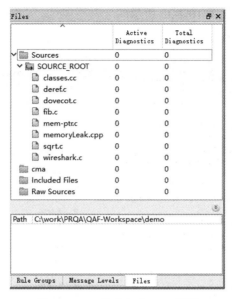

图 10.4-33　构建完成 Files 视图

## 10.4.4　分析工程

下一步就是对工程中的代码进行检查、诊断，看看哪些是违反相关标准或规则的，这也是我们前面多个步骤的目的。QAF 分析工程时，有多种不同的方式，包括基于文件分析、初始代码分析、数据流分析等，下面分别进行介绍。

### 1. File-Based Analysis(基于文件分析)

如图 10.4-34 所示，由菜单 Analyze→File-Based Analysis，选择 File-based Analysis of project: ...，QAF 便以基于文件的方式分析当前工程，即将工程中所有的代码文件都分析一遍。

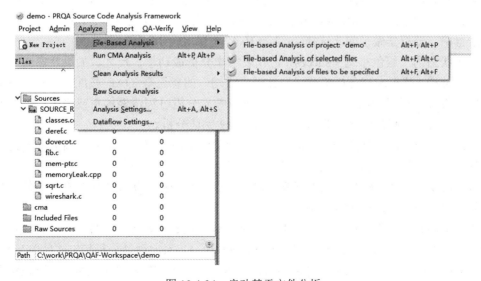

图 10.4-34　启动基于文件分析

基于文件的分析过程如图 10.4-35 所示。

图 10.4-35　基于文件的分析过程

可以看到每个文件下面都执行了两次分析，如对.c 文件执行了 qac-9.1.0 和 m3cm-2.0.0，对.cpp 和.cc 文件执行了 qacpp-4.1.0 和 mcpp-1.5.1，最后又执行了 rcma-1.3.0。这是因为在工程配置中，分析器做了如此选择(参见图 10.4-15 和 10.4-16)。

分析状态为“绿色小钩 +Success”，代表本次分析成功了。反之，如果状态为“红色小叉+Failure”，代表本次分析失败了。此处“成功”的意思是 QAF 按配置要求完成了对代码的分析并获得了相应的结果，“失败”则意味着分析过程遭遇挫折或错误，如找不到源代码或头文件、代码编译错误等，使 QAF 无法完成分析。

显然，每个代码文件的分析后的状态必须是“Success”才行，否则，就要看看是什么原因导致了分析失败，待纠正后再重新进行分析。

分析成功后在 QAF 界面的选择视图区、工作区和分析结果输出区都有相应的消息输出，用户可以按照不同的方式查看。

除了上述基于文件分析整个工程的代码文件外，还有两种基于文件的分析方式：一种是分析选定的文件(File-based Analysis of selected files)；另一种是分析特定文件(File-based Analysis of files to be specified )。这两种方法分析的是某个文件或部分文件，而不是整个工程，具体步骤不再赘述。

### 2. Raw Source Analysis(初始代码分析)

在某些特殊情况下，通常是在深层排错时，可能需要分析器在分析源文件的同时生成该文件的预处理文件，并继而分析这个经过预处理的文件。这时就要用到 Raw Source Analysis。

这里的 Raw Source 不是 QAF 工程组成部分的源文件，而是人为添加或生成的，它不在工程维护之列。比如分析上述预处理文件来检查配置是否正确，或者临时分析一个源文件。这种分析通常没有诸如包含路径、宏定义等配置信息，处于"原生态"。Raw Source 分析步骤如下：

第一步，是要设置产生预处理文件。打开工程属性，Project→Open Project Properties →Analysis，进到图 10.4-36 所示分析设置界面。

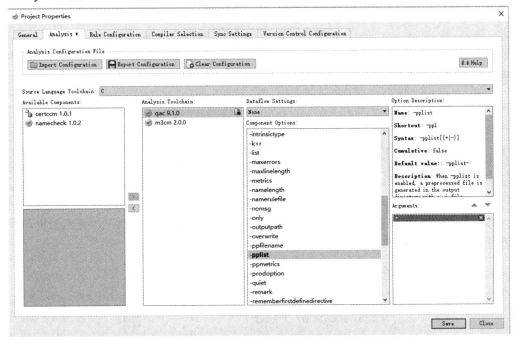

图 10.4-36　设置产生预处理文件

在 Analysis Toolchain(分析工具链)中选择 qac 9.1.0，在 Component Options(组件选项)中选择-pplist，该选项用于控制预处理文件的生成，在 Arguments(参数)中选择"+"。

点击 Save 保存，系统可能出现图 10.4-37 的提示，此处先忽略它，点击"OK"按钮。

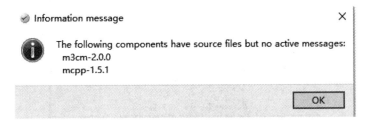

图 10.4-37　选项提示信息

第二步，关闭工程属性对话框，重新分析整个工程。进入菜单 Analyze→File-Based Analysis，选择 File-based Analysis of project: ...。

打开资源管理器，进入工程的输出目录"prqa/output/_SOURCE_ROOT"，由于之前打开了 qac 中的预处理选项，所以在这个目录下出现了.c 文件相应的预处理文件.c.i，如图 10.4-38 所示。

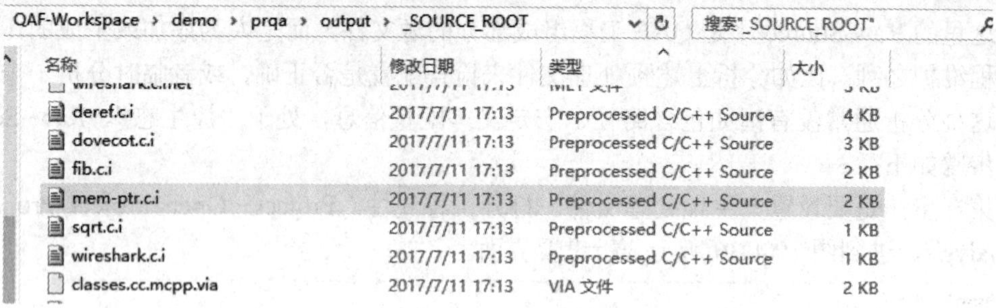

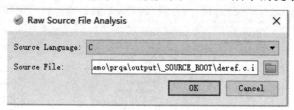

图 10.4-38　预处理文件列表

第三步，分析经过预处理的文件(.c.i)。在 QAF 软件中，选择 Analyze→Raw Source Analysis→Analyze Raw Source File 菜单，出现如图 10.4-39 所示的提示。

图 10.4-39　初始文件分析

现在我们在 Source File 中选择一个.c.i 文件(如 deref.c.i)，点击"OK"开始分析，分析结果出现在 Files 视图的 Raw Sources 文件夹中(见图 10.4-40)。

图 10.4-40　初始文件分析结果

从图中可以看出,这次对 deref.c.i 进行的 Raw Source Analysis 共发现 325 个违规之处。

### 3. 数据流分析

我们在基本分析完成后可以进而执行数据流分析,获得更深层次的分析结果。

所谓数据流,是指程序中的数据(其实是变量)从定义(变量赋值)到使用形成了一条数据上的路径,如同数据从定义之处"流到了"使用之处。鉴于数据在程序中是不可或缺的,追踪数据路径、分析数据流动的细节,对查找软件缺陷具有重要意义,也是软件测试的一种常规方法。

在 QAF 中进行数据流分析,需要以下几个步骤:

第一步,点击工具栏(见图 10.4-41)的 Dataflow Settings 按钮,快速进入数据流分析设置。在 Analysis Toolchain(分析工具链)中选择 qac 9.1.0,右侧的 Dataflow Settings(数据流设置)下拉框提供多种选项(见图 10.4-42)。

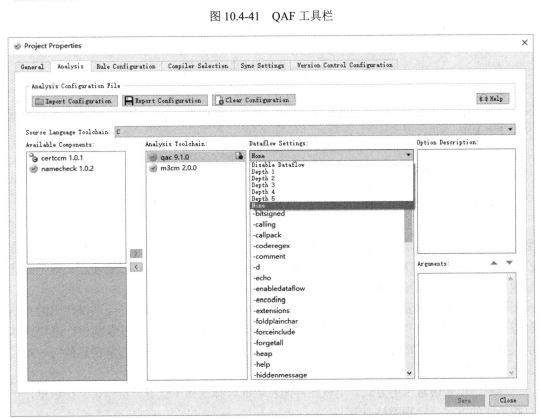

图 10.4-41　QAF 工具栏

图 10.4-42　数据流分析设置

这些选项包括 Disable Dataflow(禁止数据流)、Depth 1-5(数据流深度级别)和 None(无)等。其中数据流深度共分为 5 级,涉及分析深度与时长的关系,此处不详述。

第二步,我们选择最基本的 Depth 1。在 Component Options(组件选项)中可以看到 -enabledataflow 选项是使能状态,-prodoption 也被设置了参数(数据流设置其实就是设置这两个选项的参数)，如图 10.4-43 所示。

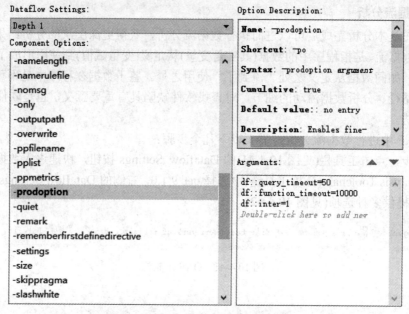

图 10.4-43　数据流分析的组件选项设置

第三步，点击 Save 保存，然后关闭属性对话框。

第四步，再次运行 File-based Analysis of project(基于文件分析工程)，那么分析结果就包含了数据流分析。

## 10.4.5　查看分析结果

QAF 在分析过程中和分析完成后会以不同形式输出诊断结果。

首先，在 QAF 主界面下部的分析结果输出区会实时显示分析结果，一行对应一个诊断消息，其内容包括消息 ID 号、对应规则、消息文本、所在代码文件、行数、列数等。在这里用户可以对本次分析结果有一个直接的了解，点击其链接还可以查看相关规则的详细内容。这种方式是按发现问题的时间顺序报告的，比较零散。

其次，可以在主界面上方的工作视图区查看有关结果。分析过后，当前源代码的左侧如果出现"惊叹号"，就代表此行代码有规则违反。点击惊叹号，可以看到该行语句具体的违规之处。该视图与分析结果视图交叉链接。这种方式可以在查看违规消息的同时对照源代码，有利于用户对规则的理解。

第三，也是最常用的方式，可以在界面左侧的选择视图中查看分析结果。在这里，可以按不同的方式分门别类地查看。

下面结合诊断数量一并说明。

### 1. 关于诊断数量

在选择视图区，我们可以在 Files(文件)、Message Levels(消息级别)、Rule Groups(规则组)三个视图中查看诊断结果，而 Message Levels 和 Rule Groups 中的显示内容取决于在 Files 中选择的文件。

在 Files 视图中，我们可以看到当前工程中的代码文件、每个文件的诊断消息数量以及整个工程的诊断数量(见图 10.4-44)。其中：

(1) Active Diagnostics：活跃诊断数，即处于活跃状态的违规数量。

(2) Total Diagnostics：总诊断数，即总的违规数量。

这里的"活跃(active)"状态与消息的抑制有关，我们在 10.5 节中再作介绍。

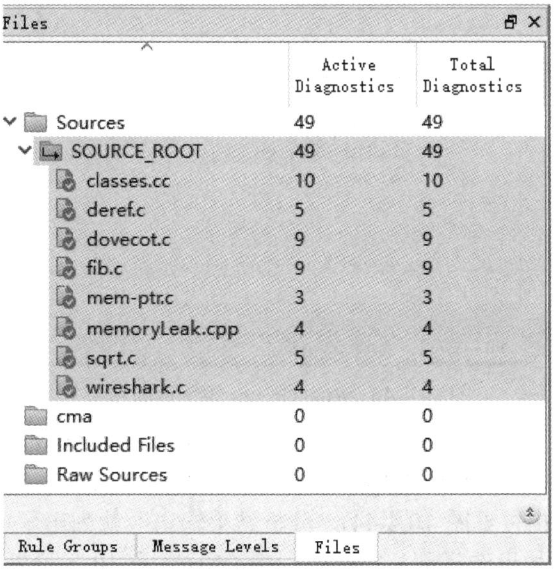

图 10.4-44 Files 视图诊断结果

在 Message Levels 视图中，可以看到所选文件按不同的分析器、规则模块及其不同的消息分门别类的诊断结果，如图 10.4-45 所示。

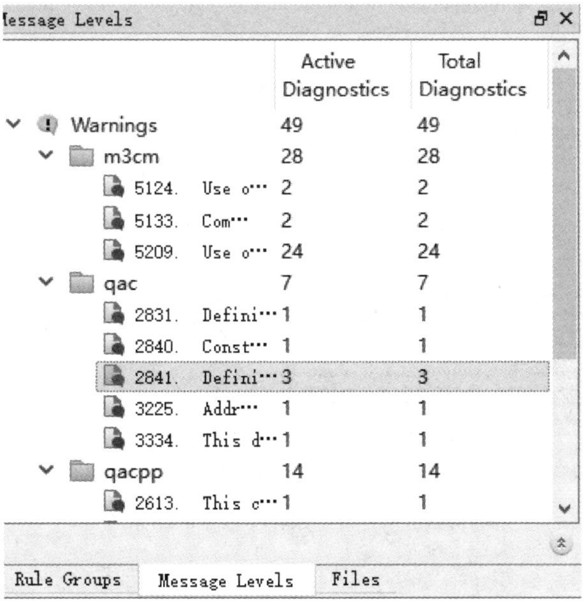

图 10.4-45 Message Levels 视图诊断结果

在 Rule Groups 视图中，则是所选文件按不同的规则组(如数据流分析)分类的诊断结果，如图 10.4-46 所示。

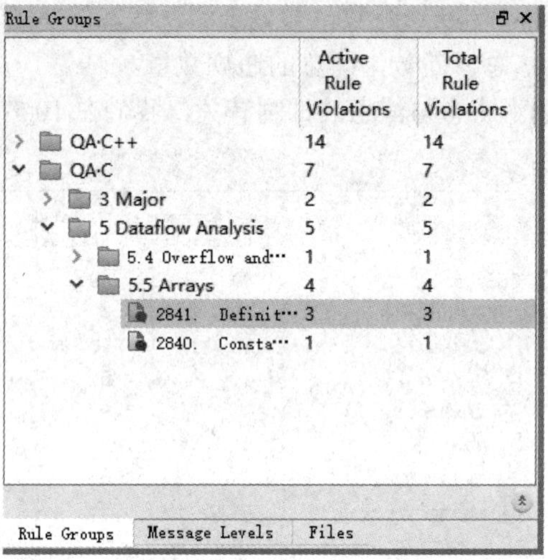


图 10.4-46　Rule Groups 视图诊断结果

以上三种视图中，双击某一条，均可定位到分析结果输出区(Analysis Results/Diagnostics)的相应位置。分析结果输出区列出了跟当前在 Files 视图里所选文件范围有关的诊断消息。

比如，选择所有文件(见图 10.4-44)，分析结果输出区就列出了如图 10.4-47 所示的所有 49 条诊断消息。而如果选择部分文件(如 classes.cc，有 10 条诊断结果)，分析结果区输出的诊断消息和数量也就相应改变了，如图 10.4-48 所示。

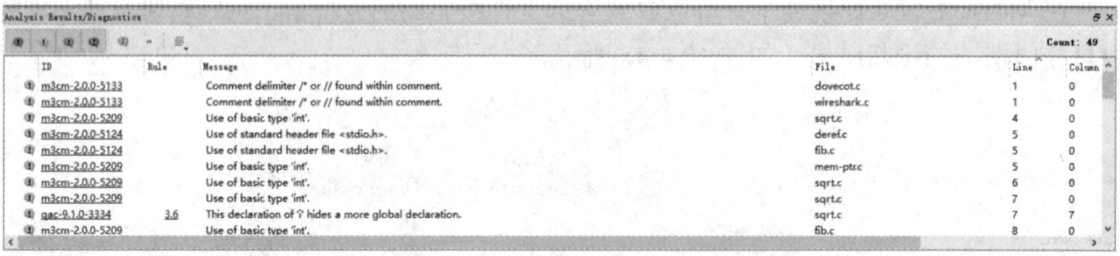


| ID | Rule | Message | File | Line | Column |
|---|---|---|---|---|---|
| m3cm-2.0.0-5133 | | Comment delimiter /* or // found within comment. | dovecot.c | 1 | 0 |
| m3cm-2.0.0-5133 | | Comment delimiter /* or // found within comment. | wireshark.c | 1 | 0 |
| m3cm-2.0.0-5209 | | Use of basic type 'int'. | sqrt.c | 4 | 0 |
| m3cm-2.0.0-5124 | | Use of standard header file <stdio.h>. | deref.c | 5 | 0 |
| m3cm-2.0.0-5124 | | Use of standard header file <stdio.h>. | fib.c | 5 | 0 |
| m3cm-2.0.0-5209 | | Use of basic type 'int'. | mem-ptr.c | 5 | 0 |
| m3cm-2.0.0-5209 | | Use of basic type 'int'. | sqrt.c | 6 | 0 |
| m3cm-2.0.0-5209 | | Use of basic type 'int'. | sqrt.c | 7 | 0 |
| qac-9.1.0-3334 | 3.6 | This declaration of 'i' hides a more global declaration. | sqrt.c | 7 | 7 |
| m3cm-2.0.0-5209 | | Use of basic type 'int'. | fib.c | 8 | 0 |

图 10.4-47　分析结果输出区诊断结果之一

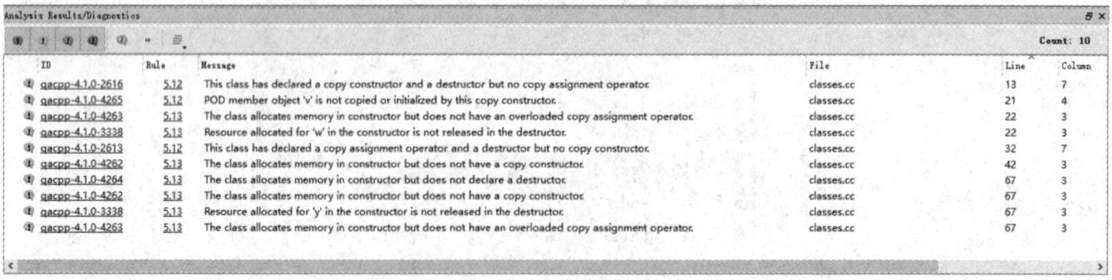


| ID | Rule | Message | File | Line | Column |
|---|---|---|---|---|---|
| qacpp-4.1.0-2616 | 5.12 | This class has declared a copy constructor and a destructor but no copy assignment operator. | classes.cc | 13 | 7 |
| qacpp-4.1.0-4265 | 5.12 | POD member object 'v' is not copied or initialized by this copy constructor. | classes.cc | 21 | 4 |
| qacpp-4.1.0-4263 | 5.13 | The class allocates memory in constructor but does not have an overloaded copy assignment operator. | classes.cc | 22 | 3 |
| qacpp-4.1.0-3338 | 5.13 | Resource allocated for 'w' in the constructor is not released in the destructor. | classes.cc | 22 | 3 |
| qacpp-4.1.0-2613 | 5.12 | This class has declared a copy assignment operator and a destructor but no copy constructor. | classes.cc | 32 | 7 |
| qacpp-4.1.0-4262 | 5.13 | The class allocates memory in constructor but does not have a copy constructor. | classes.cc | 42 | 3 |
| qacpp-4.1.0-4264 | 5.13 | The class allocates memory in constructor but does not declare a destructor. | classes.cc | 67 | 3 |
| qacpp-4.1.0-4262 | 5.13 | The class allocates memory in constructor but does not have a copy constructor. | classes.cc | 67 | 3 |
| qacpp-4.1.0-3338 | 5.13 | Resource allocated for 'y' in the constructor is not released in the destructor. | classes.cc | 67 | 3 |
| qacpp-4.1.0-4263 | 5.13 | The class allocates memory in constructor but does not have an overloaded copy assignment operator. | classes.cc | 67 | 3 |

图 10.4-48　分析结果输出区诊断结果之二

## 2. 关于诊断结果

在 Files 视图选择一个文件，比如 fib.c，则在工作区视图中打开了这个文件，同时该文件的诊断也列在了分析结果输出视图中。在输出区的某个诊断上双击一下，可以在工作区中定位到相应的代码行，如图 10.4-49 所示。

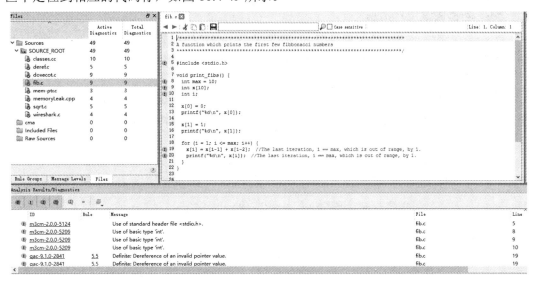

图 10.4-49　工作区与诊断结果之一

在工作区中，代码行左边的感叹号说明这一行代码有诊断信息。鼠标点击该标注，会出现诊断的具体描述，如图 10.4-50 所示。

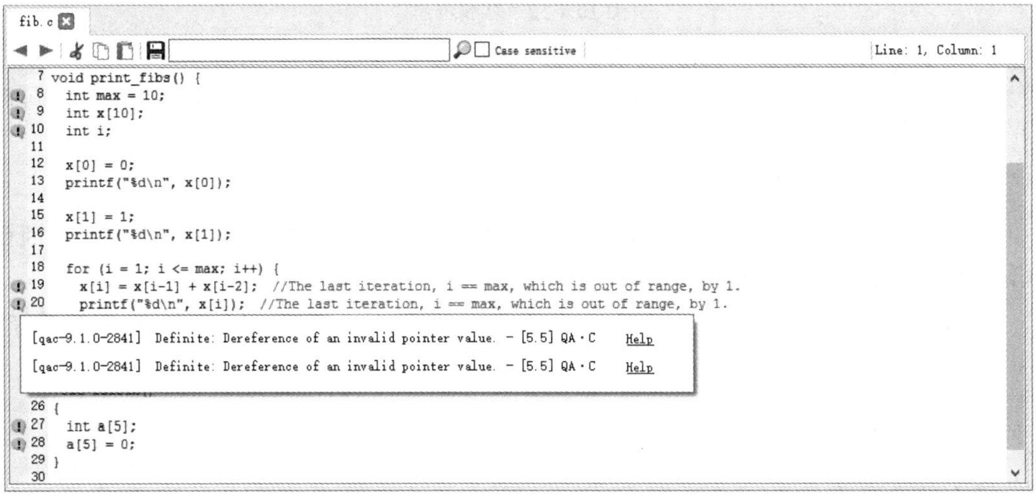

图 10.4-50　工作区与诊断结果之二

### 3. 过滤筛选

我们还可以用"过滤"的方法筛选我们想看的诊断结果。在分析结果输出区的上方有一排按钮用于筛选诊断的显示(见图 10.4-51)。

图 10.4-51　筛选按钮

其中：

　：显示/隐藏语法或配置错误。

①：显示/隐藏正常的诊断结果。

④：显示/隐藏用户消息。

⑩：显示/隐藏隶属于某个消息的 Information 消息(从属消息)，它只在从属消息被打开后才有效。从属消息用来提供更多的额外信息。

⑫：显示/隐藏从属消息。

«：控制从属消息与其所属的主消息之间的缩进关系，只在从属消息被打开后有效。

≡：选择 Suppress(抑制)诊断结果的显示，它共有四种抑制方式。

比如，点击按钮 ⑫ ，打开图 10.4-52 所示的 Information 消息(从属消息)。

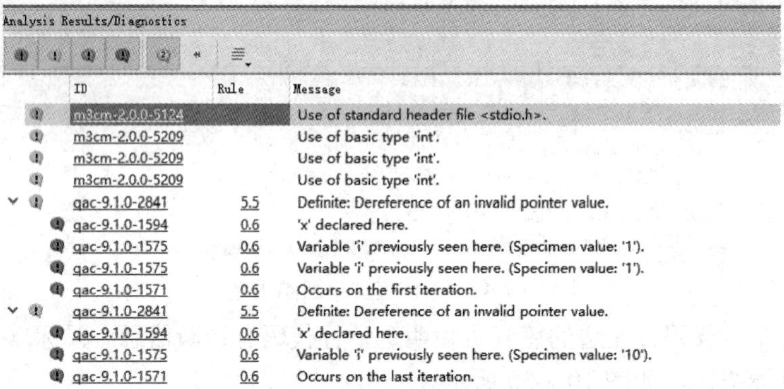

| | ID | Rule | Message |
|---|---|---|---|
| ① | m3cm-2.0.0-5124 | | Use of standard header file <stdio.h>. |
| ① | m3cm-2.0.0-5209 | | Use of basic type 'int'. |
| ① | m3cm-2.0.0-5209 | | Use of basic type 'int'. |
| ① | m3cm-2.0.0-5209 | | Use of basic type 'int'. |
| ∨ ① | qac-9.1.0-2841 | 5.5 | Definite: Dereference of an invalid pointer value. |
| ⑫ | qac-9.1.0-1594 | 0.6 | 'x' declared here. |
| ⑫ | qac-9.1.0-1575 | 0.6 | Variable 'i' previously seen here. (Specimen value: '1'). |
| ⑫ | qac-9.1.0-1575 | 0.6 | Variable 'i' previously seen here. (Specimen value: '1'). |
| ⑫ | qac-9.1.0-1571 | 0.6 | Occurs on the first iteration. |
| ∨ ① | qac-9.1.0-2841 | 5.5 | Definite: Dereference of an invalid pointer value. |
| ⑫ | qac-9.1.0-1594 | 0.6 | 'x' declared here. |
| ⑫ | qac-9.1.0-1575 | 0.6 | Variable 'i' previously seen here. (Specimen value: '10'). |
| ⑫ | qac-9.1.0-1571 | 0.6 | Occurs on the last iteration. |

图 10.4-52 从属消息

可以看到消息 2841，其后有 4 条从属消息 1594、1575、1571。消息 2841 诊断出数组越界，而 1594、1575、1571 等提供了这个数组越界是如何发生的，因此在这里它们可被看作 2841 的从属消息。

### 4. 编辑代码重新分析

工作区视图中，代码文件是可以编辑的，因此非常适合软件开发人员随时根据诊断错误修改代码，做到边分析边修改。

仍以上述 fib.c 文件为例，在其 19、20 行均有 2841 消息诊断，提示发生了数组越界，如图 10.4-53 所示。

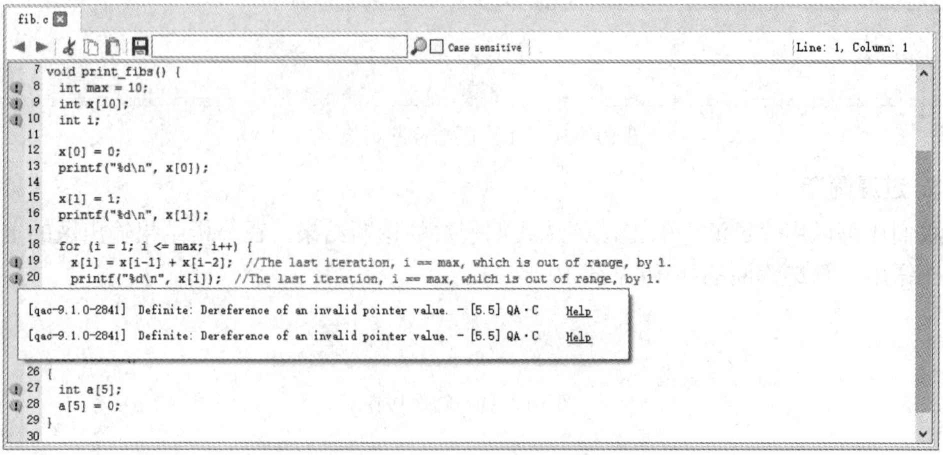

```
  7  void print_fibs() {
  8    int max = 10;
  9    int x[10];
 10    int i;
 11
 12    x[0] = 0;
 13    printf("%d\n", x[0]);
 14
 15    x[1] = 1;
 16    printf("%d\n", x[1]);
 17
 18    for (i = 1; i <= max; i++) {
 19      x[i] = x[i-1] + x[i-2]; //The last iteration, i == max, which is out of range, by 1.
 20      printf("%d\n", x[i]); //The last iteration, i == max, which is out of range, by 1.
```

```
[qac-9.1.0-2841] Definite: Dereference of an invalid pointer value. - [5.5] QA·C    Help
[qac-9.1.0-2841] Definite: Dereference of an invalid pointer value. - [5.5] QA·C    Help
```

```
 26  {
 27    int a[5];
 28    a[5] = 0;
 29  }
 30
```

图 10.4-53 数组越界提示

查看代码，发现修改第 18 行的循环条件即可修正错误：

```
for ( i = 2; i < MAX; i++ )
```

修改之后保存，发现 fib.c 文件上改换了图标，表明文件有更新，需要再度分析(见图10.4-54)。

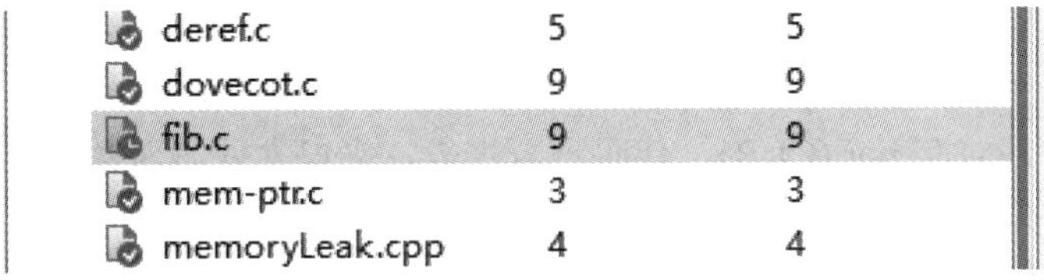

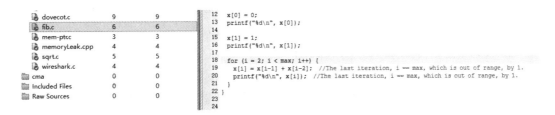

图 10.4-54　源文件更新提示

在文件上点击鼠标右键，执行 Analyze selected files。分析完后，可以看到之前在第 18 行处报告的 2841 号诊断消息已经消失(见图 10.4-55)。

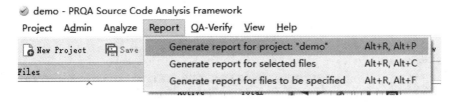

图 10.4-55　代码更新后重新分析

需要指出的是，QAF 报告的诊断消息并非与编程规则一一对应，即一条消息对应一条规则，而是一条规则可能对应多条消息。也就是说，若代码违反了某个规则，可能报告数条甚至十数条诊断消息，这是因为规则往往是"粗线条"的，而对规则的违反可能有若干种不同的情形。

上述现象在修复代码错误时也同样存在，即当我们修改掉一个错误。减少的往往不是一条诊断消息，而是有多条消息一起消失了。

### 10.4.6　输出分析报告

QAF 在 Report(报告)菜单提供了三种输出报告的操作，如图 10.4-56 所示。这三种操作与前面介绍的三种分析方式的操作很相似(参见 10.4.4 节)，这里不再赘述。

图 10.4-56　QAF 分析报告输出

现在我们选择 Generate report for project，为整个工程产生报告，如图 10.4-57 所示。

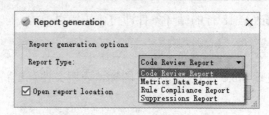

图 10.4-57　输出整个工程分析报告

QAF 可以产生以下四种分析报告：

(1) Code Review Report(CRR)：代码审查报告，来自文件、函数、类的消息和复杂度的汇总，其中还有包含、调用、关联、函数结构等信息。

(2) Metrics Data Report(MDR)：复杂度数据报告，生成一个 XML 文件，用户可将其作为复杂度原始数据用于进一步检测。

(3) Rule Compliance Report(RCR)：规则适应报告，即违反规则的详细情况。其中包括违背规则配置文件(RCF)中的相关规则的数据。

(4) Suppression Report(SUR)：抑制报告，用于提供分析过程中被抑制的诊断的信息。

下面分别介绍。

### 1. 代码审查报告(code review report)

代码审查报告会生成在当前工程路径的"prqa\reports"目录下，文件名称为"工程名字_CRR_DDMMYYYY_HHMMSS"，它是一个带有日期和时间信息的 html 文件。

这是一个有关文件、函数和类的消息的汇总，报告列出了被分析的文件及其包含关系、文件中的函数及其结构流程、文件以及函数级的复杂性度量值。

打开代码审查报告，可以看到如图 10.4-58 所示的信息。其中主要有以下内容：

(1) Files：文件，按文件列出各种诊断信息和测试结果。

(2) Classes：类，按类列出各种诊断信息和测试结果。

(3) Functions：函数，按函数列出各种诊断信息和测试结果。

(4) Analysis Status：分析状态。

(5) Analysis Settings：分析设置。

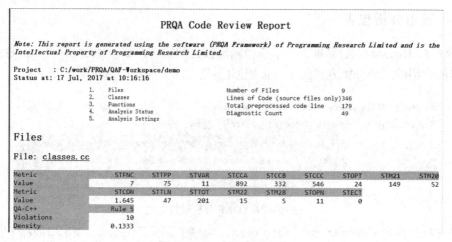

图 10.4-58　代码审查报告

### 2. 复杂度数据报告(metrics data report)

复杂度数据报告生成在当前工程路径的 "prqa\reports" 目录下，文件名称为 "工程名字_MDR_DDMMYYYY_HHMMSS"，是一个带有日期和时间信息的 xml 文件。

复杂度数据报告报告以表格的形式罗列了各种静态度量统计的结果，如图 10.4-59 所示。

| name | name2 | type | name3 | value |
|---|---|---|---|---|
| C:/work/PRQA/QAF-Workspace/demo/classes.cc | C:/work/PRQA/QAF-Workspace/demo/classes.cc | file | STFNC | 7 |
| C:/work/PRQA/QAF-Workspace/demo/classes.cc | C:/work/PRQA/QAF-Workspace/demo/classes.cc | file | STTPP | 75 |
| C:/work/PRQA/QAF-Workspace/demo/classes.cc | C:/work/PRQA/QAF-Workspace/demo/classes.cc | file | STVAR | 11 |
| C:/work/PRQA/QAF-Workspace/demo/classes.cc | C:/work/PRQA/QAF-Workspace/demo/classes.cc | file | STCCA | 892 |
| C:/work/PRQA/QAF-Workspace/demo/classes.cc | C:/work/PRQA/QAF-Workspace/demo/classes.cc | file | STCCB | 332 |
| C:/work/PRQA/QAF-Workspace/demo/classes.cc | C:/work/PRQA/QAF-Workspace/demo/classes.cc | file | STCCC | 546 |
| C:/work/PRQA/QAF-Workspace/demo/classes.cc | C:/work/PRQA/QAF-Workspace/demo/classes.cc | file | STOPT | 24 |
| C:/work/PRQA/QAF-Workspace/demo/classes.cc | C:/work/PRQA/QAF-Workspace/demo/classes.cc | file | STM21 | 149 |
| C:/work/PRQA/QAF-Workspace/demo/classes.cc | C:/work/PRQA/QAF-Workspace/demo/classes.cc | file | STM20 | 52 |
| C:/work/PRQA/QAF-Workspace/demo/classes.cc | C:/work/PRQA/QAF-Workspace/demo/classes.cc | file | STCDN | 1.645 |
| C:/work/PRQA/QAF-Workspace/demo/classes.cc | C:/work/PRQA/QAF-Workspace/demo/classes.cc | file | STTLN | 47 |
| C:/work/PRQA/QAF-Workspace/demo/classes.cc | C:/work/PRQA/QAF-Workspace/demo/classes.cc | file | STTOT | 201 |
| C:/work/PRQA/QAF-Workspace/demo/classes.cc | C:/work/PRQA/QAF-Workspace/demo/classes.cc | file | STM22 | 15 |
| C:/work/PRQA/QAF-Workspace/demo/classes.cc | C:/work/PRQA/QAF-Workspace/demo/classes.cc | file | STM28 | 5 |
| C:/work/PRQA/QAF-Workspace/demo/classes.cc | C:/work/PRQA/QAF-Workspace/demo/classes.cc | file | STOPN | 11 |
| C:/work/PRQA/QAF-Workspace/demo/classes.cc | C:/work/PRQA/QAF-Workspace/demo/classes.cc | file | STECT | 0 |
| C:/work/PRQA/QAF-Workspace/demo/classes.cc | ::B | class | STCBO | 0 |
| C:/work/PRQA/QAF-Workspace/demo/classes.cc | ::B | class | STWMC | 2 |
| C:/work/PRQA/QAF-Workspace/demo/classes.cc | ::B | class | STNOP | 0 |
| C:/work/PRQA/QAF-Workspace/demo/classes.cc | ::B | class | STRFC | 4 |
| C:/work/PRQA/QAF-Workspace/demo/classes.cc | ::B | class | STLCM | 1 |
| C:/work/PRQA/QAF-Workspace/demo/classes.cc | ::B | class | STDIT | 0 |

图 10.4-59 复杂度数据报告

### 3. 规则符合报告(rule compliance report)

规则符合报告应该是最具价值的了。该报告生成在工程路径的 "prqa\reports" 目录下，文件名称为"工程名字_RCR_DDMMYYYY_HHMMSS"，一个带有日期和时间信息的 html 文件。

报告列出了文件对于规则的符合程度(即遵循规则的程度)，以及符合程度的算法。为了搞明白其统计方法，我们需要事先了解 QAC/C++的规则分级。

QAC/C++的规则按照 Level-Group-Messages 的层次分级，打开 Project Properties→Rule Configuration，可以看到如下信息(见图 10.4-60)。

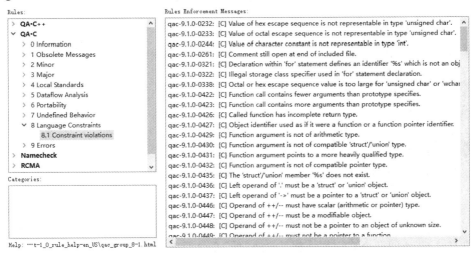

图 10.4-60 规则符合报告

以 QAC 为例，它的规则从 0～9 分为 10 个 Level(级)，每个 Level 下有若干个 Group(组)，每个 Group 包含了若干条 Messages(消息)。

如图 10.4-60 中的 8.1 Constraint violations，8 是 Level，8.1 是 Group，右侧窗口中显示的就是相关的 Messages。

规则符合报告主要有以下几项内容。

1) Summary(汇总信息)

Summary 列出被测对象的基本信息，如文件数、代码行数、预处理的代码行数、诊断消息总数、违反的规则数、符合的规则数等(见图 10.4-61)。

## PRQA Rule Compliance Report

*Note: This report is generated using the software (PRQA Framework) of Programming Research Limited and is the Intellectual Property of Programming Research Limited.*

```
Project  : C:/work/PRQA/QAF-Workspace/demo
Status at: 17 Jul, 2017 at 10:29:50

1.   Diagnostics Per Parent Rules           Number of Files                   8
2.   Most Violated Rules                     Lines of Code (source files only) 346
3.   File Status                             Total preprocessed code line      179
4.   Analysis Settings                       Diagnostic Count                  49
5.   Calculation Information                 Rule Violation Count              21
                                             Violated Rules                     6
                                             Compliant Rules                   56
Diagnostics Per Parent Rules                 File Compliance Index         98.75%
                                             Project Compliance Index      90.32%
```

图 10.4-61　汇总信息

然后分别列出以下 4 项信息：

2) Diagnostics Per Parent Rules(各规则级诊断统计)

该项用列表和饼图统计的形式报告对所有 Level 级规则的违背情况，如图 10.4-62 和图 10.4-63 所示。

QA · C++

| Files | Rule 0 | Rule 1 | Rule 2 | Rule 3 | Rule 4 | Rule 5 | Rule 6 | Rule 7 | Rule 8 | Rule 9 | Rule 99 | Total Violations |
|---|---|---|---|---|---|---|---|---|---|---|---|---|
| classes.cc | 0 | 0 | 0 | 0 | 0 | 10 | 0 | 0 | 0 | 0 | 0 | 10 |
| memoryLeak.cpp | 0 | 0 | 0 | 0 | 0 | 4 | 0 | 0 | 0 | 0 | 0 | 4 |
| Total Violations | 0 | 0 | 0 | 0 | 0 | 14 | 0 | 0 | 0 | 0 | 0 | 14 |

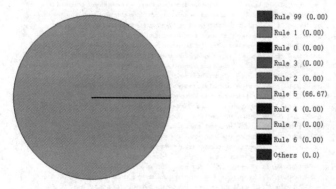

Share of total violations (per parent rule)

- Rule 99 (0.00)
- Rule 1 (0.00)
- Rule 0 (0.00)
- Rule 3 (0.00)
- Rule 2 (0.00)
- Rule 5 (66.67)
- Rule 4 (0.00)
- Rule 7 (0.00)
- Rule 6 (0.00)
- Others (0.0)

图 10.4-62　规则级诊断统计(QA · C++)

图 10.4-62 说明两个 C++文件都是仅违背了 C++语言的第 5 级的规则(Rule 5)，违背次数分别为 10 次和 4 次。

QA·C

| Files | Rule 0 | Rule 1 | Rule 2 | Rule 3 | Rule 4 | Rule 5 | Rule 6 | Rule 7 | Rule 8 | Rule 9 | Total Violations |
|---|---|---|---|---|---|---|---|---|---|---|---|
| mem-ptr.c | 0 | 0 | 0 | 1 | 0 | 0 | 0 | 0 | 0 | 0 | 1 |
| fib.c | 0 | 0 | 0 | 0 | 0 | 4 | 0 | 0 | 0 | 0 | 4 |
| sqrt.c | 0 | 0 | 0 | 1 | 0 | 1 | 0 | 0 | 0 | 0 | 2 |
| Total Violations | 0 | 0 | 0 | 2 | 0 | 5 | 0 | 0 | 0 | 0 | 7 |

Share of total violations (per parent rule)

Rule 1 (0.00)
Rule 0 (0.00)
Rule 3 (9.52)
Rule 2 (0.00)
Rule 5 (23.81)
Rule 4 (0.00)
Rule 7 (0.00)
Rule 6 (0.00)
Rule 9 (0.00)
Rule 8 (0.00)

图 10.4-63　规则级诊断统计(QA·C)

图 10.4-63 告诉我们三个 C 文件中，第一个文件违背了 C 语言的第 3 级规则(Rule 3) 1 次，第二个文件违背了第 5 级规则(Rule 5) 4 次，第三个文件则违背了第 3 级规则和第 5 级规则各 1 次。

如果参照 Rule Groups 视图(见图 10.4-64)，可以看出视图与 RCR 报告的内容是一致的。

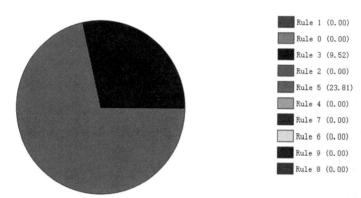

图 10.4-64　Rule Groups 视图诊断统计

3) Most Violated Rules(易违反规则统计)

该项用列表和饼图统计已发生的对 Rule Group(规则组)的违背情况，从中可以看出哪些规则在事件中容易被违反(见图 10.4-65)。我们也可参照 Rule Groups 页面来查看。

**QA · C**

| Files | Rule 3.6 | Rule 5.4 | Rule 5.5 | Rule 3.8 |
|-------|----------|----------|----------|----------|
| fib.c | 0 | 0 | 4 | 0 |
| mem-ptr.c | 0 | 0 | 0 | 1 |
| sqrt.c | 1 | 1 | 0 | 0 |

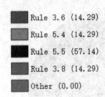

Share of total violations (most violated rules)

■ Rule 3.6 (14.29)
■ Rule 5.4 (14.29)
■ Rule 5.5 (57.14)
■ Rule 3.8 (14.29)
■ Other (0.00)

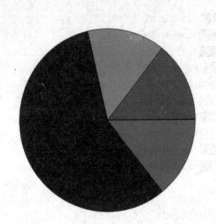

图 10.4-65　易违反规则统计(QA · C)

　　图 10.4-65 表明三个 C 文件分别违反了规则组 Rule 5.5、Rule 3.8、Rule 3.6 和 Rule 5.4,以及违背的次数和所占的百分比。图 10.4-66 则是两个 C++文件违背规则组的情况。

**QA · C++**

| Files | Rule 5.12 | Rule 5.13 |
|-------|-----------|-----------|
| classes.cc | 3 | 7 |
| memoryLeak.cpp | 0 | 4 |

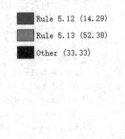

Share of total violations (most violated rules)

■ Rule 5.12 (14.29)
■ Rule 5.13 (52.38)
■ Other (33.33)

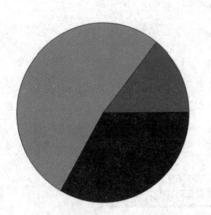

图 10.4-66　易违反规则统计(QA · C++)

4) File Status(文件状态)

该项列出每个文件对规则的遵守指数,如图 10.4-67 所示。

## File Status

Active Diagnostics refers to diagnostics that are not suppressed (note: no suppressed diagnostics have been

Analysis Status as of: 17 Jul, 2017 at 10:29:50

| Files | Active Diagnostics | Violated Rules | Violation Count | Compliance Index |
|---|---|---|---|---|
| fib.c | 9 | 1 | 4 | 98.39% |
| classes.cc | 10 | 2 | 10 | 96.77% |
| deref.c | 5 | 0 | 0 | 100.00% |
| wireshark.c | 4 | 0 | 0 | 100.00% |
| memoryLeak.cpp | 4 | 1 | 4 | 98.39% |
| sqrt.c | 5 | 2 | 2 | 96.77% |
| dovecot.c | 9 | 0 | 0 | 100.00% |
| mem-ptr.c | 3 | 1 | 1 | 98.39% |
| Total | 49 | | 21 | 98.75% |

图 10.4-67　文件状态

5) Analysis Settings(分析设置)

该项列出每个文件的分析配置，即 QAF 是采用了什么样的分析引擎或者规则模块对文件进行分析的。图 10.4-68 中使用的分析设置包括 m3cm 和 mcpp 规则模块(MISRA 标准)，以及 qac 和 qacpp 分析器。

## Analysis Settings

| Analyzed File | Settings 1 | Settings 2 | Settings 3 | Settings 4 |
|---|---|---|---|---|
| fib.c | fib.c.m3cm.via | fib.c.qac.via | None | None |
| classes.cc | classes.cc.mcpp.via | classes.cc.qacpp.via | None | None |
| deref.c | deref.c.i-qac-9.1.0.via | deref.c.m3cm.via | deref.c.qac.via | None |
| wireshark.c | wireshark.c.m3cm.via | wireshark.c.qac.via | None | None |
| memoryLeak.cpp | memoryLeak.cpp.mcpp.via | memoryLeak.cpp.qacpp.via | None | None |
| cma | None | None | None | None |
| sqrt.c | sqrt.c.m3cm.via | sqrt.c.qac.via | None | None |
| dovecot.c | dovecot.c.m3cm.via | dovecot.c.qac.via | None | None |
| mem-ptr.c | mem-ptr.c.m3cm.via | mem-ptr.c.qac.via | None | None |

图 10.4-68　分析设置

### 4. 抑制报告(suppression report)

该报告文件名称为"工程名字_SUR_DDMMYYYY_HHMMSS"，是一个带有日期和时间信息的 html 文件，保存在工程路径的"prqa\reports"目录下。

抑制报告列出被 suppress(抑制)的诊断信息，即哪些被人为隐藏起来的违反规则的信息(参见 10.5 节诊断的抑制)。

# 10.5　诊断的抑制

从上一节我们知道有四种 suppress(抑制)诊断的显示方式。"抑制"是 QAF 提供的一种机制，用于屏蔽某些认为是无关紧要的或者可以接受的诊断，从而让这些诊断消息在当前工程或文件中不再显示。

抑制的方法有四种：

(1) 打基线(baseline)。

(2) 加注释(comment)。

(3) 编译指令(pragma)。

(4) 在 QAV 中抑制。

其中，在 QAV 中抑制的方法，我们在此不讨论。

### 10.5.1　打基线(baseline)

通常在使用 QAF 的时候，项目或许已经在开发过程中，一些代码是遗留下来的，往往已经定型，难以按照 QAF 的诊断回头重新修改，那么此时可对遗留代码做一次分析，然后进行一次基线操作，将发现的违规消息"封存"起来，不再追究，以后的每次分析都将以此为基础进行。这有点类似于"双规制"，就是"老代码老标准，新代码新规范"，基线(baseline)就成为新老代码的分界线。

这种方法尤其适用于对遗留代码的处理。

打开工程属性，选择 Project→Open Project Properties，进入 General(通用)页面，勾选 Use Baseline Diagnostics Suppression(使用基线诊断抑制)，如图 10.5-1 所示。

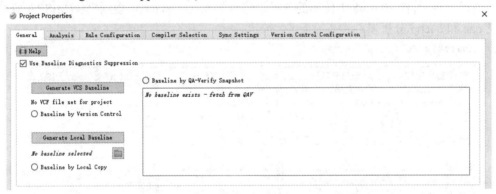

图 10.5-1　基线设置

基线可以通过 Version Control(版本控制)、QAV 快照和 Local Copy(本地拷贝)三种方式产生。这里我们选择产生本地的基线。

点击"Generate Local Baseline"按钮产生本地基线，点击"OK"，之后在原来标示"No Baseline Selected"的地方，基线文件的位置便自动出现了，即当前工程文件 prqaproject.xml 所在的目录(见图 10.5-2)。如果点开右侧的浏览按钮，我们会发现同时在此目录下生成了一个名为"files.sup"的文件，表明基线已经生成。

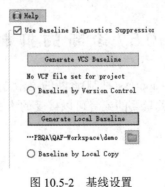

图 10.5-2　基线设置

　　基线生成之后，勾选"Baseline by Local Copy"，保存并退出工程属性界面。

　　此时，生成的基线并不会自动起作用，需要重新分析工程才能启用基线。现在我们重新分析一遍，进入菜单，选择 Analyze→File-Based Analysis→File-based Analysis of project，得到图 10.5-3 所示的视图。

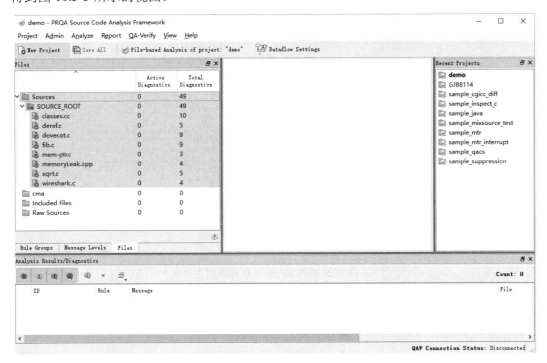

图 10.5-3　启用基线后分析

　　当基线启用后，可以看到在 Active Diagnostics(活跃诊断数)一列中数值均为 0，而 Total Diagnostics(总诊断数)一列的数值与之前保持一致，说明原本"活跃的"诊断被抑制掉了。同样地，当启用基线分析时，在分析结果输出视图中也没有任何显示。

　　需要指出的是，看不见只是有关消息被认为屏蔽掉了，并不是不存在。若想查看被基线抑制掉的诊断信息，可按图 10.5-4 所示操作。勾选"Show baseline suppressed diagnostics"(查看基线抑制的诊断)后，分析结果输出区中重新出现了诊断信息，但其颜色是紫色的，表明这是被"基线化"的诊断。

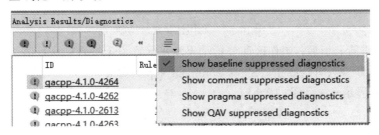

图 10.5-4　显示被基线抑制的诊断

　　打基线之后代码出错会怎样呢？修改文件 fib.c，添加如图 10.5-5 所示的一行，构造一个错误。

```
for (i = 1; i <= max; i++) {
  x[i] = x[i-1] + x[i-2]; //The last iteration, i == max, which is out of range, by 1.
  printf("%d\n", x[i]); //The last iteration, i == max, which is out of range, by 1.
}
x[max] = 0;
```

图 10.5-5　构造 2841 号诊断

重新分析文件，并取消"查看基线抑制的诊断"，我们可以看到新的诊断 2841 出现在新增加的代码处(见图 10.5-6)。

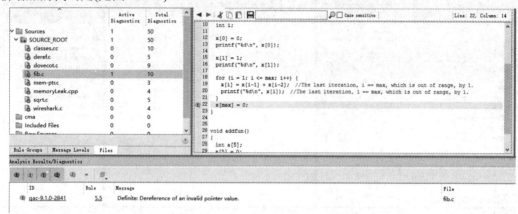

图 10.5-6　2841 号诊断重新出现

由此可见，虽然 2841 "封存"在了之前的基线集中，但是新的诊断不会被抑制。基线不是让相同的消息号在新版本代码中不再出现，而是类似于把之前版本代码的诊断做一个"归零化"的操作，基线前的"既往不咎"，基线后的"照样举报"。

### 10.5.2　加注释(comment)

QAF 允许在代码行中加入特定的注释，灵活地进行诊断消息的屏蔽或抑制。

如图 10.5-7 所示，在特定的代码行上添加注释 // PRQA S 2841，即在当前代码行上屏蔽对 2841 号消息的诊断。

```
for (i = 1; i <= max; i++) {
  x[i] = x[i-1] + x[i-2]; //The last iteration, i == max, which is out of range, by 1.
  printf("%d\n", x[i]); //The last iteration, i == max, which is out of range, by 1.
}
x[max] = 0; //PRQA S 2841
}
```

图 10.5-7　利用注释进行抑制

保存代码重新分析后，工作区和分析结果输出区都将无法看到这行语句上本来应该产生的 2841 号诊断。只有选择了"Show comment suppressed diagnostics"(查看注释抑制的诊断)之后才能显示出来(见图 10.5-8)。

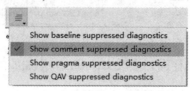

图 10.5-8　显示被注释抑制的诊断

这种通过添加注释达到抑制目的的方法比较简单，也很好理解。QAF 加注释的方法比较多样，不局限于在本行，也可以跨越 N 行，直到文件尾部，在特定的标号之间(事先施加了 QAF 识别的 Label)，甚至施加到头文件中。限于篇幅，此处不详述。

### 10.5.3　编译指令(pragma)

将编译指令 pragma 用于抑制诊断，是早期 PRQA 使用的方法，现在 QAF 都用注释替代了。

pragma 的指令格式为

```
#pragma PRQA_MESSAGES_OFF          //关闭 messages，即抑制开始
code line
...
code line
#pragma PRQA_MESSAGES_ON           //打开 messages，即抑制结束
```

上述代码的意思是从 OFF 到 ON 之间的代码屏蔽掉诊断消息。

比如，按图 10.5-9 所示修改代码，第 24 行的语句被两条#pragma 指令屏蔽了诊断。保存文件重新分析，便看不到第 24 行应该出现的诊断消息。

```
18   for (i = 1; i <= max; i++) {
19     x[i] = x[i-1] + x[i-2]; //The last iteration, i == max, which is out of range, by 1.
20     printf("%d\n", x[i]); //The last iteration, i == max, which is out of range, by 1.
21   }
22   x[max] = 0; //PRQA S 2841
23 #pragma PRQA_MESSAGES_OFF |
24   x[max] = 1;
25 #pragma PRQA_MESSAGES_ON
```

图 10.5-9　将#pragma 指令用于抑制诊断

此时，只有如图 10.5-10 所示勾选了"Show pragma suppressed diagnostics"(查看 pragma 印制的诊断)之后，才能显示被抑制的消息(见图 10.5-11)。

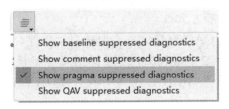

图 10.5-10　查看被 pragma 指令抑制的诊断

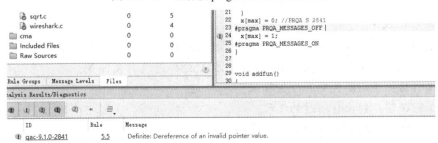

图 10.5-11　显示被 pragma 指令抑制的诊断

## 10.5.4　关于抑制报告

对诊断施加抑制也会体现在 Suppressions Report(抑制报告)中，如图 10.5-12 所示。

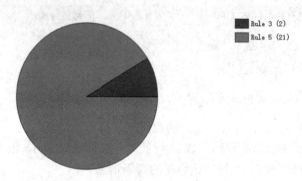

### 4 Suppressions by Group

| File | Rule 3 | Rule 5 | Total |
|------|--------|--------|-------|
| classes.cc | 0 | 10 | 10 |
| fib.c | 0 | 6 | 6 |
| mem-ptr.c | 1 | 0 | 1 |
| memoryLeak.cpp | 0 | 4 | 4 |
| sqrt.c | 1 | 1 | 2 |
| Total | 2 | 21 | 23 |

### 4.1 Most Suppressed Groups

Rule 3 (2)
Rule 5 (21)

图 10.5-12　抑制报告

# 本 章 小 结

### 1. QAF 基础知识

QAF 即 QA Framework，是一款商用软件静态测试工具，它能依据各种编程规范(包括 MISRA 标准)对源代码进行自动化检查，找出其违规之处，从而帮助用户剔除可能的缺陷和错误，提高软件的安全性和可靠性。

(1) QAF 的核心引擎是 QAC 和 QAC++，分别用于分析 C 和 C++代码。此外还有各种规则兼容性模块(如 MISRA C2 和 MISRA C3 等)和专项分析模块。

(2) QAF 有图形化用户界面(GUI)、命令行操作接口(CLI)以及作为微软 VS 和 Eclipse 插件等多种使用方式。

(3) QAF 采用浮动 license 形式，服务器端使用 reprise 来管理 license。

### 2. QAF 的使用

(1) QAF 采用大多数 IDE 所采用的 project 的方式，其 GUI 界面有四个视图区：

① 选择视图：按不同方式查看当前工程的规则、消息、文件等；

② 工作区：显示源代码和分析标注；

③ 工程视图：列出分析过的工程；

④ 分析结果输出区：显示分析结果和诊断输出。

(2) QAF 基本使用步骤：

① 建立工程；

② 设置工程属性；

③ 构建工程；

④ 分析工程；

⑤ 查看分析结果；

⑥ 输出分析报告。

(3) 消息抑制方法：

① 打基线；

② 加注释；

③ #pragma 指令。

# 练 习 题

1. 对照 MISRA C2 标准审查以下代码，找出所有的违规之处。

```c
#define NULL            (0)
#define TOOL_UP         (0)
#define FAILSAFE        (-1)
#define COMMS_UP         (2)


typedef enum eSTART      {COMMS, DATABASE, INTERFACE}    START;


extern   char*    malloc(unsigned long size);
extern   void     audit(char *fmt, ...);
extern   unsigned long    openDb(void);
extern   unsigned long    initDb(void);
extern   char*            getAppName(void);
extern   char*            errLookup(START tool, unsigned long errval);
extern   unsigned int     getUpper(unsigned int);
extern   long             getLower(int);
extern unsigned long err;


static    void DBstartup(void) {
    err = openDb();
    if (!err) err=initDb();
}


unsigned long sysStartup(START tool)
{
    unsigned long    err = FAILSAFE;
```

```
float           phase;
static char*    msg;
switch (tool) {
    case    COMMS:
        for (; phase<COMMS_UP; phase++);
        if (phase==0) msg = (char*)malloc( sizeof(getAppName()) );
        else if (msg != NULL) audit("%s: starting comms...", msg);
        err = TOOL_UP;
    case    DATABASE:
        audit("%s: starting database...", msg);
        DBstartup();
        if (err !=TOOL_UP) goto handleError;
        break;
}


if (err < TOOL_UP)
{
    int*    errCode = (int*)errLookup(tool, -err);
    int     E_Major = getUpper( *errCode);
    int     E_Minor = getLower( *errCode);


  handleError:
    audit("failed (ERR=%d:%d).\n", E_Major, E_Minor);
}
else
    audit("started.\n");


return (err);
}
```

2. 使用 QAF 软件对第 1 题的代码进行检测。

# 附　　录

## 附录 1　MISRA C:2004 规则一览

说明：Ⓐ代表 Advisor(建议)，无标记代表 Required(必需)。

### 1. 环境

1.1　　　所有代码都必须遵守 ISO 9899:1990 标准(即 C90 标准)，包括 ISO/IEC 9899/COR1.1995、ISO/IEC 9899/AMDI.1995 以及 ISO/IEC 9899/COR:1996 所作的修订也应一并遵守。

1.2　　　不得有对未定义或未限定行为的依赖。

1.3　　　多编译器或编程语言只能在它们生成的目标代码具有共同接口定义的情况下使用。

1.4　　　应该检查编译器/链接器，确保其支持 31 个有效字符且大小写敏感的外部标识符。

1.5Ⓐ　　浮点实现要遵循一个已定义好的浮点标准。

### 2. 语言扩展

2.1　　　汇编语言程序应该被封装并隔离。

2.2　　　源代码只能用 /* … */ 形式的注释。

2.3　　　字符串" /*"不应出现在注释中。

2.4Ⓐ　　代码段不应被"注释"掉。

### 3. 文档

3.1　　　对实现定义行为的使用应有文档说明。

3.2　　　字符集及相应编码应有文档说明。

3.3Ⓐ　　应确认并认真考虑所选编译器对整型除法的实现，要有文档说明。

3.4　　　所有 #pragma 指令的使用应该文档化并给出良好说明。

3.5　　　若使用了位域，其实现定义的行为和位域的结构体应有文档说明。

3.6　　　产品代码中用到的所有程序库都应遵从本规范的规定，并且要经过适当的验证。

### 4. 字符集

4.1　　　只有符合 ISO C 标准的转义字符序列才可以使用。

4.2　　　不要使用三字符词(trigraphs)。

### 5. 标识符

5.1    标识符(内部的和外部的)的有效字符数不要多于 31 个。

5.2    内部标识符不应与外部标识符同名，这会对外部标识符造成屏蔽。

5.3    typedef 定义的标识符必须是唯一的。

5.4    标签标识符必须是唯一的。

5.5Ⓐ    具有静态存储期的对象或函数，其标识符不能复用。

5.6Ⓐ    不同名字空间的标识符的拼写不应相同，结构体和联合体的成员名除外。

5.7Ⓐ    标识符名称不能重用。

### 6. 类型

6.1    单纯的 char 类型只能用作字符值的存储和使用。

6.2    signed char 和 unsigned char 类型只可用于数字值的存储和使用。

6.3Ⓐ    应当用指示了长度和符号的 typedef 定义代替标准数据类型。

6.4    位域只能被定义为有符号整型(signed int)或无符号整型(unsigned int)。

6.5    有符号整型(signed int)的位域长度至少为 2bit。

### 7. 常量

7.1    不要使用八进制常量(零除外)和八进制转义字符。

### 8. 声明和定义

8.1    函数应当具有原型声明，且原型在函数的定义和调用范围内都是可见的。

8.2    无论何时，在声明或定义一个对象或函数时，其类型应该显式说明。

8.3    函数声明中的参数类型及返回值类型应该和函数定义中的等同。

8.4    如果对象或函数被声明多次，它们的类型必须兼容。

8.5    头文件中不得有对象或函数的定义。

8.6    函数必须在文件范围内声明。

8.7    如果对象的访问只是发生在单一函数内，那么该对象就应在函数块范围内定义。

8.8    外部对象或函数应该声明在唯一的文件中。

8.9    具有外部链接的标识符必须有一个唯一的外部定义。

8.10    除非需要外部链接，否则文件范围内的对象或函数的所有声明和定义都应具有内部链接。

8.11    具有内部链接的对象和函数，其定义和声明中应使用静态存储类型说明符(static)。

8.12    具有外部链接的数组，其大小应显式声明或在初始化中隐式定义。

### 9. 初始化

9.1    所有自动变量在使用之前都要赋值。

9.2    应该使用大括号指示和匹配数组和结构体的非零初始化构造。

9.3    除非对所有枚举元素都显式初始化，否则"="不能用于除首元素之外的枚举元素的初始化。

### 10. 数值类型转换

10.1　在下列情况下，整型表达式的值不得隐式转换为不同的底层类型(underlying type)：

(a) 不是向更宽的符号属性相同的整型转换。

(b) 表达式是复杂表达式。

(c) 表达式是非常量的函数参数。

(d) 表达式是非常量的函数返回表达式。

10.2　在下列情况下，浮点型表达式的值不得隐式转换为不同的类型：

(a) 不是向更宽的浮点类型转换。

(b) 表达式是复杂表达式。

(c) 表达式是函数参数。

(d) 表达式是函数返回表达式。

10.3　整型复杂表达式的值只能显式转换为更窄的与其底层类型符号属性相同的类型。

10.4　浮点型复杂表达式的值只能显式转换为更窄的浮点类型。

10.5　如果位操作符(取反 和 移位)应用于 unsigned char 或 unsigned short 类型的操作数，(每个操作符的)结果应该立即显式转换为相应操作数的底层类型。

10.6　后缀"U"应该用在所有无符号(unsigned)类型的常量上。

### 11. 指针类型转换

11.1　不得在函数指针与任何非整型类型之间进行转换。

11.2　对象指针与除整型、另一对象指针或 void 指针之外的其他类型之间不得转换。

11.3Ⓐ　不应在指针类型和整型之间进行强制转换。

11.4Ⓐ　不应在不同类型的对象指针之间进行强制转换。

11.5　不允许去除 const 或 volatile 限定符的指针转换。

### 12. 表达式

12.1Ⓐ　不要过分依赖 C 表达式中的运算符优先规则。

12.2　表达式的值必须在标准所允许的任何求值运算次序下保持一致。

12.3　不允许将 sizeof 运算符作用于有副作用的表达式上。

12.4　逻辑运算符&& 和 || 的右操作数不允许包含副作用。

12.5　逻辑运算(&&和||)的操作数应该是初等表达式。

12.6Ⓐ　逻辑操作符 (&&, ||和 !)的操作数必须为有效的布尔型。布尔型表达式不允许用于逻辑运算以外的操作。

12.7　位运算符不能用在底层类型是有符号的操作数上。

12.8　移位操作的右操作数必须介于 0 和 左操作数位宽−1 之间。

12.9　一元"负"运算符不能用在底层类型为无符号数的表达式上。

12.10　不要使用逗号作为运算符。

12.11Ⓐ　无符号整型常量表达式的计算不应产生环回(wrap-around)。

12.12　不要使用浮点数的底层位表示法。

12.13Ⓐ　在一个表达式中，自增(++)和自减(−−)运算符不应同其他运算符混合使用。

## 13. 控制语句表达式

13.1　赋值运算符不能用在产生布尔值的表达式上。

13.2Ⓐ　测试一个操作数是否为 0 应该是显示的，除非该操作数是有效的布尔型。

13.3　浮点表达式不能用来测试相等或不等。

13.4　for 语句的控制表达式中不应包含任何浮点类型的对象。

13.5　for 语句的三个表达式只应该关注循环控制。

13.6　for 循环中用于循环计数的变量不得在循环体中修改。

13.7　不允许进行结果始终不变的布尔操作。

## 14. 控制流

14.1　不允许有不可到达的(unreachable)代码。

14.2　所有非空语句(non-null statement)应该：

(a) 无论如何至少有一个副作用(side-effect)发生。

(b) 导致控制流的改变。

14.3　预处理前，空语句只能单独占据一行，可以在其后间隔一个空格添加注释。

14.4　不要使用 goto 语句。

14.5　不要使用 continue 语句。

14.6　对任何迭代语句，最多只能有一条 break 语句用于循环的结束。

14.7　函数在其结尾处应该有单一的退出点。

14.8　构成 switch、while、do- while 或 for 语句的主体必须是复合语句。

14.9　if(表达式)结构后面必须是一个复合语句，else 后面必须是一个复合语句或者另一个 if 语句。

14.10　所有的 if - else if 结构应该以 else 子句结束。

## 15. switch 语句

15.1　switch 标号只能用在最近外层的复合语句是 switch 语句主体的时候。

15.2　所有非空的 switch 子句都应该无条件地以 break 语句结束。

15.3　switch 语句的最后一个子句必须是 default 子句。

15.4　switch 表达式不应是有效的布尔值。

15.5　每个 switch 语句至少应有一个 case 子句。

## 16. 函数

16.1　函数定义不得带有可变数量的参数。

16.2　函数不能调用自身，不管是直接还是间接。

16.3　在函数的原型声明中，所有的参数都应该给出标识符。

16.4　函数的声明和定义中使用的标识符应该一致。

16.5　无参数函数应将参数类型定义为 void。

16.6　传递给函数的参数个数必须与函数的参数个数一致。

16.7Ⓐ　如果函数的指针参数不是用于修改它所指向的对象，则该指针参数应声明为指向常量的指针。

16.8　非 void 返回类型的函数，其所有退出路径都应具有显式的带表达式的返回语句。

16.9　函数标识符的使用只能是或者加前缀&，或者使用括起来的参数列表，参数列表可以为空。

16.10　如果函数返回了错误信息，那么该错误信息应该被测试。

## 17. 指针和数组

17.1　只有指向数组或数组元素的指针才适用指针算术运算。

17.2　只有指向同一数组中元素的指针才适用指针减法。

17.3　只有指向同一数组的指针才适用指针比较运算(>、>=、<、<=)。

17.4　数组索引应当是指针数学运算唯一可行的方式。

17.5Ⓐ　对象声明所包含的指针间接不得多于 2 级。

17.6　自动对象的地址不应赋给另一个在该对象消失后仍然存在的对象。

## 18. 结构体与联合体

18.1　所有结构体与联合体的类型应该在翻译单元的末尾是完整的。

18.2　对象不应赋值给一个重叠的对象。

18.3　不能为了不相关的目的重用一块内存区域。

18.4　不要使用联合体。

## 19. 预处理指令

19.1Ⓐ　文件中的#include 指令之前只能是其他预处理指令或注释。

19.2Ⓐ　#include 指令中的头文件名字里不能出现非标准字符。

19.3　#include 指令后应是 <filename> 或 "filename" 格式的文件名。

19.4　C 的宏只能扩展为用大括号括起来的初始化、常量、小括号括起来的表达式、类型限定符、存储类标识符或 do-while-zero 结构。

19.5　不能在块范围内对宏进行定义(#define)或取消定义(#undef)。

19.6　不要使用 #undef(取消宏定义)指令。

19.7Ⓐ　应优先使用函数，而非函数形式的宏定义(function-like macro)。

19.8　函数宏不可以在参数不全的情况下调用。

19.9　函数宏的参数不应包含像预处理指令那样的词汇。

19.10　在定义函数宏时，每个参数实例都应该以小括号括起来，除非参数用作#或##的操作数

19.11　预处理指令中所有宏标识符在使用前都应先定义，但#ifdef 和#ifndef 指令及 defined()操作符处理的标识符除外。

19.12　在单个的宏定义中，最多出现一次#或##操作符。

19.13Ⓐ　不要使用#或##预处理器操作符。

19.14　defined 预处理操作符只能使用两个标准格式中的一种。

19.15　应该采取防范措施，避免一个头文件被包含两次。

19.16　预处理指令在句法上应该是有意义的，即便被预处理器排除在外。

19.17 所有的 #else、#elif 和#endif 预处理指令应该和与之相关的# if 或# ifdef 指令放在同一文件内。

## 20. 标准库

20.1 标准库中保留的标识符、宏和函数不能被定义、重定义或取消定义。

20.2 标准库中的宏、对象和函数的名称不能被重用。

20.3 传递给库函数的值必须检查其有效性。

20.4 不要使用动态内存分配。

20.5 不要使用错误指示 errno。

20.6 不要使用库<stddef.h>中的宏 offsetof。

20.7 不要使用 setjmp 宏和 longjmp 函数。

20.8 不要使用信号处理工具<signal.h>。

20.9 在产品代码中不应使用输入/输出库<stdio.h>。

20.10 不要使用库<stdlib.h>中的函数 atof、atoi 和 atol。

20.11 不要使用库<stdlib.h>中的函数 abort、exit、getenv 和 system。

20.12 不要使用库<time.h>中的时间处理函数。

## 21. 运行时故障

21.1 至少使用了下列方法之一，以确保最大限度地减少运行时故障：

(a) 静态分析工具/技术。

(b) 动态分析工具/技术。

(c) 显式的代码检测以处理运行时错误。

# 附录2　MISRA C:2012 规则一览

说明：

(1) 编号栏：D 代表指令(directive)，R 代表规则(rule)。

(2) 适用栏：指令和规则适用的 C 语言标准，仅有 C90、仅 C99 和 C90&C99(空白)三种情况。

(3) 备注栏：与 MISRA C:2004 相同的规则(*代表部分相同或相似)。

(4) 编号后缀：无表示必需(required)，Ⓐ表示建议(advisor)，Ⓜ表示强制(mandatory)，△表示不可判定(undecidable)。

| 编号 | 说　　明 | 适用 | 备注 |
|---|---|---|---|
| 指令(directives) | | | |
| 1. 实现(the implementation) | | | |
| D 1.1 | 编程中任何依赖于具体实现定义行为的输出都要被记录和理解 | | R3.1 |
| 2. 编译与构建(compilation and build) | | | |
| D 2.1 | 所有的源文件不应该有任何编译错误 | | R1.1* |
| 3. 需求可追溯(requirements traceable) | | | |
| D 3.1 | 所有的代码都应该可追溯到需求文档 | | |
| 4. 代码设计(code design) | | | |
| D 4.1 | 运行时故障应该最小化 | | R21.1* |
| D 4.2Ⓐ | 所有对汇编语言的使用都必须文档化 | | |
| D 4.3 | 汇编语言程序应该被封装并隔离 | | R2.1 |
| D 4.4Ⓐ | 代码段不应被"注释"掉 | | R2.4 |
| D 4.5Ⓐ | 相同命名空间具有相似性的标识符，应该在印刷上是清晰可辨的 | | |
| D 4.6Ⓐ | 应该使用 typedef 定义指示了大小和符号的标识符代替标准数据类型 | | R6.3 |
| D 4.7 | 如果函数返回了错误信息，那么该错误信息应该被测试 | | R16.10 |
| D 4.8Ⓐ | 如果指向结构体或联合体对象的指针在一个编译单元从未被取内容(dereference)，那么该对象的实现细节应该隐藏起来 | | |
| D 4.9Ⓐ | 在函数和类函数宏(function-like macro)可以互换时，应优先使用函数 | | R19.7 |
| D 4.10 | 应该采取预防措施，以防止头文件的内容被包含超过一次 | | R19.15 |
| D 4.11 | 传递给库函数的值应该检查其有效性 | | R20.3 |
| D 4.12 | 不要使用动态内存分配 | | R20.4 |
| D 4.13Ⓐ | 对资源进行操作的函数应该以恰当的顺序被调用 | | |

| 编号 | 说　　明 | 适用 | 备注 |
|---|---|---|---|
| 规则(rules) | | | |
| 1. 标准 C 环境(a standard c environment) | | | |
| R 1.1△ | 程序不应包含任何违反标准 C 语法和约束的内容,也不应超过实现的转换限制 | | R1.1* |
| R 1.2△ | 不要使用语言扩展 | | |
| R 1.3 | 不应出现未定义行为或关键的未指定行为 | | R1.2 |
| 2. 未使用的代码(unused code) | | | |
| R 2.1△ | 项目不应包含不可达代码 | | R14.1 |
| R 2.2△ | 不要有死代码 | | R14.2* |
| R 2.3Ⓐ | 项目不应包含未使用的类型(type)声明 | | |
| R 2.4Ⓐ | 项目不应包含未使用的标签(tag)声明 | | |
| R 2.5Ⓐ | 项目不应包含未使用的宏(macro)声明 | | |
| R 2.6Ⓐ | 函数不要含有未使用的标号(label) | | |
| R 2.7Ⓐ | 函数不要含有未使用的形参(parameter) | | |
| 3. 注释(comments) | | | |
| R 3.1 | 字符串" /*"和"//"不应出现在注释内容中 | | R2.3* |
| R 3.2 | 在 // 注释中不应使用行拼接符(\) | C99 | |
| 4. 字符集和词法约定(character sets and lexical conventions) | | | |
| R 4.1 | 八进制和十六进制转义系列应该被终结(以另一个转义系列或字符常量结束) | | |
| R 4.2Ⓐ | 不要使用三字符词(Trigraphs) | | R4.2 |
| 5. 标识符(identifiers) | | | |
| R 5.1 | 外部标识符应该清晰可辨 | | |
| R 5.2 | 在相同作用域和名字空间内声明的标识符应该清晰可辨 | | |
| R 5.3 | 声明在内部作用域的标识符不应屏蔽外部作用域的标识符 | | R5.2 |
| R 5.4 | 宏定义标识符应该清晰可辨 | | |
| R 5.5 | 标识符应该明确区分于宏定义名 | | |
| R 5.6 | typedef 定义的标识符必须是唯一的 | | R5.3 |
| R 5.7 | 标签标识符必须是唯一的 | | R5.4 |
| R 5.8 | 具有外部链接的对象或函数的标识符必须是唯一的 | | R5.5* |
| R 5.9Ⓐ | 具有内部链接的对象或函数的标识符必须是唯一的 | | R5.5* |
| 6. 类型(types) | | | |
| R 6.1 | 位域只能以合适的类型来声明 | | R6.4* |
| R 6.2 | 命名为位域的单个比特不应是有符号类型 | | R6.5 |

| 编号 | 说　　明 | 适用 | 备注 |
|---|---|---|---|
| 规则(rules) | | | |
| 7. 字面量与常量(literals and constants) | | | |
| R 7.1 | 不得使用八进制常量 | | R7.1* |
| R 7.2 | 后缀"u"或"U"应该用在所有无符号(unsigned)整型常量中 | | R10.6 |
| R 7.3 | 小写字母"1"不应用作字面量的后缀 | | |
| R 7.4 | 除了"指向常量字符的指针(pointer to const-qualified char)"外,字符串字面量不应赋值给任何对象 | | |
| 8. 声明和定义(declaration and definition) | | | |
| R 8.1 | 所有的类型(types)都应该显式声明 | C90 | R8.2 |
| R 8.2 | 函数类型应该是命名了形参的原型形式 | | R8.1* |
| R 8.3 | 一个对象或函数的所有声明必须采用相同的名称和类型限定符 | | R16.4* |
| R 8.4 | 当一个对象或函数定义了外部链接,可以使用兼容声明 | | |
| R 8.5 | 外部对象或函数须在一个唯一的文件中声明一次 | | R8.8 |
| R 8.6 | 具有外部链接的标识符须有一个准确的外部定义 | | R8.9 |
| R 8.7Ⓐ | 对象或函数如果仅在一个编译单元引用,就不要定义外部链接 | | R8.10* |
| R 8.8 | 静态存储类型说明符(static)应该用于所有具有内部链接的对象和函数的声明 | | R8.11 |
| R 8.9Ⓐ | 如果一个对象只是出现在单一函数中,那么该对象应该定义为块作用域 | | R8.7 |
| R 8.10 | 内联函数(inline function)应该声明为具有静态存储类 | C99 | |
| R 8.11Ⓐ | 声明具有外部链接的数组时,其大小应显式说明 | | R8.12* |
| R 8.12 | 枚举列表中,显式说明的枚举常量的值必须是唯一的 | | |
| R 8.13ⒶΔ | 指针应当尽可能指向 const 说明的类型 | | |
| R 8.14 | 不要使用限制类型说明符(restrict) | C99 | |
| 9. 初始化(initialization) | | | |
| R 9.1ⓂΔ | 自动存储对象的值在设定之前不可以读出 | | R9.1 |
| R 9.2 | 构造体或联合体的初始化必须包含在大括号中 | | R9.2* |
| R 9.3 | 数组不可以部分初始化 | | |
| R 9.4 | 一个对象的元素初始化不要多于一次 | C99 | |
| R 9.5 | 指定初始化(designated initializer)用于数组对象时,数组的大小应显式说明 | C99 | |
| 10. 基本类型模型(the essential type model) | | | |
| R 10.1 | 操作数不得具有不合适的基本类型(essential type) | | |
| R 10.2 | 基本字符型表达式不得用作不合适的加法和减法操作 | | R6.1 |

| 编号 | 说　明 | 适用 | 备注 |
|---|---|---|---|
| 规则(rules) | | | |
| R 10.3 | 表达式的值不应赋给更窄基本类型的对象或者不同基本类型种类的对象 | | R10.1*至 R10.4* |
| R 10.4 | 操作符的两个操作数需要做通用算术转换，这两个操作数应该具有相同的基本类型种类 | | |
| R 10.5Ⓐ | 表达式的值不应转换为不适当的基本类型 | | |
| R 10.6 | 复合表达式(composite expression)的值不应赋值给更宽基本类型的对象 | | |
| R 10.7 | 如果复合表达式用作操作符的一个操作数，需要做算术转换，那么另一个操作数不可以是更宽的基本类型 | | |
| R 10.8 | 复合表达式的值不要转换为不同基本类型种类或更宽的基本类型 | | |
| 11. 指针类型转换(pointer type conventions) | | | |
| R 11.1 | 指向函数的指针与任何其他类型之间不可转换 | | R11.1 |
| R 11.2 | 指向不完整类型的指针与任何其他类型之间不可转换 | | |
| R 11.3 | 指向不同种类对象的指针之间不可转换 | | R11.4 |
| R 11.4Ⓐ | 指针类型和整型之间不应转换 | | R11.3 |
| R 11.5Ⓐ | 指向 void 的指针不可转换为指向对象的指针 | | |
| R 11.6 | void 指针与算术类型之间不可转换 | | |
| R 11.7 | 对象指针与非整型算术类型之间不可转换 | | R11.2 |
| R 11.8 | 不允许去除 const 或 volatile 限定符的指针转换 | | R11.5 |
| R 11.9 | 宏定义 NULL 是唯一许可的整型空指针常量(null pointer constant)形式 | | |
| 12. 表达式(expressions) | | | |
| R 12.1Ⓐ | 表达式中操作符的优先权应该明确 | | R12.1* |
| R 12.2△ | 移位操作的右操作数必须介于 0 和左操作数基本类型位宽少 1 之间 | | R12.8 |
| R 12.3Ⓐ | 不要使用逗号运算符 | | R12.10 |
| R 12.4Ⓐ | 常量表达式的计值不应发生无符号整型环回(wrap-around) | | R12.11 |
| 13. 副作用(side effects) | | | |
| R 13.1△ | 初始化列表中不应包含持续副作用(persistent side effects) | C99 | |
| R 13.2△ | 表达式的值及其持续副作用应该在所有允许的运算次序下保持一致 | | R12.2 |
| R 13.3Ⓐ | 包含自增(++)或自减(--)运算符的表达式，除了自增或自减运算外应该没有其他潜在的副作用 | | R12.13 |
| R 13.4Ⓐ | 不要使用赋值运算符的结果 | | R13.1* |
| R 13.5△ | 逻辑运算符&& 和 || 的右操作数不允许包含持续副作用 | | R12.4 |

| 编号 | 说　　明 | 适用 | 备注 |
|---|---|---|---|
| 规则(rules) | | | |
| R 13.6Ⓜ | sizeof 运算符的操作数不应包含任何具有潜在副作用的表达式 | | R12.3* |
| 14. 控制语句表达式(control statement expressions) | | | |
| R 14.1△ | 循环计数器不可以是基本浮点类型 | | R13.4 |
| R 14.2△ | for 循环应该是结构良好的 | | R13.5* |
| R 14.3△ | 控制表达式的值不应是恒定的 | | R13.7* |
| R 14.4 | if 语句和迭代语句的控制表达式应该是基本布尔类型 | | |
| 15. 控制流(control flow) | | | |
| R 15.1Ⓐ | 不要使用 goto 语句 | | R14.4 |
| R 15.2 | goto 语句应该跳转到同一函数在其后声明的标号上 | | |
| R 15.3 | 任何由 goto 语句引用的标号应该声明在 goto 语句相同的块内，或任何包含 goto 语句的块内 | | |
| R 15.4Ⓐ | 最多只能有一条 break 或 goto 语句用于终结任何迭代语句 | | R14.6* |
| R 15.5Ⓐ | 函数在其结尾处应该有单一的退出点 | | R14.7 |
| R 15.6 | 迭代语句和选择语句的主体必须是复合语句 | | R14.8 |
| R 15.7 | 所有的 if - else if 结构应该以 else 子句结束 | | R14.10 |
| 16. switch 语句(switch statements) | | | |
| R 16.1 | 所有的 switch 语句应该是结构良好的 | | |
| R 16.2 | switch 标号只能用在最近外层的复合语句是 switch 语句主体的时候 | | R15.1 |
| R 16.3 | 所有 switch 子句都应该无条件地以 break 语句结束 | | R15.2 |
| R 16.4 | 每个 switch 语句都要有一个 default 子句 | | R15.3* |
| R 16.5 | default 标号应该是 switch 语句的第一个或最后一个子句的标号 | | R15.3* |
| R 16.6 | 每个 switch 语句至少有两个 switch 子句 | | R15.5* |
| R 16.7 | switch 表达式不应具有布尔类型 | | R15.4 |
| 17. 函数(functions) | | | |
| R 17.1 | 不要使用<stdarg.h>库的特性 | | R16.1 |
| R 17.2△ | 函数不能调用自身，不管是直接还是间接 | | R16.2 |
| R 17.3Ⓜ | 函数不可以隐式声明 | C90 | R8.2* |
| R 17.4Ⓜ | 非 void 返回类型的函数，其所有退出路径都应具有显式的带表达式的返回语句 | | R16.8 |
| R 17.5Ⓐ△ | 函数形参声明为数组类型时，其对应的实参须有合适的元素数量 | | |
| R 17.6Ⓜ | 声明数组形参时，[ ]中不应有 static 关键词 | C99 | |

续表五

| 编号 | 说　　明 | 适用 | 备注 |
|---|---|---|---|
| 规则(rules) | | | |
| R 17.7 | 非 void 返回类型的函数，其返回值应该被使用 | | |
| R 17.8Ⓐ△ | 函数的形参不可以被修改 | | |
| 18. 指针和数组(pointers and arrays) | | | |
| R 18.1△ | 数组指针经算术运算后，应该仍指向同一数组中的元素 | | R17.1* |
| R 18.2△ | 只有指向同一数组中元素的指针才适用指针减法 | | R17.2 |
| R 18.3△ | 关系运算符(>、>=、<、<=)不可用于对象指针运算，除非它们指向同一对象 | | R17.3* |
| R 18.4Ⓐ | +、–、+=和–=操作符不可用于指针类型的表达式 | | |
| R 18.5Ⓐ | 指针声明中，指针嵌套最多不超过 2 级 | | R17.5 |
| R 18.6△ | 自动存储对象的地址不应复制给另一个在该对象消失后仍然存在的对象 | | R17.6 |
| R 18.7 | 不得声明柔性数组(作为构造体)成员 | C99 | |
| R 18.8 | 不得使用长度可变的数组类型 | C99 | |
| 19. 重叠存储(overlapping storage) | | | |
| R 19.1Ⓜ△ | 一个对象不应赋值或复制给一个重叠对象(overlapping object) | | R18.2 |
| R 19.2Ⓐ | 不要使用 union 关键词 | | R18.4 |
| 20. 预处理指令(preprocessing directives) | | | |
| R 20.1Ⓐ | #include 指令之前只能是其他预处理指令或注释 | | R19.1 |
| R 20.2 | 单引号、双引号、反斜杠( ' 、" 、\)以及/*、//字符系列不应出现在头文件名称中 | | R19.2* |
| R 20.3 | #include 指令后跟着的须是 <filename>或 "filename"之一 | | R19.3 |
| R 20.4 | 宏定义不可以与关键词同名 | | |
| R 20.5Ⓐ | 不要使用 #undef | | R19.6 |
| R 20.6 | 宏参数中不应包含像预处理指令那样的词汇 | | R19.9 |
| R 20.7 | 由于宏参数展开而来的表达式应该包含在圆括号中 | | R19.10* |
| R 20.8 | #if 或 #elif 预处理指令控制表达式的计算值应该是 0 或 1 | | |
| R 20.9 | 所有用于#if 或 #elif 预处理指令控制表达式的标识符都要在计值前被"定义(#define)"过了 | | R19.11* |
| R 20.10Ⓐ | 不要使用 # 或 ## 预处理器操作符 | | R19.13 |
| R 20.11 | 紧跟在 # 操作符后面的宏参数，不可以再紧跟一个 ## 操作符 | | R19.12* |
| R 20.12 | 宏参数用作 # 或 ## 操作符的操作数，如果其自身会被进一步宏替换，应该只用作 # 或 ## 的操作数 | | |
| R 20.13 | 以 # 打头的一行应该是一条有效的预处理指令 | | |

| 编号 | 说　　明 | 适用 | 备注 |
|---|---|---|---|
| 规则(rules) | | | |
| R 20.14 | 所有的#else、#elif 和#endif 预处理指令应该和与之相关的#if、#ifdef 或 #ifndef 指令放在同一文件内 | | R19.17 |
| 21. 标准库(standard libraries) | | | |
| R 21.1 | #define 和 #undef 不可用于保留的标识符或宏名称 | | R20.1* |
| R 21.2 | 保留的标识符或宏名称不可以被声明 | | R20.2* |
| R 21.3 | 不要使用<stdlib.h>中的内存分配和去分配函数 | | R20.4 |
| R 21.4 | 不要使用标准头文件<setjmp.h> | | R20.7* |
| R 21.5 | 不要使用标准头文件<signal.h> | | R20.8 |
| R 21.6 | 不要使用标准库输入/输出函数 | | R20.9* |
| R 21.7 | 不要使用<stdlib.h>中的函数 atof、atoi、atol 和 atoll | | R20.10* |
| R 21.8 | 不要使用<stdlib.h>中的库函数 abort、exit、getenv 和 system | | R20.11 |
| R 21.9 | 不要使用<stdlib.h>中的库函数 bsearch 和 sqort | | |
| R 21.10 | 不要使用标准库时间和日期函数 | | R20.12 |
| R 21.11 | 不要使用标准头文件<tgmath.h> | C99 | |
| R 21.12Ⓐ | 不要使用<fenv.h>中的异常处理特性 | C99 | |
| 22. 资源(resources) | | | |
| R 22.1△ | 所有通过标准库函数动态获取的资源都应该明确地释放(released) | | |
| R 22.2Ⓜ△ | 只有那些用标准库函数分配的内存块才应该被释放(freed) | | |
| R 22.3△ | 不可以同时以不同文件流打开同一个文件进行读写访问 | | |
| R 22.4Ⓜ△ | 不要试图向以只读方式打开的文件流写入 | | |
| R 22.5Ⓜ△ | 指向 FILE 对象的指针不可以"取内容(dereference)" | | |
| R 22.6Ⓜ△ | 指向 FILE 的指针的值不可以在相关文件流关闭后再使用 | | |

# 参 考 文 献

[1]  The Motor Industry Research Association. MISRA C:2004-Guidelines for the use of the C language in critical systems, 2004. https://www. misra. org. uk/product/misra-c2004.

[2]  The Motor Industry Research Association.MISRA C:1998-Guidelines for the Use of the C Language In Vehicle Based Software, 1998. https://www.misra.org.uk/product/misra-c1998/

[3]  GAVIN M C. Introduction to MISRA-C, 2004.

[4]  The Motor Industry Research Association. MISRA-C:2012-Guidelines for the use of the C language in critical systems, 2012. https://www. misra. org. uk/product/misra-c2012-third-edition- first-revision.

[5]  北京旋极信息技术股份有限公司. PRQA Framework 使用指南(试用), 2018.

[6]  PRQA 公司. qa-framework-manual, 2015.

[7]  PRQA 公司. qa-framework-quick_start, 2015.

[8]  PRQA 公司. An Introduction to MISRA C:2012, 2013.

[9]  KERNIGHAN B W, RITCHIE D M. C 程序设计语言[M]. 2 版. 徐宝文，李志，译. 北京: 机械工业出版社，2004.

[10]  KOENIG A C. 陷阱与缺陷[M]. 高巍，译. 北京: 人民邮电出版社，2008.